Bernd Dost: Ein Land erstickt

BERND DOST

Ein Land erstickt

Kranke Umwelt, kranke Menschen

Kösel-Verlag München

Kösel Sachbuch
Redaktion: Hermann Hemminger

CIP-Kurztitelaufnahme der Deutschen Bibliothek

Dost, Bernd:
Ein Land erstickt: kranke Umwelt, kranke Menschen / Bernd Dost. – München: Kösel, 1985. – (Kösel Sachbuch)
ISBN 3-466-11063-7

Umschlag: Young Su Niedermeier
Umschlagfotos: Manfred Mahn, Burkhard von Harder
Grafiken: Hans Meier-Freiberg
Redaktionelle Betreuung: Monika Wöhlken
Gesamtherstellung: Kösel, Kempten
Printed in Germany
ISBN 3-466-11063-7

Inhalt

Einleitung: Blick zurück im Zorn

Die Herren des Krieges sind über uns.
Die blutigen Herren des Krieges
verzehren mit Hohn unser Herz.
Peter Jokostra,
Eifellandschaft

Vor zwei Jahren schrieb ich das Buch *Die Erben des Übels – Kranke Umwelt, kranke Kinder.* Dieses Buch war eine Reise, eine Reise durch einige der schlimmsten Gegenden der Bundesrepublik, durch Gebiete mit hohen Schadstoffbelastungen, durch Zonen zerstörter Natur und angegriffener Gesundheit, durch kranke Umwelt. Vor zwei Jahren war ein Drittel des Waldes in der Bundesrepublik krank und todkrank, heute ist es die Hälfte *(Abb. 1)*. Vor zwei Jahren wurde uns bewußt, daß der sogenannte Saure Regen, daß die Summe der niedergehenden Schadstoffe nicht nur die Bäume, die Lungen des Landes, anfrißt, sondern auch die Bronchialbäume, die Lungen der Kinder. Langsam, bei den Verantwortlichen *zu* langsam, setzte sich die Erkenntnis durch, daß wir es in der Bundesrepublik mit einer schleichenden Vernichtung zu tun haben, die letztendlich alle Lebensbereiche kahlschlägt. Erst sterben die Wälder, dann stirbt der Boden. Erst sterben die Wälder, dann sterben die Pilze. Erst sterben die Wälder, dann sterben die Tiere. Erst sterben die Wälder, dann sterben die Kinder. Erst sterben die Wälder, dann sterben die Steine! Es ist mittlerweile zum Steinerweichen, mit wie vielen Sterbeformeln wir im Augenblick leben. Und es ist zum Heulen, wie in der Summe wenig bisher alle Warnungen, alle aufrüttelnden Appelle gewirkt haben. Wer meinte, manch verantwortlicher Politiker, manch schludriger Macher würde nun wie einst Saulus vom Blitz der Erkenntnis getroffen Reue zeigen oder gar von Gewissensbissen gequält Wucher und Wachstumswahn abschwören, sah sich getäuscht. Niemand war's gewesen, und außerdem war alles gar nicht so

Abb. 1:
Waldschäden, eine Sterbebilanz 1984

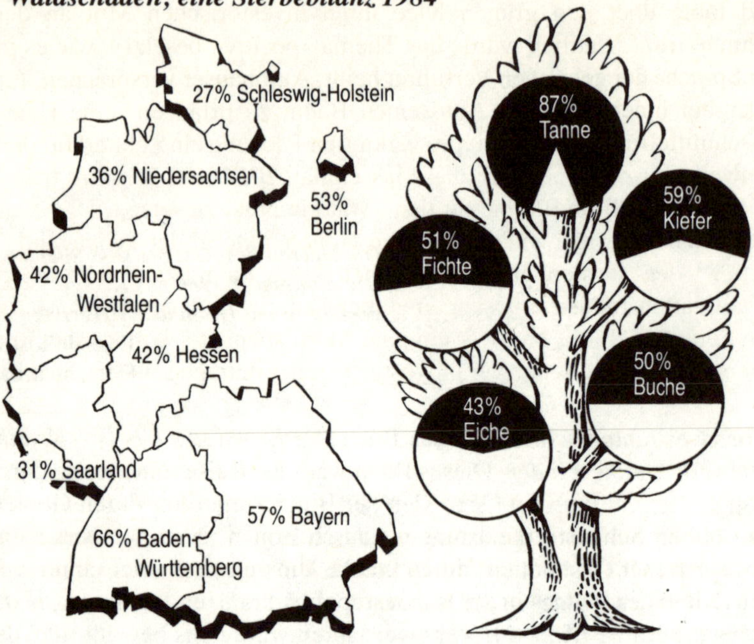

Die größte Waldfläche ist in Baden-Württemberg geschädigt (66%); von dem Baumarten ist bundesweit am schlechtesten die Tanne dran (87%). Insgesamt sind 50 Prozent aller Bäume betroffen: 33 Prozent kränkeln, 16 Prozent sind krank, 1,5 Prozent sind sehr krank beziehungsweise abgestorben. 1983 waren laut Waldschadensbericht erst 34 Prozent der gesamten deutschen Waldfläche geschädigt (Quelle: BML).

schlimm! Erregten Eltern wurde zynisch geraten, sie sollten sich mit ihren Kindern tunlichst an die Nordsee verziehen; besorgten Müttern und Vätern und ihren Pseudo-Krupp-geplagten Kindern wurden blendende Meßwerte in die tränenden Augen gestreut; empörte Elterninitiativen wurden mit dem rosaroten Brei regierungsfreundlicher Gutachten abgefüttert.

Die Industrie startete derweil prächtige Werbekampagnen, pries das Blau des republikanischen Himmels, berichtete in düsteren Meistergemälden von vergangenen Zeiten, als die Menschen reihenweise von schrecklichen Krankheiten dahingerafft wurden, die *armen* Menschen! und lobte über den grünen Klee ihren investorischen Mut an der Schmutzfront. Endlich wurde das Thema »positiv« besetzt – wie es in der Sprache der geheimen Verführer heißt: Autohäuser versprachen, für jedes bei ihnen gekaufte Auto einen Baum zu pflanzen; eine Haarwaschmittelfirma erbot sich, pro verkaufter Packung ein Zehnerl für den Umweltschutz zu spenden; das Massenblatt *BILD am Sonntag* trommelte, eine Million Bäume für den »Wald in Not« zu setzen. Dies war denn auch einer der widerwärtigsten Höhepunkte in der Propaganda-Aktion, den sterbenden Wald werbeträchtig zu nutzen: *BILD* und Schallplatten-Industrie besangen gemeinsam im ZDF den Niedergang von Forst und Tann, und wer ein paar Mark spendete, konnte sich mit einem Aufkleber aus der Verantwortung freikaufen, getreu dem Motto:

Wenn das Geld im Kasten klingt,
die Seele aus dem Fegfeuer springt!

Sie sehen, allzuweit sind wir nicht entfernt von mittelalterlichen Zuständen, und der Trick der Mächtigen, die eigene große Schuld auf viele Kleine zu verteilen und sich dafür auch noch bezahlen zu lassen, verfängt auch heute noch.

Dennoch ist die Situation anders als vor zwei Jahren. Über 200 Bürgerinitiativen (»Elterninitiative Pseudo-Krupp«, »Eltern gegen Umweltgifte«, »Aktion Muttermilch ein Menschenrecht«, »Aktion Kranke Umwelt, Kranke Kinder«, »Ein Kreuzzug für Kinder«, »AG Allergiekrankes Kind«) trotzen den behördlichen Abknüppelungsaktionen, behalten klaren Blick im Nebel ministerieller Verdummungsmaschinerien, bohren beständig und ausdauernd Löcher in die Bretter vor den Köpfen der Großkopferten. Mehr und mehr Wissenschaftler sichten und sortieren kritisch Giftwerte, Krankheitsziffern und Sterbedaten und kommen zu dramatischen Ergebnissen. Praktische Ärzte, Kinderärzte und Klinikchefs brechen aus der Phalanx der industrieverschworenen Berufsverbände aus, melden sich zu Wort zugunsten besorgter Eltern, kranker Kinder und gefährdeter Risikogruppen. Politiker *aller* Parteien – wenn auch je nach Partei in unterschiedlicher Häufigkeit und Dichte – verschreiben sich dem bedingungslosen Kampf für eine bessere Umwelt.

Dieses Nachfolge-Buch der *Erben des Übels* will von all dem berichten, was in den vergangenen zwei Jahren in Sachen Umweltschutz und Umweltschmutz in der Bundesrepublik geschehen ist. Sie werden über die neueren nationalen und internationalen wissenschaftlichen Arbeiten informiert, Sie werden von ersprießlichen wie verdrießlichen politischen Aktionen erfahren, Sie werden einigen »alten« Bekannten aus dem ersten Buch wiederbegegnen und ihre oft schmerzlichen Erfahrungen teilen, Sie werden neue Bekanntschaften machen mit Müttern und Vätern, die sich in Elterninitiativen zusammengeschlossen haben und für die Gesundheit ihrer Kinder auf die Barrikaden gehen. Auch dieses Buch wird ähnlich wie das erste eine Reise sein, quer durch die belastete Bundesrepublik mit einem Abstecher in das gar nicht so glückliche Österreich. Linz, Weilheim, Nürnberg, Hof, Karlsruhe, Kassel, Mannheim und München. Frankfurt, Düsseldorf, Dortmund. Braunschweig, Berlin, Bielefeld und Hamburg. Das Ruhrgebiet, der Harz und die Nordseeküste: Unsere verhackstückte Heimat heute.

Nicht vergessen wird der kritische Blick auf die Verursacher, die Schädiger, die offenen wie heimlichen Emittenten, wie zum Beispiel die mächtigen Energieversorger. Denn die Malaise des Umweltschutzes in der Bundesrepublik ist auch eine Malaise des Umweltstrafrechts. Täter werden nicht entlarvt, sondern gedeckt, nicht bestraft, sondern frei gelassen – in Freiheit gelassen!

Die *Begrenzung* des Themas einerseits sowie eine *Ausweitung* andererseits war jedoch notwendig: Ich habe mich *begrenzt* auf all jene Gifte, die uns im weitesten Sinne von nah und fern aus der Luft anfliegen, wie Schwefeldioxid, Kohlenmonoxid, Stickoxide, Photooxidantien, Stäube; wie Blei, Cadmium, Arsen, Quecksilber; wie Dioxin, Formaldehyd, radioaktive Gase und die Vielzahl der krebserregenden Stoffe. Diese Stoffe lasten nicht nur auf unserer Haut, unseren Lungen, unseren Herzen, sondern belasten genauso Wiesen, Felder und Wälder, Brunnen, Bäche und Flüsse – Wasser und Land. Hinzu kommt eine Lawine aus altem und neuem Giftmüll, kommen offensichtliche oder versteckte Deponien des Todes. Ich habe das Thema *ausgeweitet* aber auf alle diejenigen erwachsenen Menschen, die aufgrund ihrer Konstitution und Disposition besonders gefährdet sind, auf die *Risikogruppen* der Schwangeren, der Allergiker, der Alten. Nicht nur den Kindern nimmt es in der Bundesrepublik am Anfang des Lebensweges den Atem und schnürt es die Kehle zu, sondern auch den Alten bleibt am Ende die Luft weg, schlägt es auf den Magen, geht es an die Nieren, treibt es das

Blut hoch, drückt es die Lebensader ab. So ist das vorliegende Buch eine Bestandsaufnahme des bundesrepublikanischen Lebens- und Luftraumes 1985 geworden. Es ist ein Bericht aus einem Land voller Dunst und Dreck, in dem immer häufiger die Smog-Glocke läutet, es ist ein Besuch bei einer Bevölkerung außer Atem und voller Zorn, ein Besuch in einem Land, das an seinen Umweltschadstoffen und an seiner Umweltpolitik erstickt.

1. Ein Land erstickt

Sie sagen der Himmel sei nicht
mehr als ein Stück Glanzpapier
die Nacht ein unendlich großes
Loch sie sagen Mond und Sterne
kreisten wild umher und unsere
Erde sei gerade nur ein glück-
licher Zufall wie unser Dasein
eine Gnade sie sagen die Meere
seien voller Dreck und all die
silbernen Ströme voll Gift die
Luft verpestet sie sagen unser
blauer Garten Erde sterbe bald
wohin sollen wir dann umziehen

Gerald Güntner,
Skulptur IV

Ein Land, das Deutschland heißt, ein Staat, der Bundesrepublik Deutschland heißt, eine Heimat, die Peiting heißt, Brake oder Oker, erstickt. Erstickt an 3,1 Millionen Tonnen *Stickoxiden* im Jahr – Tendenz steigend. Erstickt an 8,2 Millionen Tonnen *Kohlenmonoxid* – Tendenz leicht sinkend. Erstickt an 1,6 Millionen *Kohlenwasserstoffen* und 6200 Tonnen *Bleiverbindungen* – mehr als bis dato verkündet. Erstickt an drei Millionen Tonnen *Schwefeldioxid* und 0,7 Millionen Tonnen *Staub*: Tendenz abnehmend, Gefahr zunehmend. Der Grund: Die Politik der hohen Schornsteine und die Ausfilterung des Staubs auf kleine Korngrößen hat dazu geführt, daß das Schwefeldioxid nunmehr auf den feinen Aerosol-Teilchen Hunderte von Kilometern weit reist – direkt in die feinen Verästelungen der Bäume und der Bronchialbäume, den Lungen des Landes und der Menschen. Der Ozon-Anteil der Luft schließlich steigt bedrückend an und setzt eine Kettenreaktion in Gang, die mit Tod endet. Weltweit auch mehr und mehr Kohlendioxid in der Luft: Einschneidende Klimabrüche sind vorhergesagt.

Die Gifte aus der Luft – und dazu gehören auch Schwermetalle, Pestizide und krebserregende Stoffe – »knacken« Blätter, verätzen Zellgewebe, legen Stoffwechsel still, »versauern« Bäume und Böden: Freie Fahrt für Schadstoffe! Die Lebensadern des Landes, die Quellen und Brunnen, Flüsse und Grundwässer, werden systematisch begraben von einer ständig anschwellenden Müll- und Düngerlawine unvorstellbaren Ausmaßes: Weltweit decken 110 Millionen Tonnen Nitrat, Phosphate und Pottasche den Boden ein.

In Europa sind es 14 Millionen Tonnen Nitrat und jeweils 5,4 Millionen Tonnen Phosphate und Pottasche – Tendenz zunehmend.

Und ewig stinken die Felder

Die Folge ist eine schleichende Anreicherung des Trinkwassers mit Nitrat, das sich unter bestimmten Umständen zu Nitrit umwandeln kann. Nitrit, ein sehr starkes, akut wirkendes Gift, gefährdet besonders Schwangere, Säuglinge und Kleinkinder, aber auch durch seine krebserzeugende Wirkung alle Erwachsenen. (Siehe auch: *Die Erben des Übels.*) Schon heute konsumieren 600000 Bundesbürger Trinkwasser mit Nitratkonzentrationen über dem zulässigen Grenzwert von 90 Milligramm pro Liter (mg/1). Wird dieser Grenzwert, wie schon längst überfällig, auf 50 Milligramm pro Liter gesenkt, kommen 6 Millionen Bundesbürger in den »Genuß« gesundheitsschädlichen Trinkwassers, das heißt, dann wird es amtlich, daß 10 Prozent der Bundesbürger verseuchtes Wasser trinken.

Der Grund für diese übermäßige Düngung liegt nicht nur in den Großeinkäufen von Kunstdünger für die Gemüse-, Wein- und Obstanbaubetriebe, sondern europaweit auch in der Massentierhaltung. Will sagen: Rinder, Schweine, Hühner werden in Massen auf engstem Raum gehalten, und die Landwirte ersticken in der flüssigen Scheiße dieser Tiere. Auf 14,3 Millionen Holländer kommen zum Beispiel 11 Millionen Schweine und 85 Millionen Hühner; in Brabant gibt es zweimal soviel Schweine wie Menschen. Aus 36000 Schweinemästereien quiekt es in den Niederlanden, das heißt, im Schnitt mästet jeder Schweinebauer 300 Tiere. An zahlreichen Stellen der Provinzen Nordbrabant, Limburg und Gelderland rinnen so die Jaucheströme unaufhaltsam auf die Wassereinzugsgebiete zu. Die Holländer verboten kurzerhand neue Schweine- und Geflügelhaltungen; Nordrhein-Westfalen begrenzte rigoros die Zeiten, in denen gedüngt werden darf. Baden-Württemberg will dem Verbraucher Wasserpfennige abzapfen, die dann der Landwirt als Belohnung dafür bekommen soll, daß er nicht mehr so viel düngt. Eine mehr als seltsame Idee. Das Problem liegt tiefer: Nicht die Scheiße im Trinkwasser vergiftet uns, sondern das dahintersteckende fäkale Denken. Tiere sind für den Menschen keine natürlichen Individuen mehr, sondern nur noch belebte Fleischmassen. Die Ställe sind keine Ställe mehr, sondern Konzentrationslager. Das Futter ist kein Futter mehr, sondern Droge. Liebe ist keine Liebe mehr, sondern Inseminations-Spritze. Ein Tier ist kein Tier mehr, sondern Nutzvieh. Daß ein junger Stier sich weigert, in der Stierkampf-Arena zu kämpfen, das gibt es nur noch in Kinderbüchern. Der Werbeslogan der fünfziger Jahre »Milch von glücklichen Kühen« würde heute nur Hohngelächter ernten. Und der Satz: »Aus deutschen Landen frisch auf den Tisch« – ist auch vom Tisch. Das Nutzvieh von heute steht oder liegt aneinandergepfercht, beißt sich die Schwänze ab, sofern es noch welche hat, reibt sich Hals und Hufe wund, wird in Vieheinheiten berechnet, ist schon tot, bevor es lebte. Der Mensch von heute, der Mensch in der hochzivilisierten Industriegesellschaft, ist zum Aasfresser geworden.

Vom Nutzvieh zum Nutzmenschen

Schlimmer noch: Auch die Menschen sind keine natürlichen Individuen mehr, sondern nur noch bewegte Nutzmassen. Die Häuser sind keine Häuser mehr, sondern Wohnzellen. Die Nahrung ist keine Nahrung mehr, sondern Chemie. Die Liebe ist keine Liebe mehr, sondern Insemination. Vom Nutztier zum Nutz-Menschen!

Verknappt gesagt: Nutzmenschen werden mit dem Fleisch von Nutztieren gemästet, deren beider Scheiße die Natur erstickt.

Der Gedanke an diese Dünger-Lawine macht mich noch in einem anderen Punkt verrückt, und so geht es wohl nicht nur mir: Die Landwirte Europas produzieren Riesenberge von Agrarerzeugnissen, Getreide, Obst, Wein, *weil* sie so monoton anbauen, so stereotyp düngen. Das heißt: Sie vergiften und vernichten erst Böden und Gewässer, um dann später den durch diese Vernichtung gewonnenen Überschuß an Nahrungsmitteln zum Teil ebenfalls zu vernichten. Ein wahrhaft makabres Perpetuum mobile: Die Bauern von heute sind – in den Zwängen und Fängen einer verfehlten EG-Politik – doppelte Verderber. So macht es denn auch einen scheußlichen Sinn, daß in unserer industrialisierten satten Welt immer mehr Bauern um eine *schlechte* Ernte beten!

Doch dies nur in Parenthese. Summiere ich die Summen der Gifte, so gilt aller offiziellen Schönfärberei und Sauberwäscherei zum Trotz, gilt zu dem Zeitpunkt, da dieses Buch geschrieben wird: Die »Umweltqualität« in der Bundesrepublik hat sich in entscheidenden Bereichen von Jahr zu Jahr *verschlechtert*. Jeder Bundesbürger konsumiert im Jahr im Durchschnitt einen halben Zentner Schmutz und Gift. Jeder Bundesbürger, das heißt Großvater, Großmutter, Vater, Mutter und Kind. Das Land liegt in Agonie. Der Patient ist noch *nicht* auf dem Wege der Besserung.

Das Europa der Gifte

Blicken wir über die Grenzen, so begegnet uns oft ein ähnlich begrenztes Bewußtsein für Umweltprobleme wie einst bei uns, »so wie ein Ertrinkender, der die Wellen zählt, ehe ihn die letzte, alles verschlingende, erreicht«, so treiben auch andere Länder in der Flut der Schadstoffe. Weltweit werden nach Berechnungen der Vereinten Nationen (UN) jedes Jahr 75 bis 100 Millionen Tonnen Schwefel in die Atmosphäre geblasen. Um allein diesen Schwefel zu transportieren, müßte die Bundesbahn 2,5 Millionen Güterwaggons zu je 40 Tonnen bereitstellen, das heißt einen Eisenbahnzug, der sich *tausendmal* um die Erde wickelt.

In Europa gehen rund 30 Millionen Tonnen Schwefeldioxid im Jahr in die Luft. Die (unvollständige) Liste der Schadstoffe verzeichnet 1800 Substanzen. Die meisten dieser Substanzen treiben sich in der Luft über den Städten und den Ballungsgebieten herum und verwandeln diese Gegenden in atemberaubende Giftküchen. Ein Bewohner der der Badischen Anilin- und Sodafabrik (BASF) gegenüberliegenden schaurig schönen Stadt Mannheim atmet zum Beispiel rund 700 »luftfremde« Stoffe ein (siehe auch »Gottes Geißel Krebs«). Ein Mensch der Vorzeit hätte die heutige Luft, ihr Gemisch aus lebenserhaltenden und *lebensvernichtenden* Gasen sehr wahrscheinlich nicht mehr atmen können. Es lebe die Evolution!

Wind und Wasser retten manche Städte, manches Land vor der ökologischen Katastrophe. *Großbritannien* profitiert von den kräftigen Seewinden, die den Dunst und Dampf aus den britischen Industriezentren über das Meer bis hin nach Schweden blasen. So sieht man denn auf der Britischen Insel und in Irland keinen Grund zu übertriebener Besorgnis. Lediglich aus kleinen Teilen des Schottischen Hochlands werden geringfügige Schäden gemeldet. Das Land also, das zu den Hauptumweltverschmutzern gehört und das eine stattliche Zahl von vorzüglichen wissenschaftlichen Arbeiten über Luftverpestung und Gesundheitsschäden herausgebracht hat, feiert hier seine »splendid isolation« auf Kosten keuchender Nachbarn.

Südschweden ist von den britischen Giftwolken am meisten betroffen; hier wurden auch die ersten Umweltschäden durch den »Sauren Regen« überhaupt gemeldet. Ganz *Skandinavien* leidet zur Zeit unter den Schmutzschwaden aus den europäischen Industrie- und Ballungszentren. Der pausenlose Südwestwind bläst die giftigen Emissionen in die dünnbesiedelte Landschaft. Zwischen 75 und 90 Prozent allen Sauren Regens bekommt Skandinavien frei Haus importiert! Schweden zum Beispiel »erzeugt« nur 500000 Tonnen Schwefeldioxid im Jahr, das ist knapp ein Prozent der gesamten Schwefeldioxidbelastung in Europa.

Der tödliche Import von Schwefeldioxid und anderem trifft als erstes die schwedischen Seen. Von 100000 Gewässern sind 18000 übersäuert und wiederum 4000 davon praktisch tot. In Norwegen lebt in jedem vierten See kein Fisch mehr. Geschädigte Waldfläche in Skandinavien: 3–5 Prozent, in Südschweden jedoch schon zwanzig Prozent.

Denk ich an Frankreich, befällt mich Trauer. Vor nunmehr acht Jahren machte eine einfallsreiche Umweltbewegung von sich reden, war Paris plötzlich das Zentrum der Grünen. Kampf gegen Atomkraftwerke, Kampf gegen Stadtzementierung, Kampf gegen Auto und Autobahn. Die Grünen und die Freunde der Erde, »les Amis de la Terre«, führten einen fantasiereichen Wahlkampf. Doch schon damals war diese Bewegung hoffnunglos zerstritten und zerfiel schließlich. Die heutigen »Grünen« in Frankreich kämpfen einen beinahe aussichtslosen Kampf gegen die offizielle Regierungspolitik, die da lautet: »Le Waldsterben findet nicht statt.«

Dennoch hat das Waldsterben in Frankreich schon bedrohliche Ausmaße angenommen. Eine Untersuchung, die der Donaueschinger Ökologe *Günter Reichelt* Ende 1983 anstellte, sieht stark gefährdet: Rhonefurche östlich von Lyon, Zentralmassiv, Teile der Bretagne und Waldgebiete nördlich der Loire. Keine gesunden Naturwälder mehr gibt es laut Reichelt in den Vogesen und deren Vorland, in der Oberrhein-Ebene, im Süd- und Mittelschwarzwald bis zum Bodensee.

Giftige Schadensfahnen wehen um Belfort, Basel, Mühlhausen, Ottmarsheim und Chalampey: Trikoloren des Todes.

Belgien meldet für 19 Prozent der Fläche Waldschäden, allein 37,5 Prozent aller Laubbäume sind im Südwesten krank. Die Niederlande notieren 40 Prozent leichte Waldschäden, acht Prozent aller Bäume, besonders im unmittelbaren Küstenbereich, werden in den nächsten Jahren sterben. Dieses Phänomen – vermehrte Waldschäden in Nähe der Küsten – finden wir auch in Norddeutschland wie in Italien.

Der Tod aus dem Meer

Italien, das sich müht, die Verschmutzung seiner Strände, seiner Flüsse und seines Meeres einzudämmen, hat bis dato kaum Waldschäden registriert. Mit einer dramatischen Ausnahme: Seit Jahren sterben Pinien in der Nähe der Arno-Mündung vor Pisa. Hier kommt der Tod für den Baum im wahrsten Sinne des Wortes aus dem Meer. Sogenannte anionische Reinigungsmittel sowie Gerbsäuren fließen mit dem Arno ungeklärt ins Meer. Da das Meer flach ist und der Südwestwind die Wellen oft hochtreibt, sprühen die im Meer schwebenden Giftstoffe in feinen Tröpfchen zurück ans Land. Diese Gifttröpfchen setzen sich auf die Piniennadeln, vernichten die Zellwände, stören die Photosynthese: Die Pinie kann nicht mehr atmen, erstickt. Wissenschaftler der Universität Pisa bemerkten von 1972 bis 1976 nach entsprechenden Umweltgesetzen eine *Verbesserung* der Situation – doch dann eine unaufhaltsame *Verschlechterung*. Ob da ein Zusammenhang mit der Gesamtgiftlage über Europa besteht, ist noch Spekulation. Doch die Pinien sterben jetzt rätselhaft rasch, die Zerstörung bewegt sich mit hoher Geschwindigkeit: In wenigen Monaten sind Pinien bis zu zwei Kilometer ins Land hinein abgestorben. Sie werden nicht gefällt und sind so allen Menschen ein schrecklich augenfälliges Warnsignal: Bleiche, abgeschälte Baumleichen, deren Äste wie Armstümpfe in den Himmel ragen, während ein leichter Wind das Plätschern der Wellen herüberträgt.

Der Osten ist tot

Die Umweltbelastung in den *osteuropäischen* Staaten wächst. Die regimetreue polnische Wochenzeitschrift *Katolik* schreibt Anfang 1984: »Die Wälder, einer der größten Reichtümer unseres Volkes, sterben! Experten warnen, daß es – sofern die Vernichtung der natürlichen Umwelt im bisherigen Tempo weitergeht – in 20 Jahren in *Polen* keine Wälder mehr geben wird, zumindest aber wird der größte Teil der Nadelholzbestände vernichtet sein.« Titel des Berichtes: »Die letzten Atemzüge des Waldes – Wir waren im Todeslaboratorium.« Die Zeitung liefert auch gleich noch eine anschauliche Beschreibung der Gegend von Police: »In der Umgebung der chemischen Werke ist die Natur abgestorben. Der einstmals üppige Wald mit zahlreichen Tieren wie Elchen und Seeadlern hat sich in eine asiatische Wüste verwandelt.«

Vom Sauren Regen in der *Tschechoslowakei* können besonders die Bewohner in Nordostbayern ein garstig Lied singen. Sie bekommen einen großen Teil der 90000 Tonnen Schwefel ab, die aus der ČSSR in die Bundesrepublik »exportiert« werden. (Die Bundesrepublik schickt im Austausch dafür zirka 66000 Tonnen zurück.) Das Waldsterben in der ČSSR, insbesondere in Nordböhmen, hat mittlerweile katastrophale Ausmaße erreicht. Erzgebirge, Riesengebirge und Isergebirge gleichen streckenweise einem verlassenen Schlachtfeld. Die Arbeiter im Erzgebirge erhalten von der Prager Regierung eine Schmutzzulage, die Kinder in Nordböhmen haben laut Prager Gewerkschaftsblatt *Prace* 20 Prozent weniger rote Blutkörperchen, die Erkrankungen an Leukämie nehmen zu.

Die Ursache der hohen Luftverschmutzung in der ČSSR liegt in der hohen Abhängigkeit von der Braunkohle. Der Schwefelgehalt dieser Braunkohle liegt bei 20 Prozent – das ist sechsmal so hoch wie bei der rheinischen Braunkohle. Auch die *DDR* setzt auf Braunkohle, will ihre Förderung bis 1990 aus ökonomischen Gründen auf 300 Millionen Tonnen ausweiten. Die ökologischen Folgen spüren die DDR-Bürger hautnah: Die Wälder in den Kammlagen des Erzgebirges sind vielfach schon tot. Den Fichtelberg schmückt nur noch ein dünner, bräunlicher, streckenweise nadelloser Wald. Im Bezirk Karl-Marx-Stadt herrscht Atemnot wie im Ruhrgebiet, in Berlin und in Hof.

Bleiben noch das glückliche *Österreich* und die satte *Schweiz*. Auch hier fällt, wenn auch langsamer, Baum um Baum. In Österreich sind 30

Prozent der Waldfläche geschädigt; berüchtigt als Sammelbecken für alles, was kaputt und krank macht, sind der Grazer Kessel und das Land um Linz. Die Schweiz schätzte zunächst sparsam die Waldschäden auf 9 Prozent, mußte aber nach neuesten Erhebungen den Satz auf 34 Prozent anheben!

Die Erde stirbt

Schwer zu tragen haben alle Industrieländer, hat besonders das Land in der Bundesrepublik an den Alt- und Neulasten aus Müll, Giftmüll, radioaktivem Abfall und giftigem Klärschlamm. In Tongruben, Erdkuhlen, Steinbrüchen, Bombentrichtern, Zechenschächten, Salzstollen und auf Halden liegen versteckt, »verfüllt«, verfault die Seuchen von morgen.

Ein Land erstickt, die Erde stirbt.

2. Die Enge im Kehlkopf

Und eine duftende Decke
(der Aktionäre) legt sich
auf unseren Mund. Die
Lippen sind von Säure zerfressen.
Die Zähne lösen sich
auf.
Hurra der Frühling
Hurra.

Beat Brechbühl,
Chemische Fabrik im Frühlingswind

Einst stand er alleine mit dem Rücken zur Wand. Die Stadtverwaltung maßregelte ihn und sprach ihm seine Qualifikation ab. Er solle nochmals studieren, hieß es, dann könne er Kinderkrankheiten besser auseinanderhalten. Es geht um Pseudo-Krupp, den für Kleinkinder lebensgefährlichen Erstickungshusten. Und es geht um Dr. Berthold Mersmann, Kinderarzt in Essen-Borbeck. Mersmann und die Elterninitiative Pseudo-Krupp in Essen wollten nicht mehr hinnehmen, daß ihren Kindern die Kehle eng wurde, ihnen schwoll der Kamm in Anhörung der abwiegelnden, beschwichtigenden Serenaden der Stadt-, Landes- und Bundespolitiker, der Fach- und Sachverständigen: Pseudo-Krupp, so hieß es, gab es schon immer. Einen Beweis dafür, daß Kinder an der gefährlichen Enge im Kehlkopf erkrankten, weil zuviel Schad- und Giftstoffe in der Luft waren, gäbe es nicht. Pseudo-Krupp entstünde allein durch Viren oder Bakterien, und überhaupt: Ein Ausflug ins Sauerland würde das kranke Kind gleich wieder munter machen.

Mittlerweile gibt es mehr als hundert Elterninitiativen (siehe auch: »Eltern machen mobil«), mittlerweile gibt es zahlreiche Untersuchungen, die *beweisen,* daß die Schadstoffdichte da draußen mit der Enge im Hals oder den Bronchien da drinnen zu tun hat, mittlerweile weiß jedes Kind, was Pseudo-Krupp ist, sofern es ihn nicht sogar hat. Mittlerweile ist insbesondere Schwefeldioxid (SO_2) in Verbindung mit Staub als Krankmacher erster Ordnung entlarvt worden, es schädigt die Atemwege, den Atemtrakt bei Kindern – und greift alte Menschen und Asthmatiker an. Die Giftigkeit des Schwefeldioxid steht außer Frage, die Frage ist nur noch, ob eine kurzzeitige hohe Dosis SO_2 unheilvoller ist oder eine langzeitige niedrige.

Kurzzeitwert, Langzeitwert

Kurzzeitwert heißt: Kurzzeitige *hohe* Einwirkungen von Schwefeldioxid. In der Bundesrepublik gilt: 98 Prozent aller *Halbstunden-Werte* müssen unter *400 Mikrogramm* SO_2/m^3 Luft liegen (= 0,4 Milligramm). *Langzeitwert* bedeutet: Aus allen übers Jahr gemessenen Halbstundenwerten wird das arithmetische Mittel gebildet. Dieser *Langzeitwert* darf *140 Mikrogramm* SO_2/m^3 Luft nicht überschreiten (= 0,14 Milligramm).

Beide Werte, Kurzzeitwert und Langzeitwert, sind nach allerneuesten Erkenntnissen *zu hoch* angesetzt. Gesundheitsschäden bei Kindern, bei Risikogruppen wie Alten und Asthmatikern treten schon bei niedrigen Werten auf. Die WHO (Weltgesundheitsbehörde) hat denn auch fürsorglich den Grenzwert für SO_2 auf 100 bis 150 Mikrogramm (Kurzzeit), beziehungsweise 40 bis 60 Mikrogramm (Langzeit) festgelegt.

Angriffsort Organismus

Der Wirkungsmechanismus des SO_2 ist bereits seit langem bekannt (*VDI-Richtlinien* 1982). Die erste Attacke führt das SO_2 gegen die Schleimhäute des Nasen- und Rachenraumes und gegen die Rezeptoren der Bronchialmuskulatur. Die Schleimabsonderung steigt an, die Flimmerzellen des Epithels werden verätzt, die glatte Muskulatur der Bronchien verkrampft, die Atemwege werden enger, der Atem geht schwerer, der sogenannte Strömungswiderstand in den Atemwegen steigt an, Rachen-, Bronchien- und Lungengewebe entzünden sich, Eitererreger wie Staphylokokken siedeln sich an. Nasenkatarrh, Mittelohrentzündung, Mandelentzündung, Bronchitis, Lungenentzündung, Verschlimmerung von Bronchialleiden überhaupt sowie vermehrte Asthmaanfälle bis hin zum Versagen des Kreislaufes sind die Folge. Bei kleinen Kindern, wie wir sehen werden, auch Pseudo-Krupp.

Angriff auf die Energieversorgung

Die Aggressivität des SO_2 ist jedoch nach neueren Erkenntnissen weitaus eindringlicher als bisher angenommen, setzt direkt in den Zellen an und hebt hier den Energiestoffwechsel aus den Angeln (*Holzer* u. a., 1983). Die Schlüsselsubstanz des Zellstoffwechsel für alle energieproduzierenden und energiebenötigenden Prozesse ist in der gesamten belebten Natur das ATP (Adenosintriphosphat). Das Schwefeldioxid nun vermag direkt auf das ATP einzuwirken. In Verein mit Stickstoffdioxid – im Versuch eingesetzt als Nitrit – brachte SO_2 den Energiestoffwechsel rasch und völlig zum Zusammenbrechen. Die Wirkung war um ein Vielfaches stärker, als es der Dosis nach zu erwarten war.

Schwefeldioxid und Staub kommen immer in einem Atemzug daher. Die Ausfilterung des Staubs auf kleine Korngrößen und die Verlängerung der Kamine hat dazu geführt, daß das SO_2 auf den winzigen Staubpartikelchen weite Entfernungen zurücklegen kann und direkt hineinreist in unsere kleinen und großen Lungenbläschen. Die Menge von Schwebstaub und SO_2, die von der Industrie ausgeworfen wird, hat zwar abgenommen, doch die Gesundheitsgefährdung hat wegen dieser vertrackten Kombination von SO_2 und »lungengängigem« Staub zugenommen.

Tierversuche mit SO_2

Die wissenschaftliche Literatur verzeichnet Hunderte von Tierversuchen mit SO_2. Mal wurden Tiere kurzzeitig unter eine hohe Schwefeldioxid-Dusche gesetzt, mal wurden sie langfristig mit niedrigen Dosen begast. Meerschweinchen stellten sich dabei als sehr empfindlich heraus, Haustiere ebenfalls, während Ratten sehr widerstandsfähig waren. Schon bei niedrigen Konzentrationen, kurzzeitig inhaliert, nahm der Atemwiderstand zu und die Dehnbarkeit der Lunge ab. Bei höheren Dosen auf Dauer kam es zu Störungen im Schleimtransport und zu entzündlichen Gewebsveränderungen. Bei 500 bis 1000 Milligramm SO_2/m^3 begann die Todeszone: Hamster, Mäuse, Hunde starben. Je höher die Dosis, desto kürzer der Todeskampf (*VDI-Richtlinien,* 1982).

Menschenversuche mit SO_2

Menschen, die zwischen zehn und 60 Minuten in eine SO_2-Kammer gesteckt wurden, erlitten zum Teil starke Gesundheitsschäden. Das ging von einer Reizung von Augen und Atemwegen, Zunahme von Puls und Atemfrequenz, Abnahme der Atemtiefe bis hin zu starken Schleimhautreizungen an Augen und Atemwegen, Lungenblutungen und Ödem, Stimmritzenkrampf mit Erstickungsgefahr. Bronchitiker reagierten mit bedrohlichem Ansteigen des Atemwiderstandes, Asthmatiker atmeten nur noch mit halber Lunge.

Menschen- und Tierversuche in Labors haben freilich ihre Tücken, so kritisiert *Dieter Teufel* vom IFEU-Institut Heidelberg (1984). Zumeist handelt es sich um gesunde Versuchstiere und -menschen; Risikogruppen fallen heraus. Die Versuchstiere sind in der Regel Tiere eines bestimmten genetisch definierten, wenig variablen Stammes. Die genetische Variabilität in der menschlichen Population ist ungleich größer, besonders empfindliche Gruppen sind häufiger. Die Menschen sind »in natura« Schadstoffen auch schon von Geburt an und bereits *vor der Geburt* ausgesetzt, Versuchstiere erst ab einem bestimmten Zeitpunkt und dann für begrenzte Dauer. Auch wird nur *ein* Schadstoff getestet und nicht die Kombination von Schadstoffen. »Versuche am Tier im Labor« – so Dieter Teufel – »unterschätzen das Risiko, und die Ableitung von Wirkungsgrenzwerten aus diesen Tierversuchen ist problematisch. Diese Wirkungsgrenzen sind auf den Menschen übertragen auf alle Fälle zu hoch.«

Kranke werden kränker

Plakativ formuliert: Menschen in Labors mit Schwefeldioxid zu begasen, ist eigentlich überflüssig. Die Bundesrepublik, die Ballungsgebiete und Großstädte in aller Welt, sind heutzutage Großraumlaboratorien, ausgerüstet mit den trefflichsten Begasungsgeräten. In London verschlechterte sich der Zustand von Patienten mit Lungenerkrankungen bei 500 Mikrogramm, also bei *0,5 Milligramm*. (Zum Vergleich: Zur Smog-Zeit im Januar–Februar 1985 wurden in Berlin, im Ruhrgebiet, in Kassel, in Hof und Umgebung, in Nürnberg und Köln Konzentrationsspitzen über 1000 Mikrogramm gemessen.) Asthmatikern verkrampften die Bronchien zunehmend bei 190 Mikrogramm. Stieg der Schwefeldioxid-Gehalt bis 740 Mikrogramm, mußten asthma-kranke Frauen zwölf Anfälle die Woche durchmachen! In Chicago notierten Wissenschaftler doppelt so viele Patienten mit chronischen Bronchial- und Lungenleiden, wenn übers Jahr nicht 100, sondern mehr als 600 Mikrogramm SO_2 in einem Kubikmeter Luft waren.

Alte sterben schneller

Gesunde werden schneller krank und Kranke werden kränker – das ist die Zwischenbilanz der Gesundheitsschäden, die Schwefeldioxid auslöst. Die Krankheitserwartung steigt! Doch besonders betroffen sind alte Menschen, sind alte kranke Menschen. Ich habe das bestürzende Schrifttum (*VDI*, 1982) zu diesem Punkt nach Menge des Schwefeldioxids und Dauer der Dosis aufgelistet:

– Mehr als 200 Mikrogramm (0,2 mg) SO_2 über mehrere Tage in der Luft, dazu hohe Staubbelastung: Sterblichkeit bei Bronchitikern erhöht (Großbritannien).

– 255 bis 715 Mikrogramm und sehr hohe Staubbelastung: Sterblichkeit bei Bronchitikern und Lungenkrebskranken, aber auch Gesamtsterblichkeit erhöht (Salford, Großbritannien).

– Mehr als 260 Mikrogramm über 200 Tage hinweg: Mortalität nimmt zu (USA).

– Mehr als 350 Mikrogramm mehrere Tage lang: Ebenfalls Zunahme der Todesfälle (Berlin).

– 570 bis 2460 Mikrogramm in der Spitze, dazu hohe Smogkonzentration über 9 Tage: Zunahme von Todesfällen in allen Altersgruppen (New York).

– An mehreren Tagen jeweils über 1145 Mikrogramm, dazu Staub: Mehr Todesfälle vor allem bei älteren Bronchitikern (London).

– 2600 Mikrogramm an einem Tag (!), dazu Smog: Zunahme der Todesfälle bei Personen über 45 Jahren (New York).

– Bis zu 4000 Mikrogramm mit sehr hoher Staubbelastung an fünf Tagen: Zunahme der Todesrate bei älteren Patienten mit Atemwegserkrankungen und Herz- und Kreislauferkrankungen. Das heißt: jeder fünfte stirbt an Smog (London).

Alte auf die Barrikaden!

Ich muß innehalten, muß mich besinnen. Ich denke an meine Großmutter, die 1959 starb. Sie lebte mit meinem Großvater in einem abbruchreifen Haus in einer Kleinstadt im Sauerland. Sie saß oft am Fenster und blickte auf einen kleinen Park. Großvater hustete sich zu Tode. Er hatte in Dortmund unter Tage gearbeitet und sich eine »Staublunge« geholt. Viele Bergleute holten sich eine Staublunge, das gehörte irgendwie zum Berufsbild dazu, daß Bergmänner, die unter Tage malocht hatten, früh invalid wurden und früh starben. Dafür bekamen sie und ihre Familie jedes Jahr einige Zentner Kohlen umsonst. Staublunge – oder auch Kiesellunge, Silikose – galt als Schicksal, mein Großvater lehnte sich (leider) nicht auf. Er hatte seine Frau und acht Kinder zu versorgen, alle lebten miteinander in einer winzigen Drei-Zimmer-Wohnung. Heute sind die Arbeitsbedingungen unter Tage wenn auch nicht leicht zu ertragen, so doch stark verbessert. Dies geschah, weil sich Arbeiter zusammentaten, sich gewerkschaftlich organisierten, *Druck* ausübten.

Großvater krepierte langsam und unter Qualen. Die letzten Jahre war er bettlägerig. Großmutter saß am Fenster und sah auf den kleinen Park hinaus, genoß den Blick und die frische Luft. Heute stehen an dieser Stelle Hochhäuser, heute beherrscht eine verkehrsreiche Kreuzung das Bild. Jenes alte Haus hinter dem Park ist längst abgerissen. Ich weiß nicht, wie meine Großmutter heute reagieren würde. Würde sie sich, wie viele alte Menschen, angstvoll am Stock durch die Straßen tasten, eiligst bemüht, mit einem Stück Brot, etwas Käse, einer Dose Eintopf und ein paar Flaschen Bier in ihre Wohnung zurückzukehren? Würde sie immer wieder innehalten, weil ihr bei diesem kurzen Gang die Luft ausgeht? Würde sie, wieder zurück in ihrer Wohnung, das Fenster nur ein paar Minuten öffnen und dann schnellstens wieder schließen, weil ihr die Brust eng wird? Hunderttausende Alte und Kranke leben in den Häusern der Städte an dichtbefahrenen, lärmenden Straßen. Hunderttausende Alte leben in den *alten* Häusern in der Nähe von Kraftwerken und Industriebetrieben. *Hunderttausende von Witwen leben im Schatten der Fabriken, in denen ihre Männer gearbeitet haben, bevor sie in Rente zugrunde gingen.*

Die meisten von ihnen hausen isoliert, und die meisten von ihnen leben in der Resignation, daß sie gegen ihr Schicksal nicht ankönnen. Nur die wenigsten haben sich kämpferischen Gruppen wie den »Grauen Panthern« angeschlossen. Nur wenige auch leben in engem Kontakt mit ihren Kindern und Enkelkindern. Nur wenige sind in kirchlichen und gemeinnützigen Organisationen aktiv.

Alle jedoch, die heute sechzig, siebzig, achtzig Jahre alt sind, haben miterlebt, wie sich die Umwelt um sie herum verändert hat. Sie haben die »Segnungen« der Zivilisation erfahren: Licht, Radio, Fernsehen, Telefon. Fließend warm und kalt Wasser, Bad und WC mit Wasserspülung, Heizung. Sie haben das Unheil erlebt: Bombennächte, Krieg, Gefangenschaft, Vertreibung und Flucht. In alten Zeiten waren sie, die Alten, die Weisen, die Wissenden, die Lehrer der Jungen, der Kinder. Die Alten waren die Bewohner dieser Erde, die sich *auskannten*. Die Jungen waren die Einwanderer, die von den Alten lernten, um sich zurechtzufinden. Heute finden sich die Alten nicht mehr zurecht, ein Zwölfjähriger kennt sich besser aus als ein Siebzigjähriger, und eine Fünfzehnjährige kann die Schadstoffe der Luft schneller herauf- und herunterbeten, als eine Sechzigjährige den Rosenkranz. Doch Unwissen schützt vor Krankheit nicht und Willfährigkeit nicht vor dem Tode. Alle die Alten und Siechen, die Geplagten und Gekreuzigten, die in den Smogstatistiken eine breite Sterbespur hinterlassen, können und sollten gegen die fortschreitende Zerstörung unserer, ihrer Umwelt mit ankämpfen. Aus der Kummerecke in die Aktion, aus der Isolation in die Solidarität. Ihren Kindern zuliebe, ihren Kindeskindern zuliebe – sich selbst zuliebe.

Kinder in der SO_2-Kammer

Kinder sind in diesem Großlaboratorium, das unsere Umwelt heißt, arm dran. Eine Fülle von Arbeiten beweist seit den sechziger Jahren, daß schon geringe Mengen Schwefeldioxid und Staub im kindlichen Atemtrakt Verheerungen anrichten (*VDI*, 1982).

– 1966, Großbritannien. Bei Langzeitwerten von 90 bis 250 Mikrogramm Schwefeldioxid wird eine stetige Zunahme von Erkrankungen der oberen Luftwege bei Kindern festgestellt.

– 1970, England und Wales. Bei einer durchschnittlichen Belastung mit 150 Mikrogramm Schwefeldioxid während eines Winters notieren Wissenschaftler: Vermehrte Symptome respiratorischer Erkrankungen bei Kindern; erhöhte Mortalität bei Erwachsenen über 40.

– 1974, Großbritannien: Bei einem Langzeitwert von 179 Mikro-

gramm: Pathologisch veränderte Tonsillen, Verzögerung der Knochenreifung. Ich rufe ins Gedächtnis: Der Grenzwert in der Bundesrepublik liegt bei 140 Mikrogramm, also nicht weit darunter!
– 1977, Hamilton, Ontario, Kanada. Wochen-Mittelwert 200 Mikrogramm – also eine kurzfristig hohe Belastung: Signifikante Zunahme der Krankenhauseinweisung bei Kindern und Erwachsenen wegen akuter Atemwegserkrankungen.

Eine bei uns weitgehend unbekannte Studie stammt aus dem Jahre 1980 aus Jugoslawien (*Marko Šarić,* 1984): 78 Schulkinder in einem Smoggebiet von Zagreb wurden mit 70 Schulkindern in einem Reinluftgebiet verglichen. Tief durchatmen: Das sogenannte forcierte expiratorische Volumen war bei den Smogkindern deutlich vermindert, das heißt: erhöhter Atemwiderstand in der Lunge! Reduzierte Ventilation!

Zweites Ergebnis: Akute Atemwegserkrankungen, aber auch akute Atemwegserkrankungen mit Fieber und Bettruhe waren bei den Smog-Kindern signifikant höher als bei den Kindern der Kontrollgruppe. Der Jahresmittelwert für SO_2 in diesen belasteten Stadtteilen lag zwischen 70 und 80 Mikrogramm, der Wert für *Smoke* (Staub) lautete 120–200 Mikrogramm. In der Heizperiode traten außerdem Spitzen bis zu 400 und 550 Mikrogramm auf. »Was Schwefeldioxid angeht«, so resümieren die Autoren«, »so ist zu vermuten, daß es als Schwefelsäure auf den Staubpartikelchen inhaliert wird, das Epithelgewebe des Atemtraktes schädigt, vorzügliche Bedingungen für die anwesenden Bakterien und Viren schafft – und so letztendlich die akuten Atemwegserkrankungen auslöst.«

Eine polnische Arbeit nahm sich der Kinder an, die in Krakau (verschmutzt) und Limanowa (sauber) leben (*Rudnik,* 1983). Resultat: Bei 12708 Kindern waren Atemwegserkrankungen in dem hoch belasteten Gebiet weitaus höher als in dem Gebiet von Limanowa. Besonders Bronchitis machte den Krakauer Kindern zu schaffen: 1974, 1977 und 1980 erkrankten im Durchschnitt 30 Prozent Kinder infolge von SO_2 mehr! Die Entdeckung der polnischen Forscher jedoch, die jedem Politiker, jedem Umweltverschmutzer auch in der Bundesrepublik ins Stammbuch zu schreiben wäre, lautet:

Kinder, die in ihren ersten zwölf Lebensmonaten Atemwegsinfektionen hatten, waren für Atemwegserkrankungen im späteren Alter *besonders anfällig*. Das Risiko für Kinder, die im ersten Lebensjahr an spastischer Bronchitis erkrankten und sich in den folgenden Jahren wiederum damit herumzuquälen hatten, ist für das zweite Lebensjahr

16mal so hoch, für das dritte *sechsmal* und für die nächsten Jahre dreimal so hoch wie bei den Kindern, die nicht erkrankt waren.

Den »eisernen Vorhang« über die lufthygienischen Verhältnisse in der schadstoffreichen DDR lüfteten schon 1978 Forscher in Berlin (Ost) und Halle (*H. W. Dörre,* 1978):
– Bei der Untersuchung von 2000 drei- bis sechsjährigen Kindern in Berlin (Ost) entdeckte man eine Korrelation zwischen unterschiedlicher Belastung und der Menge von Koproporphyrin im Harn, dem Hämoglobin-Gehalt im Blut und dem Ausfall der sogenannten Kimbarowski-Reaktion. Das heißt:
– 1700 »gesunde« Schulkinder in den Bezirken Halle, Karl-Marx-Stadt, Berlin (Ost) und im Bezirk Schwerin wurden 1968 bis 1970 auf Herz und Nieren – vom Atemstoßtest bis zum Röntgenogramm der linken Hand – untersucht. Die Kinder von Bitterfeld (belastet) waren kleiner, leichter und in ihrer Entwicklung zurück, hatten stark veränderte Blutbilder (mittlerer Hämoglobingehalt der Einzel-Erythrozyten 28,9 pg, 1,36% [!] Methämoglobin), sprich: Blutarmut.

Unterschätzte Sulfate

Amerikanische Forscher haben sich nicht nur das Schwefeldioxid (SO_2) vorgenommen, sondern auch die Sulfate. Sulfate (Salze) entstehen aus der Verbindung von Schwefeldioxid (SO_2) mit Sauerstoff (O) zu SO_3 bzw. H_2SO_4. Diese Sulfate sind insbesondere im säurehaltigen Feinstaub gefährlicher als Schwefeldioxid (*Satish,* 1980). Waren vermehrt Schwefelsulfate im Schwebstaub, waren die
– Asthmaanfälle erhöht,
– die Symptome von kreislauf- und lungenkranken Patienten verschlechtert,
– die Lungen von Schulkindern flacher,
– akute und chronische Atemwegserkrankungen bei Kindern sowie bei Erwachsenen häufiger.

Dies hat Bedeutung: Denn Sulfate in der Luft haben *zugenommen.* Sulfate entstehen ja, wie wir gesehen haben, durch die Oxidation von Schwefeldioxid. Das Schwefeldioxid treibt sich nun, ausgestoßen aus den hohen Kaminen, weitaus länger in der Luft herum als früher und kann mit dem Sauerstoff mehr Sulfate bilden. Trauen Sie deswegen vier Jahren, die von 1979 bis 1982 in den Duisburger Kinderkliniken stationär behandelt worden waren, wurden ausgewertet. Ergebnis: In Gebieten mit *hoher SO_2-Belastung* ebenso wie in Gebieten *mit hoher Staubbelastung* fand sich eine signifikant *höhere Erkrankungshäufigkeit für Pseudo-Krupp und obstruktive Bronchitis* als in geringer belasteten Gebieten. In Gebieten mit hoher SO_2- *und* Staubkonzentration stieg die Zahl der Erkrankungen besonders hoch an. Dieser Zusammenhang war sowohl für die Langzeitbelastung wie auch die Kurzzeitbelastung nachweisbar.

Staub- und Schwefellungen

Kurz: Staub und Schwefel in der Luft *machen die Bronchien dicht und die Kehlen zu*. Es lohnt sich, die von Professor Haupts Mitarbeiter Peter Mühling zusammengetragenen Werte im einzelnen anzuschauen *(Tabelle 1)*:

– *Doppelt soviel* Kleinkinder erkrankten an Pseudo-Krupp, die kurzzeitig über 0,25 mg/m^3 Schwefeldioxid atmen mußten.

– Nahezu *dreimal soviel* Kleinkinder litten an spastischer Bronchitis, wenn sie mehr als 0,55 Gramm $Staub/m^2$ am Tag inhalierten.

– Mehr als *doppelt soviel* Kinder quälten sich mit Pseudo-Krupp, wenn gleichzeitig die Schwefeldioxidwerte über 0,30 mg/m^3 und die Staubwerte über 0,50 $Gramm/m^2$ am Tag kletterten.

– Gleich *viermal soviel* Kinder erkrankten bei letztgenannten Werten an spastischer Bronchitis.

Auch in Mannheim entdeckte der Leiter der Städtischen Kinderklinik Darmstadt, Professor *Ulrich Wemmer* (1984), einen Zusammenhang zwischen Anzahl von kleinen Krupp-Patienten im Monat und Monatsmittelwerten von SO_2, NO_2, NO und CO. Auch stieg die Zahl der Erkrankungen an Pseudo-Krupp, wenn kurzfristig viel NO und CO in der Luft waren. Für Darmstadt selbst ließ sich keinerlei Einfluß der Luftschadstoffe auf das Auftreten des Krupp-Syndroms nachweisen. Bei seinen Untersuchungen fand Wemmer jedoch eine eindeutige *Zunahme der spastischen Bronchitis*.

keinem Kraftwerksbetreiber oder Umweltpolitiker, der Ihnen erzählt, die Umweltqualität in der Bundesrepublik habe sich verbessert.
– Sulfate können aufgrund ihrer starken hygroskopischen (wasseranziehenden) Eigenschaften wirksame Kondensationskerne für Wolken sein und weit über die unmittelbare Umgebung ihrer Quelle hinaus das Klima verändern.
– Die SO_2-Konzentrationen auf dem Land betrugen nur etwa 10–20 Prozent der städtischen Werte (Ausnahme: Smogzeit 1985). Die Sulfatkonzentrationen sind aber über Stadt und Land gleich groß.
– Die Versuche bei Entschwefelungsverfahren, Abgase über Kühltürme abzuleiten (Wasserdampf!), erhöhen die Sulfatemissionen.

In den USA lauten sämtliche Prognosen in bezug auf Sulfate ungünstig. In Zürich wurden in der Stadt im Winter 1978/79 knapp 20 Mikrogramm, in den Außenbezirken 17 Mikrogramm/m^3 gemessen. Die Sulfate hafteten durchweg an Staubpartikelchen, die lungengängig waren. Die gemessenen Werte lagen nur wenig unter den kritischen, gesundheitsschädlichen Konzentrationen (Chronische Bronchitis, Verschärfung der Herz- und Lungenkrankheiten, Erhöhung der Mortalität).

Bonn makaber

Diese eben zitierten Untersuchungen freilich schreckten die verantwortlichen Politiker wenig. Was sie schreckte, war eine um sich greifende Unruhe bei der Bevölkerung, insbesondere bei den Eltern von kleinen Kindern. Die Initialzündung der Essener Elterninitiative begann 1983 in den Medien zu wirken. Bücher wie *Die Erben des Übels. Kranke Umwelt – kranke Kinder, Das gelbe Gift,* Zeitschriften wie *Spiegel, Stern* und schließlich sogar *Eltern,* aber auch die Tageszeitungen nahmen sich der kranken Kinder an. Denn da die Umweltverschmutzung global ist, ist sie auch lokal: Es stellte sich heraus, daß es den Kindern an vielen Orten in der Bundesrepublik gesundheitlich schlecht ging, daß mehr Eltern als angenommen in Angst vor den Erstickungsanfällen ihrer Kinder lebten, daß der Plötzliche Kindestod umging. Die Fraktion der Grünen startete zudem im Januar 1984 eine Große Anfrage: »Die Bundesregierung wird aufgefordert, umgehend eine Novellierung der TA Luft vorzulegen, in der die Immissionsgrenzwerte für die wichtigsten Luftschadstoffe so festgelegt sind, daß eine Gesundheitsgefährdung auch von Risikogruppen wie Kindern, alten Menschen, Allergikern oder Kranken ausgeschlossen ist.« *(Deutscher Bundestag, Drucksache 10/2107).* Die Antwort auf diese Anfrage und die Bundestagsdebatte am 25. Oktober 1984 sind ein makabres Stück Zeitgeschichte, auf das ich später noch zurückkommen werde.

Anhören – abwiegeln

Inzwischen hatten die aufgeschreckten Politiker am 22. Februar 1984 zu einer öffentlichen Anhörung geladen. Der Ausschuß für Jugend, Familie und Gesundheit befragte Sachverständige der verschiedensten Provenienz nach den »Auswirkungen der Luftverschmutzung auf die menschliche Gesundheit«. Diese Anhörung, die schriftlichen und mündlichen Beiträge der Wissenschaftler, *bestätigte* in vielen Punkten die Befürchtungen der Eltern um ihre Kinder, *belegte* die Gesundheitsschäden, die besonders Schwangere, Alte, Kranke, Allergiker und Asthmatiker wegen der Übel aus der Luft zu erdulden haben, *enthüllte* Zusammenhänge, die bis dato unbekannt, zeigte aber auch, daß unter den Wissenschaftlern eine Fronde von Abwieglern und Verniedlichern existierte, die sich den Mantel unanfechtbarer Autorität umgehängt hat.

Zunächst die aufrüttelnden Aussagen: Professor Dr. Schlipköter, Silikose-Papst und Leiter des Medizinischen Instituts für Umwelthygiene an der Universität Düsseldorf: »Epidemiologische Untersuchungen, die im Ruhrgebiet und der Rheinschiene an mehr als 40000 Kindern und Erwachsenen durchgeführt worden sind, ergaben, daß *Atemwegserkrankungen* in den Belastungsgebieten häufiger als in Reinluftgebieten auftreten, obwohl in der Regel die I_1-Werte (Langzeitwerte) für SO_2 eingehalten wurden und nur in geringem Umfang die I_2-Werte (Kurzzeitwerte) der TA Luft überschritten worden sind. Diese sowie experimentelle Untersuchungen weisen darauf hin, daß die *kurzfristige Einwirkung von Reizgasen in Form von Konzentrationsspitzen zum vermehrten Auftreten von Bronchitis sowie zur Verschlimmerung chronischer Atemwegserkrankungen führen kann«* (*Schlipköter,* 1984).

Später in der Bundestagsdebatte im Oktober behauptete der Familienminister Heiner Geißler blauäugig unter Bezug auf die WHO:

»Bisher konnten *keine* direkten Wirkungen säurehaltiger Niederschläge auf die menschliche Gesundheit nachgewiesen werden.«

Die Risikogruppen

Professor Dr. Schlipköter weiter: »Für viele Luftverunreinigungen gibt es ... Risikogruppen, die bei der Beurteilung der Luftverunreinigung besonders zu beachten sind. Für Schwefeldioxid und Stickstoffdioxid sind es *Kinder und Erwachsene* mit bestehenden Atemwegserkrankungen, für Cadmium alte Menschen, für Blei Kleinkinder und Schwangere ...«

»Ungefähr 10 Prozent der Normalbevölkerung reagieren *überempfindlich* auf Schwefeldioxid; bereits bei Konzentrationen um eins bis drei mg/m^3 treten bei ihnen *ernste, behandlungsbedürftige* Bronchospasmen auf. Als Personengruppen mit besonderem Risiko gelten *Bronchitiker und Asthmatiker.*« Später nannte Schlipköter dann noch als zusätzliche Risikogruppe für Kohlenmonoxid die Herzkranken und für Ozon nochmals die Asthmatiker. Eine Risikogruppe schließlich, bei der man noch ziemlich im dunkeln tappe, seien die Allergiker: »Wir wissen, daß es zu einer Zunahme der Allergien kommt. Wodurch, wissen wir noch nicht. Auf der anderen Seite ist bekannt, daß gerade solche Personen, die *eine Allergie besitzen, auch auf Umweltschadstoffe empfindlicher reagieren« (Deutscher Bundestag, Februar 1984).*

Ich fasse vorläufig zusammen: Risikogruppen in der Bundesrepublik sind

1. Schwangere und Säuglinge (Blei).
2. Säuglinge und Kleinkinder (Schwefeldioxid und Stickstoffdioxid).
3. Erwachsene mit Atemwegserkrankungen, Alte, Bronchitiker und Asthmatiker (Schwefeldioxid).
4. Asthmatiker (Ozon).
5. Herzkranke (Kohlenmonoxid).
6. Allergiker (Schadstoffe unspezifisch).

Rechne ich jährlich 500000 bis 600000 Schwangere und Säuglinge, 3,7 Millionen Kinder unter sechs, 6,4 Millionen Erwachsene über 70 und 300000 Atemwegskranke, so gehören *elf Millionen Bundesbürger* zu den Risikogruppen, die durch Schadstoffe aus der Luft *besonders attackiert, geschädigt, krank gemacht werden*. Dabei sind die 20 bis 25 Millionen Allergiker noch nicht mitgerechnet.

Rasseln und Bellen

Wenden wir uns vorerst wieder der Risikogruppe zu, die am meisten von sich reden machte, weil sie mutige Fürsprecher hat, den Kindern. Und hier den Pseudo-Krupp-geplagten Kindern. Christa Kunkel von der »Elterninitiative Pseudo-Krupp« Essen, eine Kämpferin der ersten Stunde, gab in Bonn einen bewegenden Bericht über ihre Erfahrungen mit ihrem Sohn Kalle: »Anfang April 1981 – Kalle war gerade drei Monate alt – erschreckten mich unbekannte Geräusche aus dem Kinderzimmer. Eine Art Bellen, das ich zuerst gar nicht meinem Kind zuordnete, dann ein pfeifendes Rasseln, das deutlich durch die geschlossene Tür drang. Ich hörte mir das völlig unbedarft dreimal an und stürmte dann in panischer Angst zu dem Kind. Ich wußte nicht, was das sein konnte, aber in mir wuchs die Angst: Das Baby stirbt in meinen Armen weg. Es war Samstag nacht, ungefähr 23 Uhr.«

Christa Kunkel rief einen Notarzt an, der hörte das Rasseln und Bellen am Telefon, beorderte Frau Kunkel sofort in seine Praxis: Es könne Lebensgefahr bestehen. Im Sommer ging es Kalle etwas besser, doch dann begann eine nicht abreißende Kette von Krankheiten: Starker Husten mit Würgen und Erbrechen, dicke, eitrige Infekte ...

»Den Höhepunkt erreichten wir im Herbst 1982, nach einem heißen, im Ruhrgebiet beinahe unerträglichen Sommer, dem ein dunstiger, verregneter Herbst folgte. Von September bis Oktober hatte unser Sohn jedes zweite Wochenende Atemnotanfälle, die jedesmal mit starken Medikamenten behandelt werden mußten. Das sah so aus: Kalle war den ganzen Tag über munter und gesund. Er schlief gegen 20 Uhr problemlos ein. Zwischen 22 und 23 Uhr setzte dauernder Husten ein. Obgleich ich ihm jedesmal sofort Zäpfchen gab, steigerte sich der Husten im Laufe der Nacht so, daß das Kind praktisch keine Luft mehr bekam und völlig verängstigt nach den Eltern weinte. Die Atmung war flach wie die eines Langstreckenläufers. Beim Atmen hörten wir ein pfeifendes Ziehen. Bei jedem Atemzug zog sich der Brustkorb des Kindes zusammen. Wir konnten keine Minute von seiner Seite weichen, denn sonst regte er sich so auf, daß sich die Atemnot noch mehr

Tabelle 1:
Der Zusammenhang zwischen Erkrankungen von Kindern an Pseudo-Krupp und spastischer (obstruktiver) Bronchitis und Schadstoffbelastung

SO_2–I_2 (mg/m³)	Kinderzahl	Pseudo-Krupp	obstruktive Bronchitis
unter bzw. gleich 0,25	689	52 = 7,5%	92 = 13,4%
über 0,25	749	118 = 15,8%	176 = 23,5%
Staub–I_2 (g/m²)			
unter 0,55	1021	102 = 10,1%	127 = 12,4%
über bzw. gleich 0,55	417	68 = 16,3%	141 = 33,8%
SO_2 + Staub–I_2			
unter 0,30/unter 0,50	236	23 = 9,7%	24 = 10,2%
über 0,30/über bzw. gleich 0,50	110	26 = 23,6%	46 = 41,8%

Kinder erkrankten gehäuft an Pseudo-Krupp und spastischer Bronchitis, wenn kurzfristig die Staub- und/oder Schwefeldioxidbelastung anstieg. I_2 bedeutet Kurzzeitwert: Milligramm pro Kubikmeter Luft bzw. Gramm pro Quadratmeter pro Tag (bei Staub) (Quelle: Haupt, Mühling 1984).

Die kapitale Lobby

Die Arbeiten von Haupt und Wemmer waren Pionierarbeiten, die endlich eine Bresche in den bundesdeutschen Schadstoff-Dschungel schlugen. Besorgte Eltern und Kinderärzte sahen ihre Befürchtungen von neuem wissenschaftlich bestätigt und hofften nun auf rasche Reduzierung der Emissionen – zum Wohle der Kinder. Doch abgesehen von einigen Ausnahmen war das Gegenteil der Fall. Der Parlamentarische Staatssekretär beim Bundesminister für Jugend, Familie und Gesundheit verkündete in der schon zitierten Antwort auf die Große Anfrage der Grünen (*Deutscher Bundestag, 10, 210,* 1984): »Aus einer Veröffentlichung von Professor Haupt (1984), Duisburg, geht hervor, daß Pseudo-Krupp in Gebieten mit höherer Luftverschmutzung häufiger gefunden wurde. *Für obstruktive Bronchitis bei Säuglingen und Kleinkindern wurde dagegen keine Korrelation zwischen Luftbelastung und Erkrankungshäufigkeit gefunden.«*

Sehen Sie sich die Tabelle von Professor Haupt nochmals an, und Sie erkennen unschwer: Die Worte des Staatssekretärs sind falsch, sind unwahr, sind vielleicht sogar – aber das kann ich nicht beweisen – eine bewußte Unwahrheit, eine Lüge. Ich möchte deswegen an dieser Stelle besonders hervorheben: Wissenschaft und Forschung sind in der Bundesrepublik nicht so frei, wie immer behauptet wird. Der herrschenden Politik, der kapitalen Lobby genehme Arbeiten werden gefördert, unangenehme Vorhaben schon im Vorfeld abgeblockt, brisante und demaskierende Ergebnisse verschwinden in der Schublade. Forschung hierzulande ist ein Politikum, Geld bekommt, wer in die richtige Richtung forscht. Karriere macht im Bundesgesundheitsamt, im Umweltbundesamt und in anderen Wissenschaftsbetrieben, wer stachlige Forschungsergebnisse seinem Vorgesetzten am eilfertigsten schönt, am gefälligsten zu interpretieren vermag. Und schönt er sie nicht selber, so biegt sie sein Dienstherr regierungsgenehm hin.

Janz Berlin is eene Wolke

Ein Kinderarzt, ein Biometeorologe, ein Meteorologe und ein Statistiker können ein Lied davon singen, was passiert, wenn in der Bundesrepublik ein Umweltproblem engagiert angegangen wird. *Ulrich Fegeler, R. Moyzes, E. Wedeler und K. Eberhard* kümmerten sich – bekümmert über die Luftverschmutzung in Berlin – um die *Immissions- und Wettereinflüsse auf Erkrankungen der oberen und unteren Luftwege von Kindern in Berlin (West) 1979–1982*. Über zwei Jahre lang steckten sie nicht nur ihre Freizeit, sondern auch eigenes Geld in dieses Projekt; der Berliner Senator für Stadtentwicklung und Umweltschutz steuerte erst spät 44000 Mark hinzu. Heraus kam ein rund 500 Seiten langes Zahlenwerk, das vom Umweltbundesamt kritisch beäugt, vom

Berliner Senat beinahe versteckt worden wäre. Denn dieses Zahlenwerk enthält bei genauerem Hinsehen eine ganze Menge der herrschenden Politik zuwiderlaufende Offenbarungen.

Rund 60000 Kinder wurden in der Kinderklinik des Rittberg-Krankenhauses des DRK und in der Kinderklinik Neu-Kölln ambulant und stationär behandelt. Bei rund 24000 lautete die Aufnahme-Diagnose: *Infekte der oberen Luftwege (Halsentzündungen) / Lungenentzündungen und Bronchitiden / Asthmaformen (spastische Bronchitis) / Krupp-Syndrom*. Und lautete die Frage: Hatten SO_2- und Smog-Perioden mit diesen Erkrankungen zu tun?

Erstickende Kraftwerke

Grundsätzlich zeigte sich: Wir müssen Abschied nehmen von einer zu starren Dosis-Effekt-Beziehung, das heißt von der Idee, daß bei hohen SO_2-Werten auch sofort hohe Krankenziffern auftreten. An *Pseudo-Krupp* zum Beispiel erkrankten signifikant mehr Kinder, wenn im September/Oktober zu Beginn der Heizperiode die SO_2-Werte kletterten – und zwar schon bei niedrigen Schwefeldioxid-Stößen. Die Atemtraktschleimhaut wird in diesen Perioden der Anpassung an eine veränderte Umgebung sofort durch SO_2 geschädigt.

Viele Kinder erkrankten, wenn jeweils mehr als 400 Mikrogramm SO_2 in einem Kubikmeter Luft waren – das war zu erwarten. Unverhältnismäßig viele erkrankten aber auch am *dritten und vierten Tag nach den SO_2-Spitzen*. Die durchschnittliche Erkrankungsrate stieg an Smog-Tagen um 10 Prozent, in den Nachfolgetagen um 13 Prozent.

Schließlich verglichen die Berliner Wissenschaftler die stark belasteten Meßbezirke mit den erhöhten Krankheitsziffern und fanden für den Meßbereich 17 und 18 (Wilmersdorf und Schöneberg) überdurchschnittlich viel SO_2 sowie überdurchschnittlich viel an Erstickungshusten leidende Kinder. Und: *Alle fünf Kraftwerke* lagen in Bezirken, in denen *vermehrt Pseudo-Krupp* auftrat.

Lungenentzündungen und Bronchitiden waren ebenfalls abhängig von den SO_2-»Gaben«. Hier häuften sich die Erkrankungen jedoch nach den *Smog-Perioden*. Dann erkrankten 25 Prozent mehr Kinder als in den Zeiten *vor* den Smog-Tagen.

Bei *akuter spastischer* beziehungsweise *obstruktiver Bronchitis* fiel zunächst ins Auge: Es gab dreimal soviel einjährige krampfhaft hustende Patienten als zweijährige, es gab *überhaupt mehr Patienten im ersten Lebensjahr als in allen anderen Lebensjahren zusammen*. Ein bedeutender Hinweis, denn eine Vorschädigung der Lunge in diesem Alter bedeutet fortwährende Anfälligkeit für Bronchialerkrankungen.

Spastische Bronchitis und Asthma stiegen *in Smogperioden um 67 Prozent an*! Die so erkrankten Kinder mußten auch länger im Krankenhaus bleiben (Aufenthaltsdauer +10 %). Den Kindern verstopften die Lungen nicht nur an den hohen Spitzen-SO_2-Tagen, sondern auch am dritten Tag *nach* der SO_2-Spitze. Auch hier: Hohe Erkrankungsrate bei überdurchschnittlich hohen Schadstoffbelastungen im Wohngebiet. Die *Infekte der oberen Luftwege* schließlich nahmen erstaunlich zu gegen Ende eines Winters. Das bedeutet in Summe: Ein kleines Kind, dessen Atemwege und Atemtrakt besonders anfällig zu Beginn des Winters sind, kann sich – zynisch gesagt – aussuchen, ob es

– recht rasch an Pseudo-Krupp erkrankt,
– auf die Smogperioden wartet, um sich dann eine spastische Bronchitis zuzuziehen,
– in einer After-Smog-Zeit sich mit einer Lungenentzündung ins Krankenhaus legt,
– gegen Ende des Winters von Viren und Bakterien gepackt wird und einen Nasenkatarrh, eine Mittelohrentzündung oder eine Mandelvereiterung davonträgt.

Oder alles nacheinander durchmacht.

Der Berliner Senat freilich versuchte im Vorfeld der Wahlen im März 1985 die Publizierung dieser detaillierten und ausgewogenen Arbeit zu verhindern. Als die Verfasser zu einer Pressekonferenz luden, wurde ihnen Vertragsbruch vorgeworfen. Der Senat müsse Zeit haben, die Studie auf ihre Plausibilität zu prüfen. Alle Veröffentlichungsrechte stünden zudem der auftraggebenden Stelle zu. »Und wenn wir die bis übernächstes Jahr im Schrank ließen, so ist das unser gutes Recht«, meinte der Senatssprecher Eberhard Roloff. Der Berliner Sozialwissenschaftler Kurt Eberhard, ebenfalls an der Untersuchung beteiligt, konterte: »Ich halte es für ein Verbrechen, was hier in Sachen Umweltschutz passiert« – und schließlich fand die zunächst abgesagte Pressekonferenz doch statt. Der Druck in Hintergrund aber blieb, und so resümiert der Kinderarzt Dr. Ulrich Fegeler resigniert: »Nie wieder ein solches Projekt.«

Kinderärzte im Abseits

17000 bis 20000 an Pseudo-Krupp erkrankte Kinder werden jedes Jahr in der Bundesrepublik in den Krankenhäusern stationär behandelt. Pseudo-Krupp ist nicht meldepflichtig, deswegen ist nicht bekannt, wieviel Fälle von den bundesdeutschen Kinderärzten in der Praxis versorgt werden, erst recht ist die Zahl derer im dunkeln, die bei wiederholten Anfällen von inzwischen kundigen Eltern zu Hause versorgt werden. Ob von Jahr zu Jahr mehr Kinder an der Enge im Kehlkopf leiden oder weniger, ist im Augenblick nicht zu beantworten.

In diesem trüben Gewässer unbekannter Daten fischte im Sommer 1984 der Berufsverband der Kinderärzte Deutschlands e. V. und gab am 25. September 1984 folgende Pressemeldung heraus: »Das ist eine *gute* Nachricht für die Eltern aller Kinder bis zu sechs Jahren: Die gefürchtete Kinderkrankheit dieses Alters, der sogenannte Pseudo-Krupp, ist offenbar *nicht* im Ansteigen begriffen. Entgegen der in der Öffentlichkeit geäußerten Befürchtungen haben zwei Umfragen des Berufsverbandes in Kinderkliniken und Praxen kein Ansteigen der Pseudo-Krupp-Erkrankungen unter den Kindern in der Bundesrepublik erkennen lassen . . .«

Diese »Blitz-Umfrage« wurde zu einem Politikum. Der damalige Familienminister Heiner Geißler (CDU) und sein CDU-Kollege Breuer zitierten die Erkenntnisse des Berufsverbandes der Kinderärzte in der oben genannten Bundestagsdebatte *als Beispiel dafür,* daß die Politiker der Fraktion der Grünen *unzulässige Panikmache* betrieben hätten. Es wurde ihnen das Recht abgesprochen, sich weiter für die kranken Kinder einzusetzen, da es ja eine Erhöhung der Krankheitsfälle nicht gäbe.

Was steckt dahinter? Der Berufsverband der Kinderärzte, federführend sein Präsident Professor Dr. Werner Schmidt, hatte an »seine« Kinderärzte *Postkarten* losgeschickt, den Rücklauf von 500 Postkarten dann gesichtet und als Ergebnis formuliert: »Von den befragten niedergelassenen Kinderärzten beobachteten 78,3 Prozent *keine* Veränderungen hinsichtlich der Häufigkeit, 15,3 Prozent berichteten von einer Abnahme, nur 6,4 Prozent von einer Zunahme der Pseudo-Krupp-Fälle in ihren Praxen.«

Die Umfrage ist faul: Sie enthält, wie der Präsident des Berufsverbandes inzwischen eingeräumt hat, keine *repräsentativen Daten*. Es wurden nicht berücksichtigt Eltern, die ihre kranken Kinder selbst versorgen, es wurden nicht berücksichtigt die regionalen Unterschiede, die meteorologischen Bedingungen, die Schadstoff-Emissionen. Kurz: Es war den Erfindern dieser Umfrage egal, ob der befragte Kinderarzt, der dann auch *geantwortet* hatte, in einem Belastungsgebiet praktiziert oder in einem Reinluftgebiet, ob in Essen-Borbeck oder auf Norderney.

Sie sehen: Die »gute« Nachricht des Berufsverbandes der Kinderärzte war in der Tat eine gute: nicht für die Eltern, nicht für die Kinder, aber für die Melange aus Strom- und Stadtherren, Kohle- und Landesfürsten, Regierungsgutachtern und Ministerialmedizinern, Familienministern und Gesundheitsbetern, die alle nur eines wollen: Ruhe im Lande, und wenn es auch die Ruhe des Grabs ist.

3. Wenn die Smog-Glocke läutet

Wir sitzen
im schwarzen Licht
essen Gift trinken Säure
wir denken wir leben
und verschieben die Folgen
auf Morgen

Günter Kunert,
Lagebericht

Wenn ein Mensch stirbt, einsam und ohne Erben, öffnet die Polizei gewaltsam die Tür, und der Nachlaßverwalter kommt, um die Habseligkeiten des Toten zu sichten. Diese Habseligkeiten sind manchmal kleine Reichtümer: in Zeitungspapier eingewickelte Geldscheine, in Bettwäsche versteckter Schmuck, ein Sparbuch mit 30000 Mark. Doch manchmal liegt der Tote auch nur da in einem Wust ungereinigter, abgetragener Kleider, verkrümmt und blauschwarz in der Haltung, in der er vom Stuhl geglitten ist. Auf dem Tisch im Aschenbecher eine halb gerauchte Zigarre, vor dem Aschenbecher steht ein Bild des Toten, das ihn mit einigen Verwandten oder Freunden von früher zeigt.

Dem Münchner Nachlaßverwalter H. A. Kirchner bot sich einmal folgendes Bild: Die Wohnung, die er betrat, war angefüllt mit leeren Konservendosen, Schachteln, Flaschen; die alte tote Frau lag im Schlafzimmer auf dem Bett. Im Schlafzimmer und im kleinen Korridor und in der Küche hingen dichte Spinnennetze. Nur ein schmaler Weg vom Schlafzimmer zur Küche war noch frei von Unrat und Spinnen: Der Weg, den die alte Frau in den letzten Jahren ihres Lebens allein immer gegangen war. Vom Bett zur Küche und von der Küche zum Bett. Dieser Weg war langsam zugewachsen!

Rechtsanwalt Kirchner stellte sich und mir die Frage, ob dieser alten Frau vielleicht durch Nachbarn oder karitative Organisationen hätte geholfen werden können, und meinte nein. Viele alte Menschen kapselten sich bewußt ab und stießen jede Hilfe von sich, wollten mit niemandem Kontakt. Und das, so meinte Kirchner, sei ja schließlich die Freiheit des Individuums, die Freiheit unserer Gesellschaftsordnung.

Ich bin im Zweifel: Ich mag auch keinen Einbruch in meine Persönlichkeitssphäre, möchte selbst mitbestimmen, was mit mir geschieht. Doch viele der alten Menschen hier, Siebzigjährige, Achtzigjährige, sind aufgewachsen in einer Zeit, da Schicksal als gottgegeben galt, Versagen immer als eigenes Verschulden, freche Schnauze als Verbrechen. Subordination, Unterordnung, Kadavergehorsam war die Devise, und was die da oben sagten, war Gesetz. Jeder einzelne war für sich ein klein gehaltener, kleingemachter Wicht, dem von Kindheit an Stücke aus seiner Persönlichkeit herausgebrochen worden waren, die er dann freilich auffüllen durfte mit gesetzlich erlaubtem Mord und Totschlag (Krieg!). Der da jetzt einsam starb, war ein Kranker an Leib und Seele. Er hätte dringend der Hilfe bedurft, der Hilfe in Form von Information, Aufklärung, Solidarität und Liebe.

Nur wenige Alte beschweren sich darüber, daß sie versauern, daß die Umwelt versauert, weil die meisten es nicht gelernt haben, aufzumukken, weil man ihnen den Widerspruchsgeist schon früh ausgetrieben hat. Dies gilt besonders für die armen, die sozial »schwachen« Alten, die in den Großstädten in Dunkelkammern hausen. Sie schlucken die schlechte Luft, weil sie sowieso nichts zu beißen haben. Und wenn sie an dem Dreck früher krepieren, dann sollen sie doch froh sein, denn gestorben wären sie ja sowieso. Es lebe die moderne Emissions-Euthanasie!

Die Krankheiten aus der Luft

Halten wir in der Bundesrepublik in einem Ballungsgebiet kurz inne und inhalieren wir rund 1000 Fremdstoffe, von denen die wichtigsten sind: Das uns schon bekannte Schwefeldioxid (SO_2), dann Stickoxide (NO_2), Kohlenwasserstoffe (HC), Kohlenmonoxid (CO) und photochemischer Smog mit dem Leitstoff Ozon (O_3). Außerdem die gefährlichen Stäube (Asbest!) sowie die Schwebstäube mit den Schwermetallen Blei, Cadmium u. a. Grundsätzlich gibt es drei Säulen der *Krankheitsentstehung*:

- die genetische oder familiäre Disposition (Vererbung),
- die psychosomatische Disposition (Umfeld),
- Umweltfaktoren (Umwelt).

Schadstoffe aus der Luft wirken entweder

– *lokal* auf Bronchien und Lunge,
– systematisch (global) auf andere Organe, auf Stoffwechsel und Zelle (*Vogel*, 1984).

Bei der lokalen Wirkung wird zunächst der Nasen-Rachen-Raum attackiert. Größere Partikel (über 15 Mikrometer) bleiben hier auf der Schleimhaut haften, mittelgroße (von ein bis 15 Mikrometer) »schluckt« die Luftröhre, die kleinsten (kleiner als ein Mikrometer) dringen bis in die Alveolen (Lungenbläschen) vor.
– Im Nasen-Rachen-Raum kann die Schleimhaut-Reizung zum lebensgefährlichen Pseudo-Krupp führen.
– Im Bereich der Luftröhre und der Bronchien stören die Reizgase das Flimmerepithel (Flimmergewebe): Die inhalierten Fremdstoffe können nicht mehr durch die Ziliarbewegung hinausbefördert werden.
– Die Abwehrmechanismen der Bronchialschleimhaut versagen, die Schleimproduktion kommt durcheinander, die Folge: Krankheitserreger wie Viren und Bakterien haben leichte Bahn.
– Die Tötungszellen der Großen Lungenbläschen (Alveolarmakrophagen), die in der Lunge die Verteidigungskette gegenüber Fremdpartikeln und Mikro-Organismen bilden, werden außer Gefecht gesetzt, die Giftstoffe ins Blut aufgenommen und verteilt.

Die sichtbaren und weniger sichtbaren ernsthaften Folgen: Schnupfen, Erkältungskrankheiten, Asthmaanfälle, Bronchitis und später chronische Bronchitis, Lungenemphysem (Lungenblähung) und Lungenkrebs.

Der Gesamtorganismus leidet auch an anderen Stellen unter der Attacke der Schadstoffe. Denn die Invasoren sind mutagen (zellverändernd), kanzerogen (krebserregend oder krebsinduzierend), toxisch (giftig).

Risikogruppe Asthmatiker, Bronchitiker

Die Risikogruppe, also die Gruppe, die bei hohen Emissionen riskanter lebt, ist für Schwefeldioxid und Stickstoff die Gruppe der Kinder, wie wir gesehen haben, und die Gruppe der Erwachsenen mit bestehenden Atemwegserkrankungen. Ungefähr fünf bis zehn Prozent der »Normal«-Bevölkerung reagieren überempfindlich auf Schwefeldioxid, bereits bei einer Konzentration um ein bis drei Milligramm/m^3 (= 1000 bis 3000 Mikrogramm) treten bei ihnen ernste behandlungsbedürftige Bronchospasmen auf. Als Personengruppe mit besonderem Risiko gelten *Bronchitiker und Asthmatiker (Schlipköter, Pott, Wichmann, Csicsaky,* 1984). Die niedrigste Konzentration, die bei den als besonders empfindlich geltenden Asthmatikern »anschlug«, betrug 1300 Mikrogramm/m^3 – 40 Minuten lang bei körperlicher Belastung inhaliert. Den Berliner Asthmatikern sei vorweg gesagt, daß sie in den letzten Jahren regelmäßig *Spitzenkonzentrationen bis zu 2000 Mikrogramm im Verein mit hohen Staubemissionen erleiden mußten.* Sind diese Aussagen schon alarmierend genug, so werden sie dramatisch, wenn wir bedenken, daß *Asthmatiker bis zu 16mal empfindlicher reagieren* als Menschen ohne diese Krankheitsgeschichte.

Erstick-Oxide

Sträflich vernachlässigt werden in der öffentlichen Debatte über die gefährlichen Luftschadstoffe die *Stickoxide* (NO_x). Sträflich, weil von Jahr zu Jahr atemberaubend mehr Stickoxide mit den Auspuffgasen in die bundesdeutsche Atmosphäre geblasen werden (siehe auch: »Blei immer dabei«). Stickstoffoxide und Kohlenwasserstoffe (HC) bilden außerdem unter Sonnenlicht sogenannte Reaktionsprodukte wie *Ozon,* Peroxiacylnitrate (PAN) und andere organische Peroxiverbindungen, höhere Oxide des Stickstoffs, Aldehyde und Ketone: *photochemischen Smog.* Nitrit, Nitrat oder krebserzeugende Nitrosamine sind ebenfalls Folgeprodukte.

Die wissenschaftliche Diskussion über die medizinisch-biologischen Auswirkungen der Stickoxide und ihrer aggressiven Agenten ist jedoch seit Jahren im Gange. Besonders Mitglieder der Arbeitsgruppen der VDI-Kommission Reinhaltung der Luft (*VDI,* 1984) sichteten die Dokumente, sammelten die Erfahrungen:

– Stickstoffdioxid ist ein Reizgas, stechend stickig, wirkt, weil es wasserlöslich ist und mit Wasser reagiert, schon bei niedrigen Konzentrationen in der Lunge im Bereich der Bronchien.

– Bei Versuchstieren fanden sich entzündliche Veränderungen wie Bronchitis, Bronchiolitis und emphysemähnliche Schäden, das heißt, das innere Lungengewebe wird überdehnt, verdünnt, die Lungenbläschen schrumpfen.

– Dem Stickstoffdioxid ausgesetzte Tiere waren anfälliger gegenüber bakteriellen und viralen Infektionen.
– Kranke Mäuse, das heißt Mäuse, denen Grippeviren eingeimpft worden waren, starben unter NO_2-Duschen früher als andere.
– Grundsätzlich scheint zu gelten: Je länger die Exposition, um so höher ist die Mortalität, je länger also Stickstoffdioxid eingeatmet wird, desto höher die Sterblichkeit.
– Biochemische Veränderungen wurden beobachtet, die außerhalb der Lunge auftraten: Nierenschädigungen zum Beispiel.
– Vertretbare Aussagen über krebserzeugende oder erbschädigende Wirkung des NO_2 konnten nicht gemacht werden. Jedoch besteht die Möglichkeit, daß NO_2 mit Gewebsaminen Nitrosamine bilden, die zu den stärksten krebserregenden Stoffen zählen und zum Beispiel im Tabakrauch zu finden sind.

Vom Versuchstier Maus zum Versuchstier Mensch. Hier studieren die Wissenschaftler besonders die Bronchitiker und Asthmatiker.
– Bei *erwachsenen Asthmatikern* führten NO_2-Konzentrationen von 190 bis 380 Mikrogramm nur vereinzelt zu zunehmender Atemnot (Anstieg des in- und exspiratorischen Strömungswiderstandes).
– Die kritische Schwelle scheint für Kranke mit chronischer Bronchitis oberhalb von 2800 Mikrogramm/m^3 zu liegen.
– Unter 1800 Mikrogramm/m^3 Luft klagten Gesunde wie Asthmatiker über *Brustenge*.

Diese und andere Befunde brachte die VDI-Kommission »Reinhaltung der Luft« auf folgenden Nenner: *Maximal 100 Mikrogramm/m^3* NO_2 am Tag, *maximal 200 Mikrogramm/m^3* in einer halben Stunde sind für den Bundesbürger, vom kleinen hustenden Kind bis zum alten Asthmatiker, vertretbar. Doch dies, bitte schön, *nicht öfter als einmal im Monat und dann auch höchstens bis auf das Dreifache überschritten*.

Das klingt vernünftig, jedoch wurde die Rechnung ohne den Wirt gemacht, ohne den aus NO_2 entstehenden *aggressiven photochemischen Smog*.

Photochemischer Smog

Der photochemische Smog ist ein komplexes Gebräu aus Allerlei: Unter wesentlicher Beteiligung von Stickstoffoxiden und Kohlenwasserstoffen und der Sonnenstrahlung entstehen die sogenannten Photooxidantien (P.O.). Die P.O.s sind ein Gemisch von oxidierenden Zwischenprodukten sehr verschiedener chemischer Reaktivität, sozusagen eine höllische Garküche am Himmel. Ein charakteristisches P.O. ist das *Ozon*. Ozon heißt nichts anderes als »riechen«, das Wort kommt aus dem Griechischen. Ozon, lange Zeit fälschlich als Synonym für gute Luft gebraucht, ist unter Normalbedingungen ein hochexplosives blaues Gas mit intensivem, die Schleimhäute reizenden Geruch. Noch in den sechziger Jahren meinten die Meteorologen und Luftanalytiker, daß es hierzulande den in Los Angeles beobachteten Smog nicht geben werde, weil hier zu wenig die Sonne scheine. Das war falsch. Die jetzt beobachteten Pflanzenschäden und die diesbezüglichen Luftanalysen zeigen: Photooxidantien in unserer Luft über den Ballungsgebieten, aber auch über ländlichen Gegenden in den Mittelgebirgen, nehmen rapide zu. *Die Tendenz der Mittelwerte an den Meßstationen ist ansteigend!*

Sehen wir uns die »Vorläufer« des photochemischen Smogs an, die Stickoxide und die Kohlenwasserstoffe, so finden wir in der Bundesrepublik bemerkenswerte Emissionsverhältnisse – bemerkenswert besonders für die Risikogruppen (zusammengestellt nach *K. H. Becker* u. a., 1983):

– Wiesbaden bekommt im Jahr rund 7000 Tonnen Stickoxide (als NO_2) ab, Mainz 12000, Köln 90000, Duisburg–Mühlheim–Oberhausen 91000, Dortmund 95000.

– Pro Kopf erhält der Wiesbadener im Jahr 27 Kilo Stickstoffdioxid, der Mainzer 52, der Kölner 64, der Duisburger, Mühlheimer, Oberhausener 72, der Dortmunder 80 Kilo.

– An Kohlenwasserstoffen inhaliert der Dortmunder 16 Kilo im Jahr, der Mainzer 19, der Duisburger, Mühlheimer, Oberhausener 37, der Wiesbadener 52, der Kölner 61 Kilo.

Die Zahlen stammen aus Emissionskatastern der Jahre 1976–81, das heißt: Sie können ruhig davon ausgehen, daß Sie heute an Stickstoffoxiden mindestens 10 Prozent mehr inhalieren. Denn die Verpestung steigt! *(Tabelle 2.)*

Tabelle 2:
Emissionen von »Vorläufern« des photochemischen Smogs, von Stickoxiden und organischen Verbindungen

Stoff (in 1000 t)	Quelle	1966	1970	1974	1978	1982
NO_x	Kraftwerke	650	820	920	940	850
(als NO_2)	Industrie	660	690	660	580	430
	Haushalt und Kleingewerbe	100	130	140	140	120
	Verkehr	640	820	990	1340	1700
	Summe	2050	2450	2700	3000	3100
organische	Kraftwerke	6	8	9	9	10
Verbindungen	Industrie	350	450	480	470	450
	Haushalte und Kleingewerbe	260	720	710	630	520
	Verkehr	400	530	570	650	620
	Summe	1400	1700	1800	1750	1600

Der photochemische Smog ist ein Gemisch, das hauptsächlich aus Stickstoffoxiden und Kohlenwasserstoffen unter Sonneneinwirkung entsteht. Stickstoffoxide in unserer Atemluft steigen rapide an! (Quelle: UBA, ergänzt.)

Die riesigen Mengen von NO_x und HC hängen sich als gewaltiger, erstickender Dunst über das Land. Die Sonne »zersetzt« sie in Photooxidantien, in Ozon und anderes. Ozon am Arbeitsplatz darf wegen seiner Aggressivität 200 Mikrogramm/m^3 nicht überschreiten. Während der strahlungsreichen Sommermonate, von Mai bis September, aber übersteigt das Ozon da draußen gebietsweise sogar 400 Mikrogramm/m^3! Hohe Spitzenwerte treten in Ballungsgebieten auf, *hohe Langzeitwerte wurden vor allem in Rand- und Reinluftgebieten* gemessen.

Ozonlese

Eine Ozonlese 1976–1982, zunächst die Maximalwerte:

1976: Mannheim-Mitte 543 Mikrogramm/m^3, Mannheim-Nord 458, Mannheim-Süd 432, Karlsruhe-West 422, Frankfurt-Westend 409.
1977: Karlsruhe-Mitte 409, Bonn-Venusberg 410, Köln-Rodenkirchen 410.
1978: Mannheim-Nord 419, Bonn-Venusberg 410.
1979: Mainz-Mombach 410.
1980: Kein Maximalwert über 400 Mikrogramm/m^3.
1981: Köln-Godorf 546, Braunschweig-Mitte 430.
1982: Mannheim-Mitte 408, Eggenstein 407, Mannheim-Nord 397.

»Die Meßergebnisse«, so die Autoren dieser Arbeit (*Kolbe/Becker*, 1983), »die Meßergebnisse von Mannheim, Karlsruhe und mit Einschränkungen auch von Frankfurt, weisen darauf hin, daß der *gesamte Oberrheingraben* im inländischen wie im europäischen Vergleich als ein relativ hoch belastetes Gebiet anzusehen ist.«

Der Ozonlese zweiter Teil birgt einige Überraschungen, betrachten wir die *Mittelwerte im Sommer und übers Jahr.* Da waren 1976 im Sommer am stärksten belastet: der kleine Feldberg im Taunus, übers Jahr ebenfalls der kleine Feldberg und der Hohenpeißenberg. Der Hohenpeißenberg liegt zwischen Weilheim, Peiting und Schongau. Die Eltern von kranken Kindern dort werden nicht erfreut sein, dies zu lesen. 1977 Rang 1 im Sommer: wiederum der Hohenpeißenberg. Rang 1 übers Jahr: der Wank. 1978: Der Hohenpeißenberg und der kleine Feldberg im Sommer an der Spitze, der Hohenpeißenberg auch übers Jahr. 1979 im Sommer: Mainz-Mombach, übers Jahr Hohenpeißenberg, Wank, kurz gefolgt von Mainz-Mombach. 1980 kamen einige Meßstationen dazu, und siehe, das Bild ändert sich: Der Schauinsland im Schwarzwald registrierte die bis dato höchsten Sommerwerte überhaupt (im Mittel 113 Mikrogramm), übers Jahr ebenfalls hohe 95 Mikrogramm. Doch auch Deuselbach im Hunsrück, der Münchner Effnerplatz und Nürnberg waren hoch durch Ozon beziehungsweise photochemischen Smog belastet. 1981 führte der Brotjackelriegel die Liste der Ozongebiete im Sommer wie übers Jahr an. 1982 schaute Schauinsland weniger ins Land als in Ozonschichten – Spitzenreiter bei den sommers wie übers Jahr gemessenen Mittelwerten. Setzt man die Sommer- und Jahreswerte in Bezug mit den *Höhen,* so zeigte sich: Bei

1000 Meter sieht man übers Jahr nicht nur am schlechtestens, da sieht's auch am schlechtesten aus.

Ozon, das Lungengift

Die medizinisch-biologischen Wirkungen von Ozon sind gravierend. »Es gibt zahlreiche Hinweise darauf, daß Ozon in höheren Konzentrationen auch bei kurzfristiger Einatmung gravierende und zum Teil irreparable Schäden in der Lunge setzen kann«, schreibt Professor Gieselher von *Nieding* (1983). »Akut sterben Versuchstiere nach einer Latenz von Stunden an einem hämorrhagischen (blutenden) Lungenödem, bei Überstehen kann sich eine chronische Bronchitis entwikkeln.«

Doch selbst in niedrigen Konzentrationen sind Photooxidantien (P.O.), ist Ozon, ungleich brisanter als die »Vorläufer«, die Stickstoffdioxide und die Kohlenwasserstoffe.

– Zahlreiche tierexperimentelle Daten zeigen, daß im Bereich zwischen 200 und 1000 Mikrogramm/m^3 Ozon die Lungen und Bronchien – Zellgewebe, Flimmerhärchen, Lungenbläschen – geschädigt wurden.

– Ozon macht anfälliger gegenüber Infektionskrankheiten (schon bei 160 Mikrogramm/m^3).

– Schulkinder, die 360 Mikrogramm P.O. bzw. Ozon-Spitzen von 480 Mikrogramm und zusätzlich 180 Mikrogramm SO_2 ausgesetzt waren, klagten über Husten, Atembeschwerden, Halsschmerzen, Augenschmerzen, Kopfschmerzen und Taubheit der Lippen.

– Die Häufigkeit von Asthma-Attacken stieg mit der Dichte des photochemischen Smogs (Schwellenwerte: 500 Mikrogramm/m^3).

Resümee: »Aufgrund der Auswertung der experimentellen und epidemiologischen Daten läßt sich feststellen, daß bei Mensch und Tier schon ab einer Konzentration von etwa 200 Mikrogramm Ozon pro Kubikmeter Luft beziehungsweise Photooxidantien mit nachteiligen Wirkungen zu rechnen ist ... Aufgrund der geschilderten experimentellen Wirkungsbefunde sollte eine Begrenzung der Ozon-Konzentration *unter 200 Mikrogramm/m^3* liegen; ... Die Begrenzung sollte in Form eines Ein-Stunden-Maximalwerts erfolgen« (*Nieding,* 1983).

Pflanzensterben, Bäumesterben

Es stimmt mich immer traurig, wenn ich die Vielzahl von präzisen wissenschaftlichen Arbeiten lese, die sich mit dem Phänomen des Waldsterbens beschäftigen, die explizit diesen und jenen Schadstoff auflisten, seinen Wirkungsmechanismus bis ins letzte Molekül verfolgen und die dann, etwas verklausuliert zwar, aber klar genug sagen: Ja, der Wald stirbt, *weil* die und die Gifte in der Luft sind und in kombiniertem Angriff pflanzliches Leben lahmlegen und killen. Traurig stimmt mich, daß trotz aller mittlerweile vorliegenden Erkenntnisse so wenig getan wird. Der Patient liegt im Sterben, die Diagnose ist gestellt, doch die Männer in den weißen Kitteln und die Macher mit den schwarzen Aktenkoffern stehen im Raume herum und salbadern. Entschwefeln, nicht schwafeln!

Die ersten Pflanzen erlagen dem photochemischen Smog 1944 in der Senke von Los Angeles. Damals wußte man noch nicht, was es war, das Blattgemüse, Zierpflanzen und landwirtschaftliche Kulturen anfraß. Erst 1958 wurden Ozon und 1960 die organischen Peroxide als entscheidende Pflanzengifte dingfest gemacht. Photooxidantien wurden bald – als Folge der gestiegenen Emissionen von Stickoxiden und reaktionsfähigen Kohlenwasserstoffen – überall in den USA vieler Pflanzen Tod. Ertragsausfälle bis zu 60 Prozent bei Citruskulturen und Wein, bis zu 50 Prozent bei landwirtschaftlichen Pflanzenarten wie zum Beispiel empfindlichen Kartoffelsorten, erhebliche Qualitätseinbußen an Blattgemüse und Zierpflanzen – die Horrormeldungen rissen nicht ab. Auf Druck der amerikanischen Umweltbehörde wurden in den 70er Jahren rigorose Abgasvorschriften erlassen, die besonders die Stickoxide aus den Kraftfahrzeugen reduzierten (siehe auch: »Blei immer dabei«).

In Mitteleuropa wurden Pflanzenschäden durch Ozon und Peroxiacetylnitrat (PAN) zum erstenmal 1963 (!) beobachtet. Empfindliche Pflanzenarten – Risikogruppen! – sind Dauerkulturen wie Wein, Süßkirsche, Johannisbeere, Europäische Lärche und Waldkiefer. Rotbuche und Fichte sind vergleichsweise widerstandsfähig, doch auf der anderen Seite sehr empfindlich gegenüber Schwefeldioxid. Eiche und Kiefer sind mal resistent, mal nicht. Die Gruppe der Nadelbäume aber wiederum ist sehr anfällig gegenüber dem hochgiftigen Organoblei. Roggen, Weizen, Gerste und Hafer, die Futterpflanzen Luzerne und Rotklee sowie Kartoffel und Tomate sind besonders ozongefährdet.

Auffällig ist die Empfindlichkeit von bestimmten SO_2-resistenten Kohlarten und Endivie. Es scheint, daß die Widerstandskraft der Pflanzen gegenüber einem Gift Hand in Hand geht mit der Schwäche gegenüber einem anderen Gift.

»Die vorliegenden Beobachtungen an Wild- und Kulturpflanzen sowie die Feststellungen an exponierten Indikatorpflanzen, vor allem in der Bundesrepublik Deutschland, in den Niederlanden, in Großbritannien sowie in Dänemark und Schweden *belegen eindeutig,* daß auch in den west-, mittel- und nordeuropäischen Ländern Ozon weitverbreitet Pflanzenschädigungen verursacht.« So der Bericht des Umweltbundesamtes, der jedem verantwortlichen Politiker hinter den Spiegel gesteckt werden sollte (*R. Guderian* u. a., 1983). Ozon, so die Forscher weiter, sei als *entscheidende primäre Ursache* anzusehen. In Kombination mit Schwefeldioxid und sauren Niederschlägen aber sind Ozon und PAN wahre Waldkiller. Das geschieht in mehreren Stufen, wobei das eine Gift das andere ergänzt (additiv) oder alle Gifte sich gegenseitig in ihrer Wirkung aufschaukeln (kumulativ), nachdem sie sich in den Stoffwechsel des Baumes eingeschleust haben. Die Folgen:

1. Die Photosynthese des Baumes wird gestört.
2. Der Wasserhaushalt gerät durcheinander.
3. Die Triebe verkümmern, der Baum wächst nicht mehr in die Dicke, die Wurzeln verkrüppeln.
4. Das Zusammenleben der Saugwurzelenden mit den Pilzfäden klappt nicht mehr.
5. Die Widerstandskraft gegen biotische und abiotische Streßfaktoren wie zum Beispiel Fäulnis nimmt ab.
6. Die Versorgung mit Nährstoffen, insbesondere mit Magnesium und Kalzium, gerät ins Stocken.
7. Die Bäume werden gegenüber Klimastreß und Krankheitserregern anfälliger – und gegenüber den Hauptfeinden SO_2, Ozon, PAN und Organoblei.

Die Zerstörung des Baumes erfolgt eine lange Zeit unsichtbar, sie ist abhängig von der Dauer und Menge der Gifte, ist abhängig von den Konzentrationen an SO_2, Ozon, PAN und nach neuesten Erkenntnissen auch Organoblei. Zum Schutz der Vegetation schlugen die Autoren des Berichts des Umweltbundesamtes vor, *in einer Stunde auf empfindliche Pflanzen nicht mehr als 150 Mikrogramm* Ozon pro Kubikmeter Luft niedergehen zu lassen. Eine verantwortungsbewußte, gutgemeinte Empfehlung – doch Ozon und PAN sind die Folgeprodukte von Stickoxiden und Kohlenwasserstoffen, und diese sowie die SO_2- und Bleiemissionen wiederum können nur durch eine radikale Rauchgas- und Abgasgesetzgebung begrenzt werden. Die freilich ist allenfalls Stückwerk. Dafür wird seit Jahren dem tränenden Publikum der Tanz um das goldene Kraftwerk und die Katalysator-Klamotte vorgeführt, nein – wir alle werden vorgeführt und genasführt.

Den Wissenschaftlern der Studie zum photochemischen Smog aber bleibt nur, was allen Wissenschaftlern in der Bundesrepublik bleibt angesichts des Bonner Entscheidungsstaus: Sie verlangen Geld für *neue Studien*. Sie verlangen zum Beispiel, daß auch »besondere Risikogruppen«, wie zum Beispiel Asthmatiker und Bronchitiker sowie Kinder und andere, lungenfunktionsanalytisch untersucht werden. Bei Kindern wäre auch das neuerdings im Zusammenhang mit sauren Niederschlägen diskutierte »Pseudo-Krupp-Syndrom« beziehungsweise das »Sudden Infant Death Syndrom« (SIDS), der plötzliche Tod eines Kindes aus unbekannter Ursache, zu berücksichtigen.

Bäume und Husten

Das Gleichnis liegt nahe: Die Schadstoffe, die da draußen die Bäume, die Lungen des Landes, lahmlegen, fressen auch unsere Luftröhren und Lungen an, attackieren besonders die Schwächsten, die Kranken und die Kinder. Eine ebenso einfache wie verblüffende Untersuchung bewies, wie verwandt die Lungen da draußen mit den Lungen da drinnen sind: Der Leiter der Medizinischen Universitätsklinik in Münster, Professor *Rolf Meister,* sah sich zunächst die Waldschäden an und dann die Bronchialschäden. Die Daten der Waldschäden entnahm er den Berichten des Bundesministeriums für Ernährung, Landwirtschaft und Forsten; die Bronchialsymptome fand er in einer flächendeckenden Repräsentativumfrage bei 10000 Bürgern der Bundesrepublik, die über ihre Rauchgewohnheiten und Hustenanfälle berichtet hatten. *(Abb. 2.)* Resultat: Nicht dort, wo am meisten geraucht wird, wird auch am meisten gehustet, *sondern dort, wo der Wald am schlimmsten geschädigt ist.* Vergleicht man die Kurven für Husten, Husten mit Auswurf und Atemnot, mit den Kurven der Waldschäden in den Bundesländern, so stellt sich heraus: Husten und Waldsterben laufen synchron.

Abb. 2:
Wo gehustet wird, da fallen Bäume

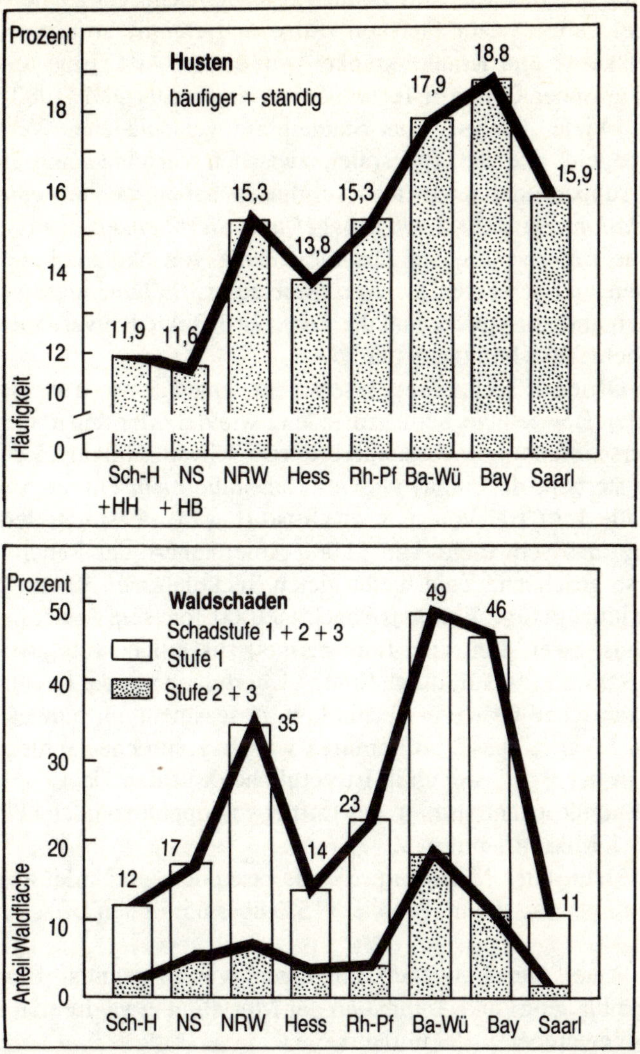

Die Häufigkeit von Hustenanfällen im Vergleich zu den Waldschäden in den Bundesländern: Husten und Waldschäden besonders der Schadstufe 1 – leicht geschädigt – laufen synchron (Quelle: Meister, 1984).

51 000 Tote

Das Gebräu, das wir Luft nennen, die höllische Garküche, die wir Himmel nennen, läßt Flechten, Pilze und Bäume absterben, macht Kinder krank und Kranke kränker – und tötet Alte. Eine Studie des amerikanischen Office of Technology Assessment (*OTA*, 1982) formulierte: »Viele Analysen aus Städten mit verschiedenen Verschmutzungspegeln, die die Todesraten zwischen verschiedenen Bevölkerungsgruppen oder Krebsraten verglichen haben, zeigten *eine starke Korrelation zwischen Schmutzpegel und Sterblichkeit*. Am stärksten sind die Beweise für den Zusammenhang von akuten, kurzzeitigen Effekten und schweren Luftverschmutzungs-Stößen; nicht so offensichtlich und kontrovers sind die Langzeit-Effekte bei vergleichsweise niedrigem Verschmutzungs-Grad.«

Das Office of Technology Assessment versuchte nun trotz nicht ganz geklärter Beweislage herauszufinden, wieviel Menschen wegen der Luftverschmutzung insbesondere durch Schwefeldioxid in den USA früher sterben, das heißt, wieviel Todesfälle *nicht* eintreten würden, wenn die Luft frei von diesem Giftstoff wäre. Resultat: Jedes Jahr verkürzt das Schwefeldioxid 51 000 Amerikanern das Leben.

Diese geschätzte Zahl bietet vielen Spekulationen Raum, denn es wurde hinzugefügt: Es *können* auch 150 000 Tote sein – oder null. Null oder eins, zwei, drei, vier, fünf, nein elf zusätzliche Tote pro 100 000 durch Schwefeldioxid, durch Smog? Übertragen wir die Rechnung des amerikanischen Office of Technology Assessment auf bundesrepublikanische Verhältnisse, so kommen wir ausgesprochen schlecht weg. Denn in der Bundesrepublik ist verglichen mit den USA

– die Sulfatkonzentration in der Luft etwa doppelt so hoch (11 gegenüber 6,1 Mikrogramm/m^3),

– der Anteil alter Menschen, die als besonders gefährdet angesehen werden müssen, ebenfalls höher (15% über 65; in den USA 11% über 65),

– der Anteil der Lungenerkrankungen wie Bronchitis, Emphysem (Lungenblähung) und Asthma an der Mortalität etwa dreimal so hoch (3,1% gegenüber 1,1% in den USA).

Die Sachverständigen des Medizinischen Instituts für Umwelthygiene an der Universität Düsseldorf (*Schlipköter* u. a., 1984) haben alte Daten aus Mortalitätsstudien noch einmal aufgearbeitet und fanden einen »positiven Zusammenhang zwischen der Luftverschmutzung und der Mortalität, welcher unabhängig von den gewählten Auswerteverfahren reproduzierbar ist«.

In der Tat ist nach dem heutigen Wissensstand nicht mehr von der Hand zu weisen, daß besonders den Alten und Kranken in der Bundesrepublik von Schadstoffen das Leben verkürzt wird, daß eine hohe Luftbelastung eine sogenannte *Übersterblichkeit* zur Folge hat. Das zeigt sich am deutlichsten in einer Gegend, wo es am meisten giftet, zum Beispiel in Berlin.

Berlin – keine Reise wert

Berlin (West) ist mit Schadstoffen aller Art hochbelastet *(Tabelle 3)*. In den Bezirken Kreuzberg und Wedding treten Schadstoffkonzentrationen auf, »denen sich kaum Wissenschaftler in Klimakammern bei Selbstversuchen aussetzen lassen würden«. So formuliert es zynisch der Diplom-Volkswirt Andreas Jahn. Er hat sich mit seiner Mitarbeiterin Helene Palamides die Berliner Luft vorgenommen und die Berliner Toten (*Jahn,* 1983). Jahn und Palamides katalogisierten 50000 Sterbefälle in Berlin aus den Jahren 1976 bis 1982, Menschen, die allesamt im Winter gestorben waren, und zwar in den Monaten Dezember bis Februar (513 Untersuchungstage). Jahreszeitliche Schwankungen der Mortalitätskurve wurden dadurch ausgeschlossen. Täglich sterben in Berlin in den Wintermonaten im Durchschnitt 103 Personen.

Jahn und Palamides nahmen dann die Meßwerte der 31 Berliner Meßstationen (Tagesmittelwerte) und sortierten sie je nach Grad der Luftverschmutzung in vier Kästen. An 106 Tagen waren bis zu 80 Mikrogramm SO_2/m^3 in der Luft, an 257 Tagen 80 bis 200 Mikrogramm, an 107 Tagen 200 bis 300 Mikrogramm und an 43 Tagen herrschte ganz dicke Luft: über 300 Mikrogramm SO_2/m^3. Nun wurde die Anzahl der Sterbefälle – jeweils einen Tag zeitversetzt – den vier Kästen zugeordnet. Ergebnisse:

Alte sterben früher

– An Wintertagen mit hoher Luftverschmutzung lag die Mortalität 4 Prozent *über* dem langjährigen Mittel. An Wintertagen mit geringer Luftbelastung um mehr als 3 Prozent *unter* dem Durchschnitt. Oder

Tabelle 3:
Smogstadt Berlin

Datum	SO_2–24 h (mg/m^3)	SO_2–0,5 h (mg/m^3)	Datum
1. Höchste Tagesmittelwerte bzw. Halbstundenwerte			
15. 1. 1980	0,953	2,005	17. 1. 1980
16. 12. 1981	0,776	2,311	16. 12. 1981
19. 1. 1982	0,864	1,565	13. 12. 1982
11. 12. 1983	0,711	1,734	3. 12. 1983
29. 2. 1984	0,551	1,398	2. 3. 1984
21. 1. 1985	0,668	1,131	7. 1. 1985
2. Smogperioden mit Smogalarm			
17./18. 1. 1980	0,76	2,00	
24./25. 1. 1980	0,83	1,40	
16./17. 12. 1981	0,78	2,31	
11./12. 1. 1982	0,69	1,40	
19./20. 1. 1982	0,86	1,40	
25./26. 2. 1982	0,40	1,10	
20. 1. 1984	0,37	0,90	
7./ 8. 1. 1985	0,62	1,13	
9. 1. 1985	0,65	1,04	
18. 1. 1985	0,56	1,02	

Zehnmal erlebte Berlin aufgrund der alten Smogverordnung Smog-Alarm (untere Hälfte der Tabelle). Jedoch auch zu anderen Zeiten herrschte dicke Luft (obere Hälfte der Tabelle): Die maximalen Tagesmittelwerte (SO_2–24 h) liegen fast immer über 0,6 mg/m^3, die höchsten Halbstundenwerte (SO_2–0,5 h) immer über 1,1 mg/m^3. In der oberen Tabelle sind die jeweils höchsten Werte von 1980 bis 1985 aufgeführt, in der unteren Tabelle die höchsten Werte während eines Smogalarms (Quelle: Senator für Stadtentwicklung und Umweltschutz, Berlin).

anders ausgedrückt: In den Tagen mit einer Belastung von über 300 Mikrogramm starben 7,8 Prozent mehr Menschen als in Tagen mit Werten unter 80 Mikrogramm.
– In den Innenbezirken – Tiergarten, Wedding, Kreuzberg, Charlottenburg – war die Mortalität an schadstoffdichten Tagen höher als in den Außenbezirken.
– Bei den über 70jährigen ist die Todesrate in den Innenbezirken zu Smogzeiten besonders hoch – um 14,8 Prozent höher als an den Tagen mit geringer Luftverschmutzung.
– Die Zahl der Sterbefälle an Kreislaufkrankheiten ist in der Relation ebenfalls höher.

Kurz: Der kreislaufkranke alte Mensch, der in Berlins Innenbezirken wohnt, stirbt früher.

»Die Ergebnisse der vorausgegangenen Berechnungen lassen den Schluß zu, daß die Luftverschmutzung in Berlin (West) ein Ausmaß erreicht hat, bei dem Auswirkungen auf die Mortalität *nachweisbar* sind«, schreibt Jahn und meint in bezug auf die Vielzahl der herumschwebenden Giftstoffe: »Es darf nicht solange gewartet werden, bis die verursachenden Substanzen für jeden beobachteten Schaden wissenschaftlich eindeutig aufgefunden wurden oder bis alle Schäden vollzählig und genau erfaßt sind. Notwendig dagegen sind weitere Maßnahmen, die die Schadstoffemissionen und -immissionen für alle bekannten Schadstoffe sofort und erheblich senken.«

Auch die Düsseldorfer Sachverständigen (*Schlipköter,* 1984) finden es bemerkenswert, daß Jahn eine Mortalitätssteigerung schon bei 200 Mikrogramm Schwefeldioxid/m^3 fand und eine »Untersterblichkeit« an Tagen mit weniger als 80 Mikrogramm/m^3, »was den Schluß nahelegt, daß die saisonale Sterblichkeitserhöhung in den Wintermonaten bereits ein Effekt der ›normalen‹ Luftverschmutzung ist«.

Im Klartext: Alte und kranke Menschen sterben nicht nur deswegen vermehrt im Winter, weil es so kalt und scheußlich ist, sondern weil die Luft im Winter verdreckter ist als zu anderen Jahreszeiten! *(Tabelle 4.)*

Die Moral im Schornstein

Dieses mittlerweile erdrückende Beweismaterial ließ, wie schon beschrieben, die Fraktion der Grünen nicht ruhen und brachte auch die Abgeordneten der SPD auf den Plan *(Deutscher Bundestag 10, 2128).*

Tabelle 4:
Krankenhaus Berlin

SO_2–24 h	Morbidität/Mortalität
mg/m^3	
ab 0,25	Atemwegserkrankungen verschlechtert (4)
ab 0,30	Häufigeres Fernbleiben von der Arbeitsstelle (1)
ab 0,50	Erhöhte Mortalität und Krankenhaus-einweisungen (2)
ab 0,50	Erhöhte Mortalität bei zusätzlich mehr als 0,50 mg/m^3 Staub (3)
ab 0,60	Ausgeprägte Symptome bei Lungenkranken (4)
ab 0,72	Starker Anstieg von Bronchitis (5)
ab 0,72	Erhöhte Mortalität (6)

Aus verschiedenen Quellen zusammengestellt: Krankheits- und Sterberate durch SO_2. Die Untersuchungen stammen aus Holland (1,2), von der WHO (3), aus England (4,6) und USA (5). Vergleichen Sie mit Tabelle 3 die SO_2-Tagesmittelwerte, so können Sie die verheerenden Auswirkungen der Luftverschmutzung in Berlin ablesen (Quelle: Jahn, ergänzt).

Sie formulierten in einem Antrag »Saubere Luft und Gesundheitsvorsorge«: »In der Bundesrepublik Deutschland werden zunehmend mehr Erkrankungen registriert, die auf Umweltbelastungen zurückzuführen sind. Im Grundsatz ist heute weitgehend unumstritten, daß die Luftschadstoffe, vor allem

– Schwefeldioxid,
– Stickoxide,
– die Vielzahl der Schwermetallverbindungen (zum Beispiel Cadmium und Blei) sowie
– Kohlenwasserstoffe,

zu gesundheitlichen Schädigungen führen. Nach Untersuchungen der Weltgesundheitsorganisation sind 85 bis 95 Prozent aller Atemwegserkrankungen auf die Luftverschmutzung zurückzuführen . . .«

Der Parlamentarische Staatssekretär beim Bundesminister für Jugend, Familie und Gesundheit wußte es freilich besser und schrieb *(Deutscher Bundestag, Drucksache 10, 2107)* der Fraktion der Grünen:

»Langzeitstudien zur Erkennung krankmachender Auswirkungen von Umweltfaktoren mit wissenschaftlich belegten, eindeutigen Aussagen liegen kaum vor... Eine Herabsetzung der Immissionswerte wird aller Wahrscheinlichkeit nach keine erkennbaren positiven Auswirkungen auf den Gesundheitszustand der Wohnbevölkerung haben.«

In der Debatte dann im Plenum am 25. Oktober 1984 *(Deutscher Bundestag, 10. Wahlperiode, 94. Sitzung)* warfen die Abgeordneten Wolfgang Ehmke (Grüne) und Michael Müller (SPD) der Bundesregierung mangelnde moralische und ethische Verantwortung vor und konfrontierten die Abgesandten der CDU und des Familienministeriums unter anderem auch mit der Berliner Studie zur Übersterblichkeit.

Stirb, Alter, stirb

Die Antwort des Bundesministers Heiner Geißler (CDU) ist wert, hier abgedruckt zu werden, denn sie vermittelt, in welchen Denkkategorien er sich bewegt.

Geißler: »Sie haben die Behauptung aufgestellt – wir wollen ja miteinander debattieren –, daß die Studie dieses Berliner Professors richtig ist, daß an Tagen mit einer größeren Luftverschmutzung die Zahl der Sterbefälle zunimmt. *Dies ist ganz selbstverständlich so.*«

Ich halte inne, um den Satz noch mal zu lesen: *»Dies ist ganz selbstverständlich so«,* sagte Geißler, Gesundheitsminister, *»das ist das Problem der Vorsterblichkeit. Menschen, die ohnehin, weil sie schwer erkrankt sind, in den nächsten acht oder 14 Tagen mit an Sicherheit grenzender Wahrscheinlichkeit sterben würden, sterben, wenn wir Smog, eine stärkere Verschmutzung der Umwelt haben...«*

Zuruf Dr. Marx (CDU/CSU): »Auch bei Föhn!«

Geißler: *»...natürlich rascher. In Zeiten und an Tagen, wo dies nicht so ist, ist die durchschnittliche Sterberate natürlich geringer.«*

Frau Schoppe (Grüne): »Sind die 14 Tage wissenschaftlich abgesichert?«

Geißler: *»Es handelt sich um das uralte Problem der Vorsterblichkeit.«*

Mit diesem Beitrag vor dem Deutschen Bundestag hat, so meine ich, Herr Geißler seine Charaktermaske ein wenig gelüftet. Selbstverständlich nimmt die Zahl der Sterbefälle bei Smog zu, selbstverständlich sterben da einige Menschen mehr, ein paar Schwache, Kranke, die sowieso bald gestorben wären, in acht, zehn, 14 Tagen. Vielleicht auch erst 20 oder 30 Tagen, das wollen wir nicht so genau nehmen. Und weil sie ja sowieso sterben, macht es nichts aus, wenn sie früher sterben, die zählen sowieso nicht mehr, volkswirtschaftlich längst abgeschrieben, den Kranken- und Rentenkassen eine Last, also kürzen wir ihr Leiden und unsere Lasten ab, belasten und begasen wir sie mit Staub und Smog, lebensunwertes Leben, nicht wert, darüber nachzudenken, Überständige, Überschüssige, Übersterbliche ...

Egmont R. Koch nennt eine solche Haltung in seinem Buch *Im Kopf ein Paradies* (1984) böse und treffend: Freundlicher Faschismus.

Smog-Time

»Da ist Siemens, da ist der Flughafen Tegel, ich seh manchmal hinter den Flugzeugen schwarze Streifen. Und die vielen Autos. Ich hab' schon mehrere erlebt, die gestorben sind, ich kann's zwar nicht beweisen, aber ich bin sicher, daß die noch leben könnten, wenn die Luft besser wäre ... Vor zwei Jahren etwa, das heißt im Februar vor zwei Jahren, da hatte ich einen Smog-Toten auf der Straße. Es klingt ungeheuerlich, aber ich behaupte das. Es gibt einen Haselhorster Arzt, der zufällig mit mir an der Stelle war, wo der Mann umfiel, es war Smog-Alarm an dem Tag, und er hatte alle Zeichen der Vergiftung. Er war sofort, das ging ganz schnell, dunkelblau.« So berichtete die Berliner Gemeindeschwester Marie Albrecht in der SFB-Rundfunksendung »Smog – und kein Alarm«.

Drei Monate nach Geißlers tödlichen Worten zur Übersterblichkeit lag die Bundesrepublik im Januar 1985 unter einer sich von Tag zu Tag verdichtenden Smog-Schicht. Im wahrsten Sinne des Wortes läutete für Kinder, Allergiker, Asthmatiker, kranke Alte die Smog-Glocke. Plötzlich rückte allen Bundesbürgern ins Bewußtsein, daß sie in einem stickigen, erstickenden Land leben. Denn hauptsächlich auf Anraten kritischer Wissenschaftler – des Düsseldorfer Hygiene-Professors Hans-Werner Schlipköter zum Beispiel – hatten die Umweltminister der Länder eine neue Muster-Smog-Verordnung gebilligt. Der Zufall wollte es, daß diese Verordnung in Nordrhein-Westfalen *zu Beginn* der langdauernden Smoglage 1985 in Kraft trat, in Hessen *nach* der Smogperiode.

Die neue Smogverordnung

Die neue Smogverordnung ist schärfer als die bisher gültige, setzt den Schwellenwert für die Auslösung des Alarms niedriger an – und berücksichtigt besonders die *Staubmengen* in der Luft. Die Gefährdung der Bürger durch »lungengängige« Stäube ist nach neueren Erkenntnissen größer als bisher angenommen (siehe auch: »Außer Atem«) – und so zählt Staub doppelt *(Tabelle 5)*. Dieser sogenannte Index – das Ergebnis aus Schwefeldioxid plus zweimal Staub im Tagesmittel – bereitet denn auch einigen Bundesländern und insbesondere Berlin Kopfzerbrechen, da *Berlin bisher überhaupt nicht mit Staub gerechnet hat*. Doch davon später.

Die *Alarmstufe eins* hat den Charakter einer Vorwarnung, eines Appells an die Öffentlichkeit, die Emissionen zu vermindern. Die *Alarmstufe zwei* erlaubt nur noch schwefelarme Brennstoffe und beschränkt den Kraftfahrzeug-Verkehr in bestimmten Gebieten zu bestimmten Zeiten. Industrielle Anlagen müssen ihre Emissionen um 40 Prozent zurückfahren. Die *Alarmstufe drei* heißt schließlich: Betriebsstillegungen und umfassendes Autoverbot bis zur Entwarnung. Sünder wider diese Verordnung können mit einer Geldbuße bis zu 1000 Mark bestraft werden. Jedes Bundesland kann aber von dieser Musterverordnung punktuell abweichen, denn sie hat nur den Charakter einer Empfehlung.

Smog – Alarmstufe drei

Am 17. Januar 1985 trat pünktlich um null Uhr die neue Smogverordnung für das Land Nordrhein-Westfalen in Kraft.

Einen Tag später heißt es schon: *Smog-Alarm Stufe drei*. Die Index-Werte für SO_2 und 2 × Staub liegen in Essen-Altendorf, Duisburg-

Tabelle 5:
Die neue Smog-Verordnung

Stoff (mg/m^3)	Alarmstufe 1 (Voralarm)	Alarmstufe 2	Alarmstufe 3	Zeit (h)
SO_2	0,60	1,20	1,80	3
NO_2	0,60	1,00	1,40	3
CO	30	45	60	3
Index: SO_2 und 2 x Staub	1,10	1,40	1,70	24

Die Alarmstufen werden jeweils ausgelöst, wenn die genannten Grenzwerte (Dreistundenmittelwerte) bei SO_2 oder NO_2 oder CO überschritten werden. Oder wenn der sogenannte Index (SO_2 und 2 x Staub, d. h. Staub wird doppelt gerechnet) im 24-Stunden-Mittel überstiegen wird. Alarmstufe zwei beziehungsweise drei muß auch ausgelöst werden, wenn Alarmstufe eins beziehungsweise zwei schon drei Tage andauert. Vorausgesetzt ist eine für 24 Stunden vorhergesagte austauscharme Wetterlage (Quelle: Länderausschuß für Immissionsschutz).

Meiderich und Moers-Meerbeck über 1,7 mg. Die Folge: Fahrverbote und Straßensperren, Schließung von Schulen und Kindergärten. Steinkohlenkraftwerke stellen auf möglichst schwefelarme Kohle um, andere Kraftwerke fahren Öl anstatt Gas, Hüttenwerke legen Hochöfen still. Der Kohlenpott ist dicht, ist eine Geisterlandschaft.

Eltern in Panik

In den Morgenstunden des Samstag sinken die Index-Werte, die Alarmstufe drei wird aufgehoben. Während jedoch die Bewohner des Ruhrgebiets Luft holen, steigt der Schwefeldioxid-Gehalt im Bereich Düsseldorf – Leverkusen – Köln, in der sogenannten Rheinschiene, dramatisch an. Am frühen Sonntag verzeichnen sämtliche Meßstationen westlich des Ruhrgebiets über 0,6 mg SO_2/m^3 (Alarmstufe eins). Der Spitzenwert liegt eine halbe Stunde lang in Voerde-Spellen, Wesel, bei sage und schreibe 2,17 mg/m^3. Doch Smog-Warnung wird hier wie im gesamten Ballungszentrum Köln/Düsseldorf *nicht gegeben*. Mehr als zwei Millionen Bundesbürger atmen dicke saure Luft, ohne daß Maßnahmen für ihren Schutz getroffen werden. Denn die Rheinschiene gilt zwar *als Belastungsgebiet, aber nicht als Smog-Gebiet*. Folglich existieren dort keine Smog-Alarmpläne und kurioserweise auch nicht für Hamm und Gladbeck.

Wenn Sie also gemeint haben, Smog ist, sobald dicke Luft herrscht, dann gehen Sie fehl. Smog ist erst dann, wenn die Behörden Ihr Wohngebiet als Smog-Zone bezeichnet haben. Auch andere Bundesländer haben nur *bestimmte* Belastungsgebiete in ihre Smog-Verordnungen einbezogen, aber *noch nicht einmal alle Ballungsräume*. Einige Bundesländer kennen sogar überhaupt keine Smog-Verordnung oder basteln derzeit an einer solchen herum.

Ein Bubenstück in Sachen Smog leistet sich seit Jahr und Tag das Bayerische Umweltministerium. Stets von neuem verkündet Umweltminister Alfred Dick, in Bayern schmecke nicht nur das Bier, sondern auch die Luft, und sogar in Nordost-Oberfranken könne man unbesorgt tief durchatmen. Dabei zieht er Meßwerte aus der Tasche, die allesamt gemittelt sind, das heißt, eine sehr hohe Schadstoffdichte im Winter wird mit niedrigen Sommerwerten zusammengeworfen, und heraus kommen blendende Mittelwerte. Den Smog-Alarm im Ruhrgebiet bezeichnete Dicks Staatssekretär Max Fischer als unnötige »Katastrophen-Euphorie«; Gemeinden und Industrie hätten ausführlicher gehört werden müssen, um vermeidbare Beeinträchtigungen wirtschaftlicher Interessen auszuschließen. Auch der Vorsitzende der CSU-Landtagsfraktion, Gerold Tandler, meinte, Alarmpläne für Smog seien in Bayern eigentlich überflüssig. Ungehört verhallte da der Ruf der Sprecherin der Aktionsgemeinschaft Pseudo-Krupp in München, Claudia Peck, die stellvertretend für 300 Familien mit kranken Kindern rief: »Wir wollen keine Panik machen. *Wir sind in Panik.*«

In Panik sind auch die Eltern kranker Kinder in den Belastungsgebieten Aschaffenburg, Nürnberg–Fürth–Erlangen, Ingolstadt, Nordost-Oberfranken und anderswo in Bayern. Und zumindest in Aufregung sollten die verantwortlichen Politiker geraten, wenn sie sich die Schadstoffwerte im schönen Land der Bayern vom 10. Januar bis zum 24. Januar 85 anschauen und nachrechnen, was die neue Muster-Smog-

Verordnung beziehungsweise ihre nordrhein-westfälische Ausführung hierzulande bedeutet hätte: Kritische, smognahe und sogar Smogwerte zuhauf! München-Effnerplatz, -Moosach, -Stachus, -Westendstraße, Nürnberg-Olgastraße, -Bahnhof, -Badstraße, Aschaffenburg-Bussardweg, Arzberg-Egershausen, Kleinwallstadt-Hofstettenstraße, Selb-Jean-Paul-Straße und Hof (vergleiche hierzu ausführlich: »Der Plötzliche Kindestod«). Nicht zu vergessen sind zu anderen Zeiten die Ozon-Zonen wie Hohenpeißenberg, Wank, Brotjackelriegel. Die Luft in Nordrhein-Westfalen ist sicherlich dick, dunstig, giftig und schwer – doch leben dort die Leute zumindestens aufgeklärter als unter der alles vernebelnden bayerischen Staatsregierung.

Smog-Metropole Berlin

Berlin, die Smogmetropole, löste aufgrund der dort existierenden alten Smogverordnung am 7./8., am 9. Januar und am 18. Januar Smog-Alarm aus *(Tabelle 3)*. Für die Auslösung des Alarms werden SO_2-Mittelwerte mit CO-Mittelwerten kombiniert. Die neue Musterverordnung macht dem Senator für Umweltschutz Kopfzerbrechen. Denn in Berlin konnten weitere Schadstoffe (wie Stickoxide) und insbesondere Schwebstaub bisher nicht in die Smog-Regelungen einbezogen werden, *weil die meisten Schwebstaub-Meßstellen erst 1983 installiert worden sind*. Berlin will nun zwar die Muster-Smog-Verordnung übernehmen und ihre eigene alte novellieren, doch paßt dem Senat die Gewichtung des Staubes ganz und gar nicht ins Konzept und schon gar nicht, daß Smog-Alarm bei Überschreiten der Meßwerte an *nur zwei* benachbarten Stationen ausgelöst wird. Wäre die neue Smog-Verordnung in Berlin wie in Nordrhein-Westfalen in Kraft gewesen, hätte im Januar 1985 *mehrfach* Smog-Alarm Stufe drei und *häufig* Alarm Stufe eins und zwei ausgerufen werden müssen. Am 21. Januar zum Beispiel lag der Index $SO_2 + 2 \times$ Staub an mehreren Stationen *weit über 1,7*. Sogar der Senator für Stadt- und Umweltschutz befand nach einigen die Belastung reduzierenden Rechenmanövern: Vom 7. Januar bis 14. Februar 1985 hätte die neue Musterverordnung den Berlinern 194 Stunden Alarm der Kategorie eins, 64 Stunden Alarm der Kategorie zwei gebracht, das sind 258 Stunden, sprich *einundzwanzigeinhalb Tage Smog-Alarm!* Grob gesagt: Im Winter herrscht in Berlin jeden zweiten Tag Smog-Time.

Politischer Schwafel

Der Berliner Umweltsenator Horst Vetter, dem diese alarmierenden Zahlen zum Alarm natürlich bekannt sind, will deswegen für Berlin eine »individuelle Lösung« suchen, sprich: eine Lösung zu Lasten der Individuen. In Nordrhein-Westfalen herrscht nach den strengen Smog-Tagen ebenfalls nicht eitel Sonnenschein. Der Hauptgeschäftsführer der Niederrheinischen Industrie- und Handelskammer, Theo Pieper, sah die Grenzwerte zu rasch reduziert, der Thyssen Stahl AG wollte nicht in den Vorstands-Kopf, daß keine katastrophalen Krankenhauseinweisungen gemeldet wurden, so sei für nichts und wieder nichts der Firma ein Millionenschaden entstanden, die Industrie- und Handelskammern in Essen und Bochum mokierten sich über die »Rufschädigung« des Reviers – kurz die Lobby der Umweltverschmutzer hob ihren tausendfachen Kopf. »Kaum hat sich der Smog von der Ruhr nach Norden verzogen«, schrieb die *Süddeutsche Zeitung* treffend am 23. Januar 1985, »zeigt sich, daß er offenbar nicht dick genug war, um auch denen, welche die Umweltbelastung noch für eine Erfindung halten, die Luft ausgehen zu lassen.«

Die Energieversorger, die Betreiber der schwefelnden Kraftwerke, freilich frohlockten. Die lang anhaltende Kälteperiode ließ die Kassen klingeln, es wurden »Höchstlasten« gefahren und stolz Pressemeldungen abgesetzt, die da sagten: Dieser Winter hat gezeigt, daß wir gut daran taten, Überschußkapazitäten an Strom auf Reserve zu halten. Daß mit jedem mehr abgesetzten Kilowatt Strom auch der Smogpegel im Lande stieg, daß die Energieversorger nicht nur unsere Büros und Wohnungen erleuchteten, sondern gleichzeitig die Sonne verdunkelten, daß sie nicht nur Wohltäter, sondern auch Untäter sind, das hängten sie nicht an die große Smogglocke. Der Bürger – hilflos im Strom.

4. Hilflos im Strom

»Wer herrscht hier?«
fragte ich
Sie sagten:
»Das Volk natürlich«
Ich sagte:
»Natürlich das Volk
aber wer
herrscht wirklich?«
Erich Fried,
In der Hauptstadt

Die eine Familie wohnt in der Nähe einer Mondlandschaft, die drei anderen Familien leben in immer wiederkehrender Sonnenverdunklung. Die eine Familie lebt in Königslutter, 18 Kilometer vom neuen Kohlekraftwerk Buschhaus bei Helmstedt entfernt, die anderen Familien sind Bürger der Staub- und SO_2-Stadt Berlin (Ost und West) – 130 Kilometer von Buschhaus entfernt. Alle vier Familien klagten gegen die sogenannte »Dreckschleuder der Nation«, verlangten eine einstweilige Anordnung gegen die »Inbetriebnahme« – und bekamen sie zunächst. Das Verwaltungsgericht Braunschweig verfügte am 30. August 1984 einen Betriebsstop, doch ein halbes Jahr später gab das Oberverwaltungsgericht Lüneburg den 300 Meter hohen Kamin frei – einen Kamin, der in den nächsten zwei Jahren zwischen 150000 und 200000 Tonnen SO_2 auspusten darf. Der Berliner Rechtsanwalt der vier Familien, Dr. Reiner Geulen, legte postwendend Verfassungsbeschwerde beim Bundesverfassungsgericht in Berlin ein wegen Übertreten der Grundrechte der Familien, insbesondere des Artikels 2, II, 166: »Jeder hat das Recht auf Leben und körperliche Unversehrtheit . . .«

Die Buschhaus-Debatte

Das ist der vorläufige Endpunkt eines Desasters, das die deutsche Bundesregierung in Verein mit dem niedersächsischen Ministerpräsidenten Ernst Albrecht zu verantworten hat. Die Braunschweigische

Kohlen-Bergwerke AG zog unbemerkt von der breiten Öffentlichkeit ihr für stark schwefelnde Braunkohle ausgelegtes Kohlekraftwerk Buschhaus seit 1978 hoch. Dann wurde publik, daß das Werk wie eine Altanlage keine Rauchgas-Entschwefelung (Rauchgaswäsche) vorsah und einen »nur« 300 Meter hohen Kamin plante.

Daran entzündete sich eine heftige Diskussion: Der Deutsche Bundestag beschloß am 28. Juni 1984, daß Buschhaus erst nach Einbau einer Rauchgas-Entschwefelungsanlage in Betrieb gehen solle. Einen Monat später, am 31. Juli 1984, stieß der Bundestag mit CDU/CSU- und FDP-Mehrheit diesen Beschluß wieder um: Offensichtlich hatten Volksvertreter der Mitte-Rechts-Koalition ihre bessere Einsicht auf dem Altar der Schwefel-Lobby geopfert. Das Staatliche Gewerbeaufsichtsamt Braunschweig erteilte am 20. August 1984 die Betriebsgenehmigung, die vier Familien legten stellvertretend für viele schadstoffgeplagte Bundesbürger in Niedersachen und Berlin Widerspruch ein: Bis zur Klärung dieses Widerspruchs sollte Buschhaus nicht ans Netz gehen.

Nun scheint auf den ersten Blick das Recht auf der Seite der betroffenen Bürger zu stehen. Denn mit großem Spektakel war, man erinnere sich, 1983 vom Bundesinnenministerium die novellierte TA Luft (Technische Anordnung zur Reinhaltung der Luft) vorgestellt worden. Danach waren die erlaubten Emissionen bei Kohlekraftwerken um ein Gewaltiges zu reduzieren, *Neuanlagen* sollten künftig nur noch mit einer Rauchgas-Wäscherei genehmigt werden. *Altanlagen* freilich . . .

In der Tat war das des Pudels Kern, und schon einen Tag nach der medienwirksamen Öko-Nummer des Bundesinnenministers Friedrich Zimmermann legte die *Süddeutsche Zeitung* den Finger auf die Wunde und kommentierte die novellierte TA Luft in diesem Punkt als Augenwischerei; eine nennenswerte Reduzierung der Giftstoffe aus den Schloten der Kohlekraftwerke sei erst in den neunziger Jahren zu erwarten – die novellierte TA Luft sei ein Todesstoß für den Wald: Denn so manche Neuanlage werde als Altanlage firmieren und ihre Emissionen *nicht* vermindern.

Der ganz normale Irrsinn

Es ist lohnend, die verzwickten juristischen Gedankengänge um Altanlagen nachzuvollziehen und den geisttötenden Eiertanz um Buschhaus aufzuzeichnen. Altanlagen sind (laut § 2 Ziffer 3 der GrFaVO/Großfeuerungsanlagenverordnung):
1. Feuerungsanlagen, deren Errichtung und *Betrieb* bei Inkrafttreten der Verordnung im Juni 1983 genehmigt *war*.
2. Anlagen, die bei Inkrafttreten der Verordnung Gegenstand eines Genehmigungsverfahrens gewesen waren, »soweit in einem die Genehmigungsbehörde bindenden Bescheid die Begrenzung von Emissionen bereits festgelegt worden ist«.

Das klingt klar: Der Betrieb von Buschhaus war erst *nach* dem Juni 1983 genehmigt worden, und die Begrenzung der Emissionen war *nicht* bindend festgelegt worden. Eine bindende Festlegung hätte zum Beispiel bedeutet, daß die Emissionen schon im Genehmigungsbescheid auf beispielsweise 640 mg SO_2/m^3, 800 mg NO_2/m^3 und 50 mg Staub/m^3 begrenzt worden wären. Für Buschhaus wurden jedoch – weil *nicht* bindend festgelegt – allein für SO_2 Emissionen von 16000 bis 18000 mg/m^3 erwartet.

Sie lesen richtig: Die Dreckschleuder Buschhaus darf das Zwanzig- bis Vierzigfache allein an SO_2 auswerfen. Das Verwaltungsgericht Braunschweig urteilte deswegen auch vernünftig und stoppte die Zündung des Kraftwerkes. (Ich will hier nicht auf andere gravierende Punkte eingehen: Die Bürger Berlins und Niedersachsens waren nur *ein einziges Mal,* und zwar am 7. Januar 1978 in der *Braunschweiger Zeitung – Ausgabe Helmstedter Zeitung,* über ihre Rechte, Einspruch zu erheben, informiert worden; das alte Kraftwerk Offenleben I sollte eigentlich bei Start des neuen stillgelegt werden, wurde dann aber in die »Kaltreserve« übernommen, das heißt war jederzeit wieder anzuwerfen.) Das Oberverwaltungsgericht für die Länder Niedersachsen und Schleswig-Holstein in Lüneburg kehrte den Beschluß des Verwaltungsgerichtes Braunschweig dann mit folgender Begründung um:
– Die Antragsteller – also die betroffenen Familien – haben in keinem der Öffentlichkeitsbeteiligungsverfahren Einwände gegen die beantragten Vorhaben vorgebracht (sic!).
– Die Familien in Berlin sind vielleicht durch die Zusatzbelastung aus einem hohen ungefilterten Schornstein persönlich betroffen, doch weil »nachbarschaftsfern« *rechtlich nicht betroffen*. Da sie mit ihren Wider-

sprüchen und etwaigen Anfechtungsklagen gegen die Betriebsgenehmigung keinen Erfolg haben werden, fehlt ihnen die Klagebefugnis. Ihr Vorbringen ist folglich unzulässig.
– Die gesetzlich vorgeschriebene Öffentlichkeitsbeteiligung ist *nicht* durchgeführt worden, doch dieser Mangel ist »geheilt«, weil das Kraftwerk eine *Altanlage* ist.

Womit wir wieder bei der novellierten TA Luft 1983 sind. Rufen Sie sich bitte noch einmal ins Gedächtnis:
– Buschhaus war *nicht vor* Juni 1983 genehmigt worden (folglich keine Altanlage).
– Für Buschhaus waren im Genehmigungsbescheid die Emissionen *nicht bindend festgelegt worden*. Folglich war Buschhaus *keine* Altanlage.

Dies fand auch das Oberverwaltungsgericht. Eine Emissionsbegrenzung *war unstreitig nicht vorhanden*. Doch, halten Sie sich fest, das Oberverwaltungsgericht stufte Buschhaus trotzdem als Altanlage ein: Die Begrenzung von Emissionen sei *doch* bindend festgelegt worden, nämlich durch die Entscheidung, *keine emissionsmindernden* Maßnahmen zu treffen!

Noch einmal mit Gefühl: Die Emissionen nicht zu begrenzen ist die Begrenzung. Den Menschen nicht zu helfen ist die Hilfe. Gegeben am 6. März 1985, Bundesrepublik Deutschland, Lüneburg, Oberverwaltungsgericht, siebter Senat, unterzeichnet: Schilling, Schwermer, Kley.

Der Stromstaat

Daß Richter, oder besser gesagt die »schrecklichen Juristen« unter ihnen, dazu neigen, sich auf die Seite der Staatsgewalt zu schlagen, und mit aller Gewalt die herrschenden Mächte stützen, ist eine oft beschriebene und oft beklagte Tatsache (siehe auch: »Weiße Westen – schmutzige Hände«). Doch daß in den Unternehmen die aufsichtsführenden Menschen, die Führer der Geschäfte und der Geschäftspolitik, nicht seit Jahr und Tag ihre Dreckschleudern sanieren, sondern darauf warten, bis der Gesetzgeber sie zwingt, und auch dann noch mit allen juristischen Tricks sich aus der Verantwortung stehlen, liegt an einer unheilvollen Konstruktion:

Das noch heute gültige Gesetz zur Förderung der Energiewirtschaft brachte Ende 1935 (!) den großen Energieversorgern – den EVUs – das Strommonopol. In einem heute genau abgegrenzten Versorgungsgebiet liefert regelmäßig *nur ein* Unternehmen den elektrischen Strom. Diesem EVU gehört in der Regel auch das Verteilernetz, gehören also die Leitungen, Anschlüsse, Zähler usw.: Es zahlt dafür den betreffenden Gemeinden Abgaben, sogenannte »Wegelagerer-Gebühren«. Durch Gebiets*schutz*verträge mit anderen öffentlichen Stromversorgungsunternehmen und durch die Verträge mit den Gemeinden sichern sich die EVUs das Recht der ausschließlichen Stromversorgung in einem geschlossenen Versorgungsgebiet. Das Kapital dieser Unternehmen ist entweder in öffentlicher Hand, in privater Hand oder in öffentlicher *und* privater Hand. Die Umsatzerlöse aller Stromversorger in der Bundesrepublik liegen bei immerhin 50 Milliarden Mark im Jahr. Die Gemeinden kassieren als Entgelt für die Einräumung der Wegerechte und den Verzicht auf selbständige Energieversorgung im Jahr rund drei Milliarden Mark, an Gewinnen bleiben den EVUs trotzdem rund eine Milliarde Mark. Kurz: Die Stromversorger haben die Bundesrepublik unter sich aufgeteilt, sie haben ihre eigenen Grenzen und Regeln, sie sind ein Staat im Staate, und wir, die Bürger, leben in einem *Stromstaat* (*Karweina,* 1984). Die Kaiser und Könige in diesem Stromstaat sind Rheinisch-Westfälisches Elektrizitätswerk (RWE), Preußische Elektrizitäts-AG (Preußenelektra), Norddeutsche Kraftwerke AG (NWK), Vereinigte Elektrizitätswerke Westfalen AG (VEW), Badenwerk AG, Energieversorgung Schwaben AG (EVS), Bayernwerk AG und Hamburgische Electricitätswerke AG (HEW).

1933 waren im Gebiet des Deutschen Reiches noch 16000 EVUs in der Elektrizitätsversorgung tätig, 1955 noch 3000, heute sind es 1000. Addieren wir die Kapitalbeteiligungen der acht größten Stromversorgungsunternehmen, so haben diese einen Anteil von 67,8 Prozent der Gesamterzeugung. Die größten 168 Unternehmen haben einen Anteil von 99,4 Prozent der Stromerzeugung. Die »restlichen« 832 mit ihrem »Marktanteil« von 0,6 Prozent liegen da wirklich hilflos im Strom der Großen (vgl. auch meinen Film« *»Hilflos im Strom«,* 1984). Wir aber, die Bürger, liegen hilflos im Massenstrom der Gifte aus den großen Kaminen *(Abb. 3),* im Strom von knapp zwei Millionen Tonnen Schwefeldioxid, rund 600000 Tonnen Stickoxide und 150000 Tonnen Staub.

Der größte deutsche Umweltverschmutzer ist nach Berechnungen

Abb. 3:
Schadstoffemission Bundesrepublik Deutschland

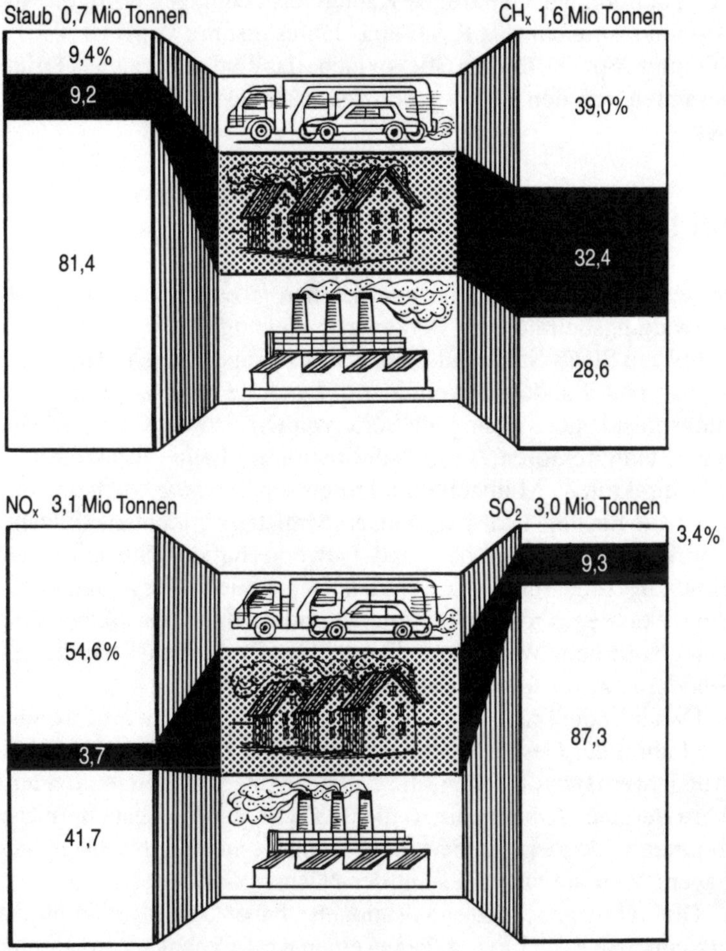

Hauptverschmutzer der Bundesrepublik sind nach wie vor Kraftwerke, Fernheizwerke und Industrie. Zu den 87,3 Prozent SO_2 (Schwefeldioxid) trugen die Kraftwerke 62,1 Prozent bei, zu den 41,7 Prozent NO_x (Stickoxiden) 27,7 Prozent, zu den 81,4 Prozent Staub 21,7 Prozent (Quelle: UBA 1984).

der Forschungsgruppe der Arbeitsgemeinschaft (AG) Atomindustrie das RWE (*RWE – ein Riese mit Ausstrahlung*, 1984). Nach Sondierung und Addition der vielfältigen Kapitalverflechtungen ermittelte die AG Atomindustrie für das RWE eine Jahresleistung von 718000 Tonnen SO_2 und 280000 Tonnen Stickoxiden, das sind mehr als ein Drittel des gesamten von den EVUs produzierten Drecks.

Die legale Korruption

In den Energieversorgungsunternehmen sitzen nun als Aufsichtsräte, Verwaltungsbeiräte oder Berater alle diejenigen, die in der Bundesrepublik, in Staat, Stadt und Land etwas zu sagen haben: Bürgermeister, Kreis- und Landtagsabgeordnete, Landräte und Senatoren, Regierungspräsidenten. Dann jede Sorte von Direktoren: Gemeindedirektoren, Stadtdirektoren, Oberstadtdirektoren, Landesdirektoren, Oberkreisdirektoren, Ministerialdirektoren – nein *keine* Medizinaldirektoren –, Minister und hin wieder Ministerpräsidenten. Sitzen auch Vertreter von Belegschaft und Gewerkschaften. Sie alle kassieren Honorare (und für die jeweiligen Gemeinden »Wegelagerer-Gebühren«), kassieren manchmal doppelt und dreifach. Der Arbeitsminister von Nordrhein-Westfalen, Friedhelm Farthmann, nannte es die *»moderne Form legalisierter Korruption«*.

Damit ist die Frage von vorhin beantwortet, warum die Stromherren, die Führer der Geschäfte und der Geschäftspolitik, die Vorstands- und Aufsichtsratsvorsitzenden, die Aufsichtsräte und Beiräte und auch die Vertreter der Arbeitnehmer nicht STOP gerufen haben, nicht ihre Schmutzschleudern saniert haben, nicht an den Nächsten gedacht haben: Weil sie sich allesamt der Nächste sind!

Die Umweltschutzorganisationen haben dies erkannt, haben erkannt, daß es sinnlos ist, gegen einen Kraftwerkblock anzurennen (ob Kohlekraft oder Kernkraft), gegen eine Firma oder deren Töchter, gegen eine Dachorganisation oder einen Firmenmantel. Die Träger der Schmutzroben sind zu identifizieren (*Der Stromfilz in NRW*, 1985), und die Struktur, der sie dienen, ist aufzubrechen.

Der Buschhaus-Filz

Der Lehrer Jochen Brauer, seine Frau Angelika, ihr zweijähriger Sohn Jochen in Königslutter, die Krankenschwester Manuela Grammowski mit ihren beiden kranken vierjährigen Zwillingen Benjamin und Florian in Berlin und auch die beiden anderen Kläger gegen Buschhaus könnten es mit der Angst bekommen, wenn sie bedenken, gegen wen sie kämpfen. Die Betreiber von Buschhaus, die Braunschweigischen Kohlenbergwerke AG (BKB), denen auch die echten Altanlagen Offenleben I und II gehören, sind nämlich über vielfältig verschachtelte Wege der Bundesrepublik Deutschland und den großen deutschen Banken untertan. (Wobei der Zynismus erlaubt sei: Ist die BRD den deutschen Großbanken untertan oder dienen diese der BRD?)

Nehmen wir uns zunächst die Kapitalverflechtung vor *(Abb. 4)*. Die BKB gehören zu je 49,9 Prozent der *Preußenelektra AG,* Hannover, und den *Elektrowerke AG,* Berlin. 0,2 Prozent sind in der Hand von Kleinaktionären, die ihr Stimmrecht zumeist ihren *Banken* anvertrauen (Depotstimmrecht). Die Preußenelektra gehört der VEBA, einem vom Bund beherrschten Unternehmen, obwohl inzwischen der Bundesanteil vermindert wurde. (Einige Aktienpäckchen der Preußenelektra liegen zudem bei Städten, Ländern und Landkreisen.) 70 Prozent der VEBA gehören rund 750000 Aktionären. Dieser sogenannte »Streubesitz« verteilt sich in der Hauptsache freilich auf die großen Banken: Dresdner Bank (Konsortium-Anführer bei der Privatisierung), Deutsche Bank, Commerzbank und andere. Diese Banken nehmen das sogenannte Depotstimmrecht wahr, bestimmen letztendlich über den Kurs der BKB. Im Aufsichtsrat der VEBA sitzen zum Beispiel Friedrich Wilhelm Christians, der Vorstandssprecher der Deutschen Bank, und Günter Vogelsang, Aufsichtsratsmitglied der Deutschen Bank, der enge Kontakte mit dem Bundesfinanzminister Gerhard Stoltenberg unterhält. Das ist die eine Linie.

Verfolgen wir nun die Besitzverhältnisse der Elektrowerke AG – die ja auch 49,9 Prozent an den BKB hält –, so geraten wir direkt in die Vereinigte Industrie Unternehmungen AG (VIAG). Die VIAG gehören zu 86,51 Prozent der Bundesrepublik, zu 13,49 Prozent der Kreditanstalt für Wiederaufbau in Frankfurt, die aber wiederum zu 80 Prozent der Bundesrepublik gehört. Die Bundesrepublik zieht über die Beteiligungsverschachtelungen den größten Profit aus den BKB-Gewinnen (ca. 63%) – die Entscheidungsmacht liegt jedoch bei den Banken.

Abb. 4:
Wem gehört Buschhaus?

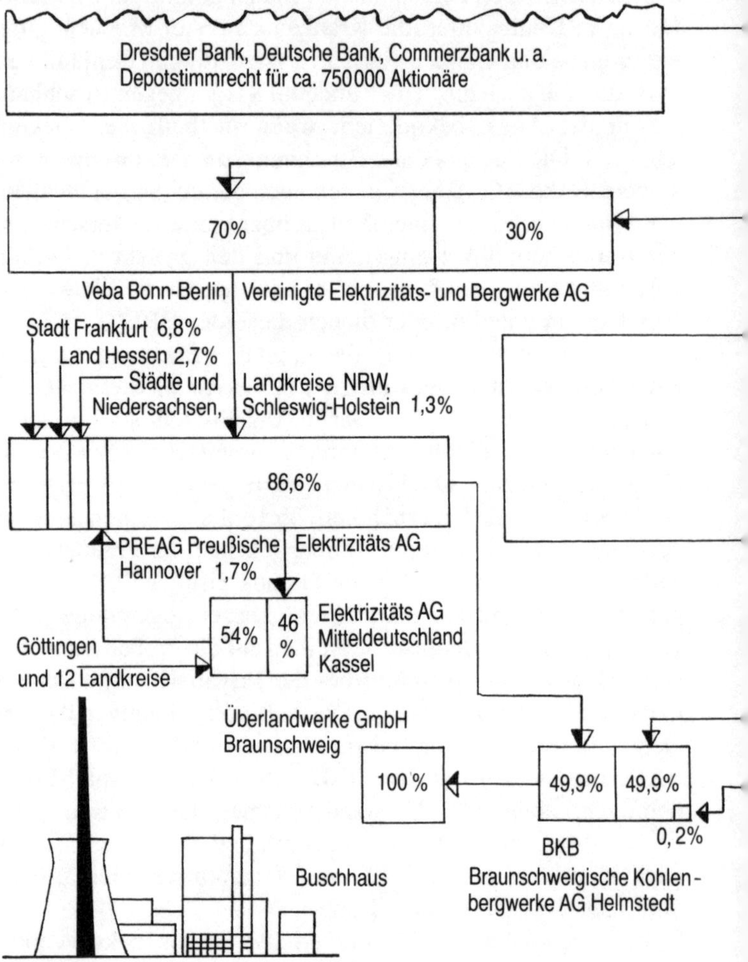

Das Wirtschaftsunternehmen »Bundesrepublik« erhält von der BKB, der Betreiberin der »Dreckschleuder« Buschhaus, über die Beteiligungsverschachtelungen den größten Profit aus den BKB-Gewinnen (ca. 63%).

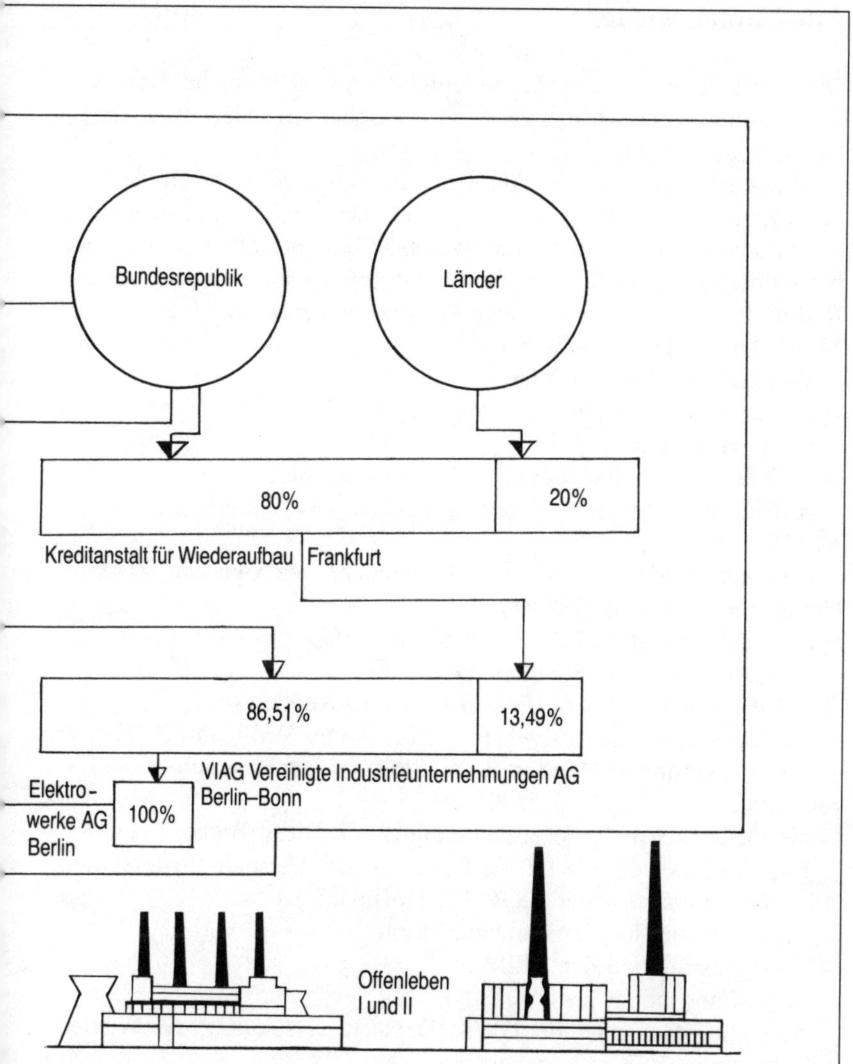

Die Entscheidungsmacht liegt jedoch bei den Banken. Sie üben stellvertretend für fast alle Aktionäre das Depot-Stimmrecht aus (Quelle: AG Atomindustrie).

Alle Namen wieder

Das Dickicht der Konzerne zu durchforsten gewinnt an Reiz und Transparenz, wenn wir uns die Namen ansehen, die Menschen, die da handeln (oder nicht).

Handeln zum Beispiel im Aufsichtsrat, dem wichtigsten Organ einer Aktiengesellschaft neben dem Vorstand. Der Aufsichtsrat überwacht die Geschäftsführung des Unternehmens und bestellt den Vorstand beziehungsweise ruft ihn ab. *Vorsitz im Aufsichtsrat* der BKB hat Dr. Rudolf Escherich (Stand – auch für alle weiteren Angaben – April 1984). Dr. Escherich ist außerdem

– Vorstandsmitglied der VIAG,
– Vorstandsvorsitzender der Vereinigten Aluminium-Werke AG, (Töchter von VIAG),
– Aufsichtsratsvorsitzender der Elektrowerke AG,
– Aufsichtsratsvorsitzender der ILSE Bergbau GmbH (gehört zur VIAG),
– Stellvertretender Aufsichtsratsvorsitzender der Überland-Zentrale Helmstedt AG (BKB-Tochter),
– Aufsichtsratsmitglied der Bayernwerke AG,
– Beiratsmitglied der Preußenelektra AG.

Bei der Preußenelektra (Preag) sitzen im Aufsichtsrat:

– Der Oberbürgermeister von Frankfurt Walter Wallmann (CDU),
– der Finanzminister Heribert Reitz (SPD) von der Hessischen Landesregierung,
– die niedersächsische Wirtschaftsministerin Birgit Breuel (CDU).

Eine Multiperson wie Dr. Escherich ist Dr. Hartmut Hoffmann, *Aufsichtsratsmitglied* der BKB. Dr. Hoffmann ist

– Vorstandsmitglied der Preußenelektra,
– Vorstandsmitglied der VEBA,
– Verwaltungsbeirat im RWE,
– Aufsichtsratsmitglied der DWK (Deutsche Gesellschaft zur Wiederaufarbeitung von Kernbrennstoffen),
– Stellvertretender Aufsichtsratsvorsitzender in der Urangesellschaft mbH,
– Beiratsmitglied der URANIT,
– Aufsichtsratsmitglied bei der BEWAG (Berliner Kraft und Licht AG).

Grundsätzlich gilt: Fast alle Kapitalvertreter im BKB-Aufsichtsrat haben gleichzeitig Organfunktionen in VIAG-Unternehmen und VEBA-Konzerngesellschaften – so die *taz* am 13. 4. 1984. Beispiel: *Aufsichtsratsmitglied* Dr. Werner Lamby. Dr. Lamby ist

- Aufsichtsratsmitglied der BEWAG,
- Aufsichtsratsmitglied der Bayernwerke AG,
- Aufsichtsratsmitglied der CONTIGAS,
- Aufsichtsratsmitglied der VAW (Vereinigte Aluminiumwerke).

Ähnlich multifaktoriell im Einsatz sind Dr. Ulrich Segatz, Diplom-Ingenieur Walter Sudanek. Der erstere: Preußenelektra, VAW, NWK, TÜGA, RWE (Beiratsmitglied). Der zweite: Preußenelektra, DWK, NWK. Doch auch das *Vorstandsmitglied* Dr. Rolf A. Winter ist doppelt und dreifach ausgestattet. Dr. Winter ist

- Vorstandsmitglied der Elektrowerke AG,
- Aufsichtsratsmitglied der BEWAG,
- Aufsichtsratsmitglied der ILSE Bergbau,
- Vorstandssprecher bei der Überland-Zentrale Helmstedt.

Da die Bundesrepublik bei beiden Hauptaktionären der BKB, bei der Preußenelektra und den Elektrowerken die Stimmenmehrheit hat, hat sie zwei Ministeriale in den BKB-Aufsichtsrat emittiert, Ministerialrat Hans Bubinger und Ministerialdirektor Dr. Wlotzke.

Auch unter den Arbeitnehmervertretern im Aufsichtsrat gibt es einige Mehrfachfunktionäre: Lothar Steinbach, zweiter *stellvertretender Aufsichtsratsvorsitzender* der BKB, ist gleichzeitig hauptamtlicher Gewerkschaftsfunktionär und Mitglied des Bezirksvorstands der Clausthal-Zellenfelder Berufsgenossenschaft. Außerdem Walter Banse, der zugleich Betriebsratsvorsitzender, *Aufsichtsratsmitglied* bei den BKB und bei Preußenelektra ist. Komplettiert wird der BKB-Aufsichtsrat durch den niedersächsischen Sozialminister Hermann Schnipkoweit (CDU), wobei zu bemerken ist, daß das Ministerium auch zuständig für Arbeit und *Gesundheit* ist.

Diese alle haben die vier Familien gegen sich, die für ihre Kinder, für unsere Kinder und Kranken und Alten die Dreckschleuder Buschhaus abstellen wollen.

Kapitale Interessen, kapitale Gesundheitsschäden

Kehren wir zurück zum RWE, zum Rheinisch-Westfälischen Elektrizitätswerk, einem der herausragenden Umweltsünder der Bundesrepublik. Aus den Geschäftsberichten geht hervor, daß das Unternehmen von 1961–1982 rund 550 Millionen Mark für den Umweltschutz investiert hat. Das ist etwa ein halbes Promille der Umsätze in diesem Zeitraum. 1982/83 machte das RWE 360 Millionen Mark Gewinn, setzte 24 Milliarden Mark um. Das RWE ist das einzige Energieversorgungsunternehmen, in dem eine Großbank den Vorsitz im Aufsichtsrat hat (*AG Atomindustrie*, 1984), in Person von Dr. Friedrich Wilhelm Christians. Christians ist Vorstandssprecher der *Deutschen Bank* und in so bedeutenden Firmen als Aufsichtsratsvorsitzender oder Aufsichtsratsmitglied zu Hause wie: Deutsche Centralbodenkredit AG, Karstadt AG, Mannesmann AG, Otto Wolff AG, VIAG, Bayer AG, Gerling-Konzern, Klöckner-Humboldt-Deutz AG, VEBA AG und VW AG. Zweite Großbank im Aufsichtsrat des RWE ist die *Dresdner Bank*, verkörpert hier durch den ehemaligen Wirtschaftsminister Dr. Hans Friderichs. Dr. Friderichs ist (August 1984) Vorstandssprecher der Dresdner Bank und vereinigt auf sich Aufsichtsratsposten der AEG-Telefunken, der Metallgesellschaft Frankfurt, der Bank für Handel und Industrie Berlin, der Allianz-Versicherungs AG München, der Deutschen BP Hamburg, der Friedrich Krupp GmbH Essen, der Volkswagen AG und so fort.

Die dritte Bank im RWE-Aufsichtsrat ist die *Bank für Gemeinwirtschaft* in Gestalt des Arbeitnehmervertreters Thomas Wegscheider. Thomas Wegscheider ist Vorstandsmitglied der Bank für Gemeinwirtschaft. Auch er häufelt Aufsichtsratsposten: Aktiengesellschaft für Grundbesitz und Handel Braunschweig / Hannoversche Hypothekenbank Hannover / Brown, Boveri & Cie. Mannheim / Salzgitter AG Salzgitter / Volksfürsorge Lebensversicherung Hamburg . . .

Im Wirtschaftsbeirat der RWE sitzt schließlich die *Commerzbank* in Person von Paul Lichtenberg. Paul Lichtenberg: Brown, Boveri & Cie. / Allianz-Lebensversicherung / Buderus / Kaufhof / MAN / GHH Gutehoffnungshütte / Hochtief AG / Deutsches Atomforum . . . überall Paul Lichtenberg.

Ich behaupte, die Misere im deutschen Umweltschutz ist verknüpft mit diesen Männern, die zwar das Wohl ihres Unternehmens im Auge haben, ihrer *vielen* Unternehmen, darüber hinaus aber blind sind für das

Wohlergehen des Landes. Die fein sorgsam schwarze Zahlen in ihren Betriebsbilanzen schreiben, die roten Zahlen der Umweltbilanzen aber nur allzugern verwischen. Die sich reich und mächtig gemacht haben auf Kosten der Armen und Schwachen. Die sich und ihre Firmen gesund gestoßen haben auf Kosten der Gesundheit nicht nur ihrer Arbeiter und Angestellten, sondern der Gesundheit von uns allen. In verführerischen Werbekampagnen versuchen sie uns einzureden, daß es uns doch besser ginge als je zuvor. Sie preisen sich der schönen Dinge wegen, die sie uns verschafft haben. Sie stellen sich dar als Nestschützer erster Klasse. Doch der Schwefelgestank hängt an ihnen, und wie weiland die frommen Christen des Mittelalters, so sollten auch wir heute drei Kreuze schlagen, wenn sie erscheinen.

Strom autonom

Die Macht der Energieversorger, die Willkür ihrer Handlungen, ihr Monopol, lastet nicht nur als Schwefelschwaden über der Bundesrepublik, belastet nicht nur die kommende Generation mit den strahlenden Ruinen der Atomkraftwerke und dem radioaktiven Müll in Zwischenlagern und Wiederaufbereitungsanlagen, sondern erstickt auch jedes kreative und ökologische Denken. Der Hang zum Megawatt, zum Gigawatt, zur Gigantomanie, zur Monomanie macht Ansätze zur dezentralen Energieversorgung (Wind, Wasser, Kraft-Wärme-Koppelung, Energiebox) zunichte. Zur Neige gehende Energievorräte werden unsinnig ausgebeutet, das empfindliche Fließgleichgewicht des ökologischen Systems wird gestört und schließlich zerstört. Die Großkraftwerkswirtschaft, die riesenhafte Aufblähung der Konzernapparate, die alle kleinen Unternehmungen erdrückende Monopolstellung muß aufgebrochen werden. Darin sind sich zahlreiche wissenschaftliche Institute, aber auch Abgeordnete quer durch alle Parteien einig. Erster und wirksamster Hebel ist die Änderung des Energiewirtschaftsgesetzes aus dem Jahre 1935. Zentrale Punkte einer solchen Änderung:

1. *Öko-Bezirke:* Die Hoheitsgebiete der Energieversorger sind nach ökologischen Gesichtspunkten neu zu ordnen. Die jeweils ökonomisch *und* ökologisch günstigste Energieart sollte die Leitlinie für die autonomen Versorgungsgebiete sein.
2. *Selbstverwaltung:* Strom muß wieder zur Herzensangelegenheit

einer Kommune, einer Stadt werden. Die jeweilige Stadt, in der Bürger sich noch halbwegs einen Überblick über politische Vorgänge verschaffen können, sollte verantwortlich alle Bereiche der kommunalen Versorgungswirtschaft gestalten. Gute Beispiele schon heute: Die Städte Achim (bei Bremen) und Kiel.
3. *Autonome Netze:* Förderung und Produktion der Primärenergieträger Kohle, Öl, Gas müssen von der Verteilung getrennt werden. Die Netze sollten von selbständigen Netzgesellschaften unter öffentlicher Kontrolle verwaltet werden.
4. *Alternative Energien:* Die Wärmeversorgung sollte neben Elektrizität und Gas mit in das neue Energiewirtschaftsgesetz einbezogen werden. Alternative Energien haben Vorrang: Kraft-Wärme-Koppelung, Wind- und Wasserenergie (nach *Kall,* 1984).

Brecht die Macht der Energieversorger, fordern die Umweltschützer. Einige von ihnen kamen zur Hauptversammlung des RWE 1984. Sie forderten die Aktionärsversammlung auf, den Vorstand nicht zu entlasten, weil er
– Milliardenbeträge in eine Sackgassentechnologie investiert habe,
– umweltfeindliche Energiepolitik zum Schaden des Unternehmens betrieben habe,
– Überkapazität aufgebaut habe, deren Kosten die Stromkunden tragen müßten.

Der Vorstand fackelte selbstzufrieden ab: »Die Gegenanträge geben uns keine Veranlassung, unsere im Einklang mit Gesetz und Satzung stehende Investitionspolitik – in der wir dem Umweltschutz einen hohen Stellenwert eingeräumt haben – zu ändern. Wir weisen die unberechtigten Forderungen zurück.«

Die Haltung eines Großfürsten. Fackeln *wir* nicht lange!

5. Blei immer dabei

Die Möwe im Sonnenuntergang,
zartrot gefärbte Schwingenspitzen,
hoch über Dünen und Meer
auf einer Plattenhülle
in einer Klarsichtplastiktasche
im Feierabendverkehr

Ralf Thenior,
Naturgedicht

Ein paar Kilometer nördlich von Nordenhams Bleihütte – Auswurf jährlich knapp 20 Tonnen Blei und knapp eine viertel Tonne Cadmium – liegt der schmucke Ort Blexen. Dort lebt in einem kleinen roten Backsteinhaus Familie Lütge. Ich besuchte sie vor drei Jahren, denn damals war die Tochter Inga gerade sieben Jahre alt und durchlief eine Testbatterie des Instituts für Umwelthygiene der Universität Düsseldorf. An Inga und anderen sogenannten bleiexponierten Kindern sollte wieder einmal die seit Jahren heftig diskutierte Frage untersucht werden: In welchen Mengen macht Blei im Blut *krank* und *dumm?*

Blei im Hirn

Blei ist ein Blut- und Nervengift – ein tödlicher, chronisch toxischer Schadstoff, der im Organismus angereichert wird. Blei blockiert die Synthese des roten Blutfarbstoffes und wirkt direkt auf die roten Blutkörperchen ein. Bei hoher Bleibelastung kann Anämie auftreten, bei hohen Dosen wird auch das Gehirn geschädigt, das Zentrale Nervensystem wird angegriffen, Enzephalopathie, Hirnschädigung und Tod sind die Folge (siehe auch *Die Erben des Übels,* Kapitel: »Blei im Hirn«). Blei greift besonders Kinder an. Das Zentralnervensystem ist beim Erwachsenen durch besonders dicke Wände der Kapillargefäße recht gut gegen heranströmende Giftstoffe geschützt – beim Kleinkind (und beim Ungeborenen) ist diese »Blut-Hirn-Schranke« noch nicht voll ausgebildet. Wasserlösliche Giftstoffe wie Blei »überschwemmen« das kindliche Hirn. In den USA sterben im Jahr 200 Kinder an akuter Bleivergiftung, 2000 bis 3000 erleiden Hirnschäden. In Großbritannien werden im Jahr 100 Todesfälle registriert – Zahlen für die Bundesrepublik sind mir nicht bekannt.

Ausflug in die Bleigeschichte

Das Problem chronischer Bleivergiftung ist so alt wie der Gebrauch des Bleis durch den Menschen, beginnend 5000 Jahre vor Christus. Bleiwerker ersten Ranges waren dann die Griechen 550 vor Christus. Alte griechische Dokumente deuten darauf hin, daß der in Bleibehältern gepreßte und aufbewahrte Wein Unfruchtbarkeit, Fehlgeburten, Kopfschmerzen und Schlaflosigkeit hervorrief. Verschiedene Autoren des ersten und zweiten Jahrhunderts vor Christi Geburt berichten von Blei-Koliken nach dem Gebrauch von Bleiweiß als Kosmetika und von Bleioxiden zum Haarefärben. Byzantinische und arabische Ärzte berichten von Patienten mit Bleivergiftung, Paracelsus beschreibt die Symptome in seinem Buch *De Morbis metallicis*. Schauspieler (Haarefärben, Bleiweiß!), Zinnschmelzer und Töpfer (»Bleipest« durch Bleiglasuren) zogen sich durch die Jahrhunderte hindurch Bleivergiftungen zu. Francisco Goya (1746–1828) litt an einer Gehirnerkrankung – *encephalopatia saturnia* – als Folge der bleihaltigen Farbpigmente. Sein berühmtes, in seiner »schwarzen« Periode gemaltes Bild *»Saturn verschlingt eines seiner Kinder«* stellt nach Meinung einiger Kunsthistoriker diese Erkrankung dar. Blei ist, kann man wohl sagen, der *erste Umweltschadstoff* überhaupt. Der Münchener Rechtsmediziner *Gustav A. Drasch* (1982) analysierte 650 Knochen von 332 Individuen – prähistorische Peruaner, prähistorische Teutonen, späte Römer, Menschen des Mittelalters, Zeitgenossen. Er nahm die prähistorischen Peruaner, deren Kultur kein Blei kannte, als Bezugspunkt und fand: Heute trägt der Deutsche *zwanzigmal mehr Blei* in seinen Knochen herum.

Der Bleipegel steigt

Fazit: Nicht nur mit dem Alter der Menschheit, auch mit dem Alter des Menschen steigt der Bleipegel. Hauptspeicher sind die Knochen, daneben aber auch Leber und Nieren. Der Bleigehalt im Knochensystem wächst, der Bleigehalt in Milch- und Permanentzähnen ebenfalls... Es ist nachgewiesen, daß die altersbedingte Zunahme des Bleigehaltes der Zähne bei Personen, die in stark bleibelasteter Umgebung leben, deutlich größer ist als bei Personen, die in sonstigen Stadt- und Landgebieten leben (*Hans-W. Schlipköter,* 1982). Blei in den Zähnen zeigt die langfristige Belastung, Blei in den Haaren ist ein Indikator für die mittelfristige Bleiaufnahme, und Blei im Blut gibt Auskunft über den aktuellen Bleipegel im Körper. Eine Gegend gilt als *bleibelastet,*
– wenn mehr als die Hälfte der untersuchten Menschen über *20 Mikrogramm* Blei in 100 Milliliter (ml) Blut hat,
– mehr als 10 Prozent der Blutproben Werte über 30 Mikrogramm aufweisen,
– mehr als 2 Prozent der untersuchten Bevölkerungsgruppe über 35 Mikrogramm Blei im Blut hat (EG-Direktive 1978).

Unbestritten ist die Gefährlichkeit des Bleis, umstritten war bis heute, *in welchen Mengen* Blei Gesundheitsschäden insbesondere bei Kindern und Schwangeren auslöst, ob die obigen Referenzwerte ausreichend sind und im Einklang mit der wissenschaftlichen Forschung stehen. Und: Wie wirkt sich bei Kindern die sogenannte »milde« Bleibelastung aus (20 bis 30 Mikrogramm pro 100 Milliliter Blut)!

Die Ergebnisse verwirren. Mal wurden keine Effekte bei leichter Bleibelastung gefunden, mal fand man ein leichtes Absinken des Intelligenzquotienten (IQ). Mal sah man Zusammenhänge zwischen schleichender Bleivergiftung und Hyperaktivität (»Zappelphilipp«) – mal nicht. Mal wurde verminderte Intelligenzleistung in Bleigegenden konstatiert (Duisburger Bleikinder), dann wieder bestätigte sich der Zusammenhang zwischen Blei und Intelligenz nicht (Stolberger Bleikinder). Die Mehrzahl der Forschungsarbeiten sprach jedoch – alarmierend genug – von bleibedingter Störung der Feinkoordination, von Störungen der Augenbewegung, von Seh- und Hörstörungen, von leichten Veränderungen der Hirnströme, von Flüchtigkeit der Wahrnehmung, von Störungen der Gestalterfassung... Ein Paukenschlag schließlich war die Arbeit von *H. L. Needleman,* Großbritannien 1979:

Er entdeckte bei Bleikindern
- neuropsychologische Defekte,
- Lernschwierigkeiten in der Schule,
- einen um vier Punkte verminderten Intelligenzquotienten.

Die dänischen Forscher *I. C. Hansen* und andere fanden 1980: Kinder, die an minimalen Gehirnstörungen litten (Überaktivität, Lernschwierigkeiten, neurologische Defekte), hatten mehr Blei im Haar als eine Kontrollgruppe (13,9 Mikrogramm/pro Gramm im Mittel gegenüber 6,9 Mikrogramm).

Zurück nach Nordenham. Inga Lütges Blut und das Nabelschnurblut von 378 Neugeborenen und Mütteren waren schon 1975 untersucht worden: Damals, 1975/76, war den Eltern beruhigend mitgeteilt worden, daß im Durchschnitt 9,3 Mikrogramm Blei je 100 Milliliter Blut gefunden worden seien; keine massive Belastung, so meinten die federführenden Wissenschaftler. Doch der höchste gefundene Wert lag bei einer Mutter bei 30 Mikrogramm, bei ihrem Baby sogar bei 31 Mikrogramm. Da sich Blei, wie wir gesehen haben, über die Jahre hinweg in den Geweben speichert, also akkumuliert und gefährlich auflädt, hätte es durchaus einigen Grund zur Beunruhigung gegeben. Doch das Bundesgesundheitsamt, auch in anderen Fällen weniger ein Aufklärungsinstitut als eine Abwiegelungsbehörde, hütete sich damals, ein wirklich dramatisches Forschungsergebnis an die große Glocke zu hängen.

Der Bleikuchen im Leib

Von den Müttern von Nordenham waren nämlich 1975/76 auch die Placenten tiefgekühlt zur Bleiprobe ins Laboratorium nach Berlin geschickt worden. Dort aufgetaut zerkleinerte man sie und füllte etwa 100 Milliliter ab. (Die weiteren Arbeitsvorgänge und die genaue Versuchsanordnung ist nachzulesen in *Sonneborn* u. a., 1981: *Schwermetalle in menschlichen Organen.)* Das Ergebnis: Die Placenten der Nordenhamer Mütter waren im wahrsten Sinne des Wortes Bleikuchen. Jede vierte Mutter hatte vor der Geburt ihres Kindes mehr als 20 Mikrogramm Blei je Gramm Placenta (Trockengewicht) in sich, sieben Mütter trugen sogar über 80 Mikrogramm, zwei über 130 Mikrogramm Blei je Gramm Placenta im Bauch. Das bedeutet im Durchschnitt je

Placenta 50 Milligramm Blei! (Zum Vergleich Helgoland: 5–10 Milligramm.)

Bei Cadmium, dem in kleinsten Dosen schon hochgefährlichen Schwermetall, ergab sich ähnliches: Jede fünfte Mutter wies Werte über 1 Mikrogramm Cadmium je Gramm Placenta (Trockengewicht) auf. (Zum Vergleich Helgoland: ein Fünftel.) Bis dato waren in der wissenschaftlichen Literatur Cadmium-Werte von 0,1 bis höchstens 0,4 Mikrogramm angegeben worden. Das war wie gesagt 1975/76. Und so las es sich in der Kreiszeitung von Nordenham am 28. August 1976: »Das Forschungsergebnis war erfreulich ... Kaum Blei im Blut von Schwangeren ...«

Auch die aktuelle Studie zur Erfassung »subklinischer Bleiwirkungen auf das Nervensystem von Kindern« kam zu »erfreulichen« Ergebnissen. Der aktuelle Blutbleispiegel lag im Durchschnitt bei 8,2 Mikrogramm/100 Milliliter Blut, der höchste gemessene Wert betrug 22,0 Mikrogramm. Die Intelligenz der untersuchten Kinder werde durch die Bleibelastung nicht gemindert, hieß es, allenfalls das Reaktionsverhalten sei in einigen Fällen auffällig (*G. Winneke,* 1984).

Viel Blei, viel Fehler

Der federführende Wissenschaftler, Dr. Gerhard Winneke, notierte das Reaktionsverhalten der Kinder am sogenannten Wiener Determinationsgerät: Die Kinder mußten möglichst fehlerfrei auf eine *unregelmäßige Folge* von Farben und Tönen reagieren. Winnecke fand einen »Zusammenhang zwischen Fehlerzunahme beziehungsweise Trefferabnahme«, das heißt je mehr Blei im Blut, desto schlechter die Reaktion.

Dies war eine Bestätigung früherer Arbeiten. Mehr eine Bestätigung für Winnecke selbst waren seine Schlußfolgerungen zur Intelligenz der Bleikinder.

Eine »bleibedingte *Intelligenzminderung* konnte wiederum *nicht* überzeugend nachgewiesen werden«, schreibt er. »Erneut erwiesen sich im Bereich neuropsychologischer Funktionen Intelligenzleistungen als stark von Faktoren des *sozialen Umfelds* abhängig.«

Mit diesem Satz war Winneke nämlich bei seinem Lieblingsthema angelangt: dem sozialen, ererbten Umfeld. Schon in einer anderen aktuellen eigenen Arbeit (*Winneke/Krämer,* 1984) hatte er sich die Zähne von Bleikindern aus Duisburg und Stolberg vorgenommen und Intelligenzquotient, Gestalterfassung und Reaktionsverhalten geprüft.

Er fand:

– Kinder, die zur Volksschule oder Hauptschule gingen, hatten *mehr* Blei in den Zähnen als andere,

– Kinder von *ungelernten Arbeitern* hatten ebenfalls mehr Blei in den Zähnen.

In Duisburg nun waren Gestalterfassung und genereller Intelligenzquotient (IQ) bei denjenigen Schulkindern miserabel, die viel Blei in den Zähnen hatten (IQ-Defizit fünf bis sieben Punkte!). In Stollberg machten die Bleikinder beim Gestalt-Test mehr Fehler, reagierten schlechter. Die am meisten belasteten Kinder waren weniger intelligent (4,6 IQ nach Korrektur) als die am wenigsten belasteten.

Geld und Blei

Wer nun meint, mit dieser Testreihe sei wieder einmal schlüssig bewiesen, welches Unheil Blei in den Hirnen von Kindern anrichtet, sieht sich schnell getäuscht. Winneke kommt nämlich zu anderen Schlußfolgerungen: Sozialer Hintergrund beeinflusse den verbalen Intelligenzquotienten mehr, als wir annehmen; das Defizit von 4,6 IQ-Punkten habe möglicherweise mit unkontrollierten sozialen Einflüssen zu tun. Blei wirke sich neuropsychologisch stärker schädigend aus bei den sozial benachteiligten Kindern. Inwieweit Blei für Schäden im kindlichen Hirn und Nervensystem verantwortlich zu machen sei oder das soziale Umfeld – das bedürfe noch einer genauen Klärung.

Kraß gesagt: Nicht das Blei aus dem Bleischornstein macht die Kinder dumm, sondern arme, beschränkte Eltern sind von Natur aus mit dummen Kindern gesegnet! Stelle ich Winnekes Gedankengebäude vom Kopf auf die Füße, so kommt ein böses Stück Gesellschaftskritik heraus.

In der Tat: Das soziale Umfeld, die Familie, die Straße, in der ich aufwachse, die Art, wie und wieviel mit mir geredet wird, prägt meine sprachliche Intelligenz. Diese meine Straße, in der ich aufwachse, wenn ich arm bin, wird nicht die Schloßstraße sein oder die Parkallee.

Diese meine Straße wird nicht auf der Höhe inmitten von prächtigem Grün liegen, sondern im Schatten von Fabriken. Und in dieser meiner Straße wird mir zusätzlich zu meiner gesellschaftlich bedingten Behinderung eine mich blockierende Bleibelastung von außen auferlegt. Mir, dem Stotterer von Haus aus, wird mit Blei vollends das Maul gestopft. Je niedriger die sozialen Verhältnisse, je reichlicher die Giftladung. Je weniger Geld in der Tasche, desto mehr Blei im Blut.

Vorreiter im Bleikampf

Inga Lütge hatte 7,1 Mikrogramm Blei in 100 Milliliter Blut, 0,11 Mikrogramm Cadmium. Ihre Intelligenz: überdurchschnittlich. Wahrnehmung und Reaktionsverhalten normal. Dennoch ist Heidrun Lütge, Ingas Mutter, nicht beruhigt. Die Blutabnahme damals bei der Geburt von Inga, so erinnert sie sich, war ohne ihr Wissen erfolgt – und was mag man noch alles vor ihr geheimhalten! Die Blutproben 1982, so moniert auch die Arbeitsgemeinschaft Umweltschutz in Nordenham, wurden im Monat August gemacht, zu einer Jahreszeit also, in der relativ wenig Blei herumfliegt. Und wer weiß, ob nicht just zu diesem Zeitpunkt der Bleischornstein außer Betrieb war... Die Nachbarin von Heidrun Lütge, Carola Brandis, jedenfalls hat die schleichende Bedrohung ihrer Kinder nicht mehr ausgehalten und ist aus Nordenham weggezogen.

Die Besorgnisse und Befürchtungen der Eltern von Nordenham sind berechtigt. Denn während in der Bundesrepublik endlos die möglichen Gefahren auch kleiner Mengen Blei diskutiert werden, ist die amerikanische Umweltbehörde (EPA) schon einen großen Schritt weiter. Sie plakatiert: »Die Beweise sind überwältigend, daß Blei, aus welcher Quelle auch immer, eine Bedrohung der menschlichen Gesundheit ist. Die Aktionen, die wir heute vorschlagen, sollen diese Bedrohung größtenteils entschärfen, besonders für Schwangere und kleine Kinder.«

Die Aktionen, die der Chef der *EPA, William D. Ruckelshaus,* am 30. Juli 1984 vorschlug: Er verlangt, das Blei im Benzin auf *ein Elftel* (!) des bisherigen Wertes zu senken. Nicht mehr 1,1 Gramm pro Gallone, sondern nur noch 0,1 Gramm Blei sollen erlaubt sein. Dies soll bis 1988 durchgesetzt werden. Endziel dann: absolut bleifreies

Benzin (siehe weiter unten). Vorsintflutlich dagegen muten die Vorschriften in der Europäischen Gemeinschaft und in der Bundesrepublik an. In der EG gelten noch bis 1989 Bleiwerte von 0,4 Gramm je Liter Benzin (entspricht 1,5 Gramm je Gallone). In der Bundesrepublik liegt die Marke bei 0,15 Gramm (entspricht 0,5 Gramm pro Gallone).

»Blei«, so beginnt die amerikanische Umweltbehörde ihren Alarmruf, »ist schon lange als gefährliche Substanz bekannt. Die toxischen Effekte des Bleis in hohen Dosen sind wissenschaftlich gesichert, die Beweise nehmen zu, daß auch kleine Bleimengen, von denen man annahm, daß sie gefahrlos seien, ernsthafte Risiken für die menschliche Gesundheit bergen, insbesondere für kleine Kinder. Blei im Benzin ist eine Hauptquelle für das Blei im Blut der Kinder.«

Blei, Blut- und Nervengift

Bisher hieß es – so referiert die Umweltbehörde noch einmal die historische Situation aus ihrer Sicht –, daß Kinder in ärztliche Behandlung müssen, die mehr als 30 Mikrogramm Blei in 100 Milliliter Blut haben und FEP-Werte von über 50 Mikrogramm (FEP, freies erythrozytes Protoporphyrin, ist eine Meßeinheit für die Einwirkung von Blei auf die Produktion der roten Blutkörperchen). 30 Mikrogramm Blei wurden auch von der EPA seit 1978 als Grenzwert für Kinder definiert.

Steigt der Bleipegel bei Kindern über 70 Mikrogramm, sind die Vergiftungssymptome jedermann ersichtlich: Lebensbedrohende Gehirnerkrankungen (Enzephalopathie) und als Folge davon bleibende Hirnschäden wurden beobachtet. Andere extreme gesundheitliche Probleme: Schwere Anämie (Blutarmut) und Störungen der Nierenfunktion. Außerdem Appetitlosigkeit, Unterleibsschmerzen, Erbrechen.

Weitere gefährliche Folgen von Blei im Blut über 30 Mikrogramm: Bei Werten von 30 bis 40 Mikrogramm wird die Hämoglobin-Synthese blockiert. Hämoglobin, der Blutfarbstoff, ist aber unabdingbar für den Sauerstofftransport der roten Blutkörperchen.

Doch Blei geht nicht nur ans Blut, sondern auch an die Nerven. Es schaltet sich in die Übertragung der Nerven-Signale vom Gehirn zu den Muskeln ein und verlangsamt das Tempo der Übermittlung. Nervöse Störungen im Körper, niedrigerer Intelligenzquotient und verändertes Benehmen wurden laut EPA bei 70 Vorschulkindern gefunden, die 40 bis 60 Mikrogramm Blei im Blut hatten. Kinder mit diesen Bleimengen mußten – einer anderen Untersuchung zufolge – siebenmal (!) häufiger eine Schulklasse wiederholen oder sich in die Obhut eines Schulpsychologen wegen Verhaltensstörungen begeben. (Siehe auch: *Die Erben des Übels,* insbesondere das Kapitel »Hyperkinese«.)

Was die Bürger von Nordenham, die Eltern von Oker, Duisburg oder Stolberg, was Bürgerinitiativen in Ballungsgebieten schon immer vermutet hatten, bringt die amerikanische Umweltbehörde dann Punkt für Punkt – die Gefährlichkeit eines Blutbleipegels *schon* bei 10 bis 30 Mikrogramm: Blei stört die Produktion des Hämin, das wesentlich beim Energiestoffwechsel der Zellen mitwirkt. Hämin ist wichtig für die Herstellung von Hämoglobin und lebensnotwendig für die Enzyme der Leber, die angreifende Chemikalien entgiften. Schon bei 15 Mikrogramm/100 Milliliter Blut treten Hämin-Defizite auf! Blei vergiftet folglich nicht nur, sondern verhindert auch die Entgiftung!

Ebenfalls bei 15 Mikrogramm Blei im Blut wurden Veränderungen in den Hirnströmen der Kinder entdeckt. Von größter Bedeutung sind jedoch die neuerdings befürchteten Angriffe des Bleis bei Mengen von zwölf bis 120 Mikrogramm auf den Vitamin-D-Stoffwechsel. Dies hat dramatische Auswirkungen auf den Kalzium- und Phosphor-Haushalt: Das normale Wachstum und die normale Entwicklung der Säuglinge und Kleinkinder sind weitaus mehr gefährdet als bisher angenommen.

Baby Blei

Blei fliegt Kinder nicht nur aus der Luft an, sondern ein erklecklicher Anteil des täglichen Bleikonsums kommt über die Nahrung. Auch unser tägliches Blei stammt zu drei Vierteln aus der Nahrung. Die Weltgesundheitsorganisation (WHO) hat als wöchentliche *maximale tolerierbare* orale Bleiaufnahme 3,5 Milligramm pro Person vorgegeben. Pro *erwachsene* Person! Betrachten wir den Ernährungsplan für Babys und rechnen die Giftbelastung pro Kilogramm Körpergewicht, so stellt sich heraus: Säuglinge (und auch Kleinkinder) sind weitaus höher belastet als Erwachsene. Schon 1980/81 warnten deswegen Wissenschaftler, daß »die Situation für Säuglinge und Kleinkinder äußerst kritisch beurteilt werden muß« (*F. K. Käferstein* und *Jürgen*

Müller, 1981), und empfahlen, den Gehalt von Schwermetallen »in Kleinkindernahrung laufend zu kontrollieren« (*Woidich* u. a., 1980). Warnungen und Empfehlungen, die kaum ernstgenommen wurden.

Die Faustregel lautete: Ein Kleinkind kann bis zu 300 Mikrogramm Blei aus allen Quellen pro Tag verkraften (entspricht 2,1 Milligramm pro Woche), weil der Körper nur 10 Prozent behält, den Rest ausscheidet. 10 Prozent, das sind 30 Mikrogramm, nun ja, meinte man, das ist nicht viel. Diese Annahme ist *falsch*. Ein Kleinkind absorbiert bis zu 40 Prozent des konsumierten Bleis! So das Ergebnis einer amerikanischen Studie (*Jacqueline E. Ryn,* 1983).

»Es scheint vernünftig«, so resümieren die Autoren, »die täglich erlaubte Aufnahme von Blei aus allen Quellen auf 3 Mikrogramm pro Kilogramm pro Tag zu begrenzen!«

Schauen Sie sich nochmals die *Abbildung 5* an, die auch schon in dem Buch *Die Erben des Übels* abgedruckt war. Demnach erhält ein Baby in unseren Breitengraden mit normaler Kindernahrung mindestens doppelt so viel Blei, wie die amerikanischen Wissenschaftler empfehlen.

Blei – Plötzlicher Kindestod

War diese Studie schon erschreckend, so ist eine andere aktuelle Arbeit womöglich noch erschreckender. In Lungen- und Rippengeweben von Babys, die plötzlich gestorben waren, fanden sich erhöhte Bleimengen. Blei: Mittäter beim Plötzlichen Kindestod? (siehe auch das Kapitel: »Der Plötzliche Kindestod«). Die Nationale Akademie der Wissenschaften in den USA warnte: »Eine zusätzliche Kontrolle der Auswirkungen von Blei ist dringend notwendig, weil das Risiko bösartiger Effekte bei Kindern unannehmbar hoch ist!« Das amerikanische Center for Disease Control (CDC) empfiehlt eine Senkung des Grenzwertes auf 25 Mikrogramm. Bei Werten darüber sollten Kinder sofort in ärztliche Obhut!

Abb. 5:
Die Bleibelastung des Babys durch die Nahrung

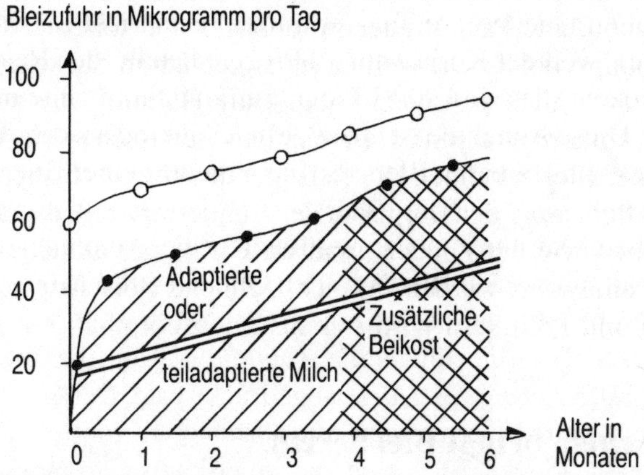

Mit Milch und ab 4. Monat zusätzlich Beikost schluckt ein Säugling im Durchschnitt (!) bis zu 80 Mikrogramm Blei am Tag. ●—● ist die errechnete Zufuhr mit der Nahrung. ○—○ ist die aus wissenschaftlichen Quellen bisher zusammengetragene »höchstzulässige« Blei-Aufnahme. Heute wird jedoch eine Begrenzung der Bleizufuhr (═══) auf 3 Mikrogramm pro Kilogramm pro Tag verlangt (Quelle: Haschke und Steffen, ergänzt).

Risikogruppe Schwangere

Schwangere, im weiteren Sinne *alle* Frauen im gebärfähigen Alter, sind durch Blei *hochgefährdet*. Der Fötus, das im Mutterleib heranwachsende Kind, ist dem Blei hilflos ausgesetzt. Das Blei strömt mit dem Blut der Mutter direkt in das ungeborene Kind. Die Risiken für die Schwangerschaft oder für die Tage kurz nach der Entbindung sind noch kaum abzuschätzen. Denn – so die EPA – einige »neuere Studien ... legen nahe, daß Gesundheitsschäden von Säuglingen schon mit *relativ geringen Bleimengen zusammenhängen* (im *Durchschnitt unter 10* Mikrogramm/100 ml), *die im Nabelschnurblut gemessen wurden«*.

Plötzlich erscheint da eine alte, oft angegriffene Studie im neuen

Licht: Totgeborene Kinder hatten *fünf- bis zehnmal mehr Blei und Cadmium in den Knochen* als normale (*D. Bryce-Smith,* 1977).

Bei der Bundestagsdebatte zur Großen Anfrage der Grünen am 25. Oktober 1984 »Kranke Umwelt – kranke Kinder« freilich wischte der CDU-Abgeordnete Paul Breuer in tönender und tönerner Rede diese Untersuchung vom Tisch, weil er sie angeblich in der wissenschaftlichen Literatur nicht gefunden habe. Eine Haltung, die auch manch anderen Politikern zu eigen ist. Ihr einziges Gewissen ist das Unwissen.

Resümee: Blei in kleinen Dosen ist gefährlicher als bisher angenommen. Die Belastung der Bürger in der Bundesrepublik durch Blei, der Erwachsenen wie der Kinder, muß im Lichte der aktuellen Erkenntnisse neu analysiert werden. Manch fröhliche Botschaft von Wissenschaftlern und Politikern wird sich als Hiobsbotschaft entpuppen!

Sonnenschein bringt Blei herein

Im Lichte der neuen Erkenntnisse nehmen sich die Vorgänge um die Berliner Batterie- und Akkumulatoren-Fabrik »Dr. Theodor Sonnenschein KG« mehr als düster aus. Seit mindestens sechs Jahren macht der Betrieb negative Schlagzeilen als »Giftbude« und »Giftschleuder« lokalen Ranges. Die Firma, die der Familie des Bundespostministers Dr. Christian Schwarz-Schilling gehört und von ihm bis 1982 geführt wurde, emittiert Blei – und zwar in den vergangenen Jahren in alle möglichen Grenzwerte übersteigenden Mengen – ausgerechnet auf einen Kinderspielplatz.

– Schon im November 1978 erreichten oder überstiegen die Proben, die aus der Erde des Spielplatzes gezogen wurden, die entsprechenden Meßdaten aus unmittelbarer Nähe der Bleihütte Nordenham und anderer hochgradig verbleiter Regionen wie Stolberg bei Aachen. Interner Behördenvermerk: Der untersuchte Kinderspielplatz ist »in hohem Maße durch die Emissionen der benachbarten Akku-Fabrik bleikontaminiert« und ein »potentielles Gesundheitsrisiko speziell für Kleinkinder«. »Anläßlich einer Überprüfung . . . am 24. 11. 1978 wurde vor Ort festgestellt, daß die über einen Wäscher gereinigte Abluft unter Dachhöhe seitlich an der Wand des Produktionsgebäudes entlang ins Freie abgegeben wurde, wie es vom Bau- und Wohnungsaufsichtsamt ohne Einschaltung der Umweltschutzverwaltung genehmigt wurde. Der Kinderspielplatz liegt neben dem Filter.«

– Im Januar 1979 sondierte man den Schnee dort und errechnete eine Bleibelastung von 1,4 Milligramm pro Quadratmeter und Tag (in 60 Metern Entfernung), von 2,0 (in 30 Metern Entfernung), von 6,0 (in 20 Metern Entfernung) und von 75,6 (in drei Metern Entfernung). Der sogenannte »Nachteils- und Belästigungswert«, der im Jahre 1983 der TA-Luft, der Technischen Anlage zur Reinhaltung der Luft, beigefügt wurde, liegt bei 0,25 mg/m^2 und Tag (Langzeitwert). Dies vermittelt Ihnen einen Eindruck von der Größenordnung der Belastung!

Interner Behördenvermerk: Es wurde eine Anordnung am 13. 2. 1979 erlassen bezüglich Entleerungsvorschriften für bleihaltigen Staub beziehungsweise bleihaltige Schlämme, für die Aufbewahrung und den Transport von Abfällen, für das Umfüllen von bleihaltigem Material und so fort.

– 1979 war dann das ganze Jahre über das Bundesgesundheitsamt tätig und notierte an verschiedenen Meßpunkten Jahresmittelwerte (!) bis zu 128,47 mg nahe der Firma; in der Siedlung 2,4–3,7 mg – also zehnfach höhere Werte, als die TA Luft vorgibt. Interner Behördenvermerk: »Die Einhaltung der Anordnung vom 13. 2. 1979 wurde in den folgenden Jahren mehrfach durch unangemeldete Betriebsprüfungen der Genehmigungsbehörde überwacht. Da sich anfangs wiederholt feststellen ließ, daß gegen die Anordnungen verstoßen wurde, wurde gegen den verantwortlichen Betriebsleiter ein Strafverfahren eingeleitet, das gegen Bezahlung einer Geldbuße 1982 eingestellt wurde.«

Falls Sie in Berlin wohnen oder mal Berlin besuchen, versäumen Sie nicht eine Besichtigung dieses Spielplatzes in der Fritz-Werner-Siedlung in Berlin-Marienfelde. Inmitten von schwärzlichen Mietskasernen liegt die Grasfläche des Kinderspielplatzes hautnah am Zaun zum Schwarz-Schillingschen Familienbetrieb. Es gab all die Jahre eigentlich nur zwei Möglichkeiten: Entweder die Firma schließen oder die Bevölkerung im nahem Umkreis evakuieren. Doch trotz aller Proteste insbesondere der Berliner Grünen, der Alternativen Liste (AL) geschah nichts Durchgreifendes. Immer aufs neue versicherte das Unternehmen, es sei alles in Ordnung, und rund 120 Meter entfernt in östlicher Richtung entstand sogar eine Eigenheim-Siedlung, in der heute 40 Kinder aufwachsen.

– Von 1981 bis 1984 schrieb der Senat für Stadtentwicklung und Umweltschutz fleißig die Jahresmittelwerte mit und kam zu der umwerfenden Erkenntnis, daß die Bleimengen abnahmen, je weiter man sich von Sonnenschein entfernt. Umgekehrt muß es heißen: Die Bleidosis

stieg, je näher man herankam, stieg ab 200 Metern über den oben genannten Grenzwert. Die Messungen des Bleis in der Atemluft (Schwebstaub) ergaben nach Meinung des Senats überhaupt keinen Anlaß zur Besorgnis: Jahresmittelwerte 1,6/0,5/0,66 Mikrogramm in einem Kubikmeter Luft. *Zwei* Mikrogramm ist jedoch der Grenzwert, bei dem laut TA Luft Gesundheitsschäden beginnen; es ist mühelos auszurechnen, daß bei einem Jahresmittelwert von 1,6 sicherlich zahlreiche weit über diesen Wert hinaus gehende Konzentrationsspitzen zu verzeichnen waren. Und diese kurzzeitige Belastung des Menschen durch Schadstoffe ist allen neueren Erkenntnissen nach die eigentliche Gefahr! Interne Behördennotiz: »Bei der Senatsverwaltung . . . setzte sich . . . die Auffassung durch, daß die Verlagerung des Betriebes auf ein besser geeignetes Grundstück die beste Lösung sei. Da eine derartige Umsetzung des Betriebes einen Aufwand von ca. 40 Millionen erfordert hätte, schloß die Firma Sonnenschein unter Hinweis auf ihre wirtschaftlichen Verhältnisse eine solchen Schritt aus.«
– In den Jahren 1982 bis 1984 wurden die Anwohner der Akku-Firma dann durch zwei Brände aufgeschreckt und von der Nachricht, daß der Ablauf für Regenwasser hochgradig bleibelastet war. Die Senatsverwaltung schloß den Ablauf, der Staatsanwalt ermittelte. Beamte des Gewerbeaußendienstes der Berliner Kriminalpolizei erkundeten Boden und Abwässer, beschlagnahmten Geschäftsunterlagen. Mehrfach forderte jetzt die Alternative Liste die Schließung der Bleiquelle; Eltern schlossen sich zu einer Bürgerinitiative »Sonne statt Blei« zusammen, Betriebsangehörige der Sonnenschein KG informierten die Öffentlichkeit über die Schlampereien innerhalb des Betriebes; das Fernsehmagazin »Panorama« machte die Sünden bundesweit publik. Der Sender Freies Berlin (SFB) wollte Genaueres über den Berliner Schnee wissen und ließ am 15. 1. 1985 vom Institut für Technischen Umweltschutz Schneeproben auf dem Kinderspielplatz ziehen und veröffentlichte die Ergebnisse in der Rundfunksendung »Rund um die Berolina«: Blei im Schnee 1676fach über dem Grenzwert der Trinkwasserverordnung. Es war nur recht und billig, die Trinkwasserverordnung zu zitieren, denn welches Kind hat noch keinen Schnee gegessen? Freilich, wenn ein Kleinkind in der Friedrich-Werner-Siedlung nur etwa zehn Gramm Schnee geschnappt und geschluckt hätte, wäre es wahrscheinlich an Gehirnschäden erkrankt. Ein Liter Bleischnee hätte sogar den Tod bedeuten können.

Eltern klagen an

Neunzehn junge Familien aus der neuen Siedlung unweit von »Sonnenschein« schrieben einen bewegenden Brief: »Wir sind 19 junge Familien, die ihre Ersparnisse im wahrsten Sinne des Wortes zusammengekratzt haben. 19 Familien, die ihr Leben lang eine halbe Million Mark abzahlen müssen und daraufhin Opfer in Kauf nehmen. 19 Familien, die nichts weiter wollten, als ihren Kindern ein schönes Zuhause beziehungsweise mehr Freiraum zu bieten. Familien, die sich ein bescheidenes Eckchen in Berlin aussuchten und nicht nach Dahlem oder Zehlendorf ziehen konnten.

Wir alle haben Kleinkinder beziehungsweise Säuglinge. Wir haben die Angst im Nacken. Unsere Kinder haben bereits gesundheitliche Schäden . . . Wir sind noch nicht einmal in der Lage hier wegzuziehen. Denn

1. Unsere Grundstücke sind stark wertgemindert.
2. Es finden sich bestimmt keine Käufer, es sei denn die Firma Sonnenschein plant Werkswohnungen.
3. Bekommen wir nicht mehr die gleiche Förderung.

Wir sind auf Gedeih und Verderb der Umweltverschmutzung seitens der Firma ›Sonnenschein‹ ausgeliefert.

Wir sollen . . . eine Empfehlungsliste über diejenigen Obst- und Gemüsesorten erhalten, die das Schwermetall Blei nicht so extrem aufnehmen. Wir sollen überwiegend in unserem Garten Gras aussäen. Wir sollen widerstandsfähige Büsche und Bäume anpflanzen (denn bei uns gingen jedes Jahr Kiefern, Tannen und Koniferen ein)!

Wir sollen unsere Kinder von den Beeren fernhalten beziehungsweise das Obst soll vorher gewaschen werden. Wir können unsere Kleinkinder doch nicht dressieren, wir können unsere Kinder nicht nur mit Verboten, was das Spielen im Freien angeht, beladen! Das widerspricht jeglicher Auffassung des kindlichen, naturgerechten Naturells.

Man hat hier neue Wohnhäuser gebaut, die aufgrund der hohen Immissionen nie hätten genehmigt werden dürfen. Man hat ausschließlich im Interesse der Firma gehandelt und die Wertigkeit Menschen, Tiere, Sachwerte umgedreht in Sachgüter, Tiere . . . (Menschen)!«

Die Klagerufe verhallten ungehört. »Der Fall ist erledigt«, verkündete Anfang Februar Berlins Umweltsenator Horst Vetter (FDP), die Gesundheit der Bewohner sei nicht gefährdet, das sei ihm von kompetenten Fachleuten des Bundesgesundheitsamtes zugesichert worden.

»Eine Gesundheits*gefährdung* ist gegeben, war immer gegeben«, sagte dagegen der zuständige Schwermetall-Experte des Bundesgesundheitsamtes Professor Thron. Aber er verneinte eine Gesundheits*schädigung*. Man habe den Bleigehalt des Blutes der Anwohner untersucht und nichts Auffälliges gefunden.

In der Tat lag der Blutbleigehalt bei »nur« vier Kindern über 10 Mikrogramm/100 Milliliter. Jedoch geben die Blutbleiwerte nur die augenblickliche Belastung an: Wie es in Knochen, Leber und Nieren der Sonnenschein-Kinder aussieht, das wissen wir erst in einigen Jahren, wenn vielleicht Erkrankungen des blutbildenden Systems und des Zentralen Nervensystems manifest werden.

Krank macht *mich,* daß beamtete Umweltwissenschaftler und gewählte Volksvertreter immerzu auf die Gesundheits*schädigung* schielen. Ein Kind muß erst in den Brunnen gefallen sein, dann wird der Brunnen abgedeckt. Eine Bleiquelle muß erst die Gesundheit nachweislich ruiniert haben, dann wird sie (vielleicht) verstopft. Es ist ein wahnsinniges Prinzip unserer Gesellschaft, erst riesige Schäden auftreten zu lassen, um dann mit irrwitzig viel Geld die Reparaturen zu bezahlen. Die gewaltige Kostenexplosion im Bereich der Krankenversicherungen hat ihre Ursache in der mangelhaften Gesundheitsvorsorge. »Der Volkswirtschaft der Bundesrepublik Deutschland würden, um die Luftverschmutzung hinsichtlich Schwefeldioxid und Stickoxide ... um 60 Prozent zu reduzieren, pro Jahr *Kosten* in Höhe von etwa 4,5 Milliarden entstehen«, berechnete zum Beispiel *Dieter Teufel* vom *IFEU-Institut* Freiburg. Volkswirtschaftliche Schäden werden verursacht ... »in Höhe von 11 bis 17 Milliarden Mark«.

40 Millionen Mark hätte es gekostet, die Firma »Sonnenschein« zu evakuieren – die Kosten für die Schäden an Leib, Leben und Sachen sind nicht zu beziffern. Unter dem schützenden Mantel des Umweltsenators stellte die Schwarz-Schillingsche Familienfirma die Situation völlig auf den Kopf. Nicht sie war schuld, sondern die Anschuldiger waren es. Sie pries ihre umweltverbessernden Maßnahmen über den grünen Klee, wies darauf hin, daß eine moderne Bleimühle installiert wird, warf zwei Angestellte, die sich kritisch geäußert hatten, hinaus, überzog die Panorama-Redaktion mit Gegendarstellungen. Und der Vorsitzende der Geschäftsführung blähte sich auf und sagte, daß man nach dem Verzehr von einem halben Liter Bleischnee keinesfalls tot sei (zitiert nach der *Süddeutschen Zeitung* vom 25. 1. 1985).

Im Juni 1985 schließlich hatte dann doch für kurze Zeit der Umweltschutz Erfolg. Vier Berliner, darunter ein Kind – vertreten durch den schon in Sachen Buschhaus unermüdlichen Rechtsanwalt Rainer Geulen –, klagten vor dem Verwaltungsgericht auf die sofortige Schließung des Betriebes und gewannen. Sonnenschein mußte dichtmachen, und Bundespostminister Schwarz-Schilling machte als Blei-Mann der Nation Schlagzeilen. Das Berliner Oberverwaltungsgericht freilich beeilte sich, die sofortige Schließung der Batteriefabrik rückgängig zu machen. So herrscht vorerst wieder Sonnenschein – und Finsternis in Sachen Umweltschutz.

Blei im Benzin – Blei im Blut

In den USA werden jährlich 1,3 Millionen Tonnen Blei verbraucht oder verarbeitet, ein Teil davon gelangt in die Atmosphäre, verpestet und vergiftet die Umwelt. Größte Giftschleudern sind die Kraftfahrzeuge, die bleihaltiges Benzin verbrennen. Es klingt banal, doch es ist so: *Je mehr Blei im Benzin, desto mehr Blei in der Luft, desto mehr Blei im Blut*. Ein Fülle von Arbeiten bestätigt dies (Zusammenfassung bei *Joseph L. Annest* in *The New England Journal of Medicine,* 1983):

– Benzinblei wird in die Luft geblasen, schlägt sich nieder in und mit Schmutz, Staub und Laub.

– Die Vorgärten von Häusern an dichtbefahrenen Straßen hatten zwei- bis dreimal soviel Blei im Boden wie die Hintergärten.

– Der Hausstaub in der Stadt enthält doppelt soviel Blei wie der Hausstaub in vergleichbaren Wohnungen in den Vorstädten.

– Der Bleigehalt in der Luft nahm in den USA von 1970 bis 1979 um 41 Prozent ab. (Gemessen an 105 übers Land verteilten Meßpunkten.) In der gleichen Zeit war die Bleimenge im Benzin – wegen neuer gesetzlicher Regelungen – um 40 Prozent gesunken (Militärfahrzeuge ausgenommen).

– Der Blutbleispiegel folgt dem Benzinbleispiegel! *(Abb. 6)* Über mehrere Jahre hinweg fiel – dank der 1976 verschärften Bestimmungen in den USA – der mittlere Blutbleipegel unter zehn Mikrogramm pro 100 Milliliter Blut. Anfang 1976 »konsumierten« die Autofahrer mit dem Benzin in ihren Autos 103 000 Tonnen Blei im halben Jahr, 1980 waren es nur noch knapp 50 000 Tonnen.

Abb. 6:
Zusammenhang zwischen Blutbleigehalt und Benzinbleigehalt

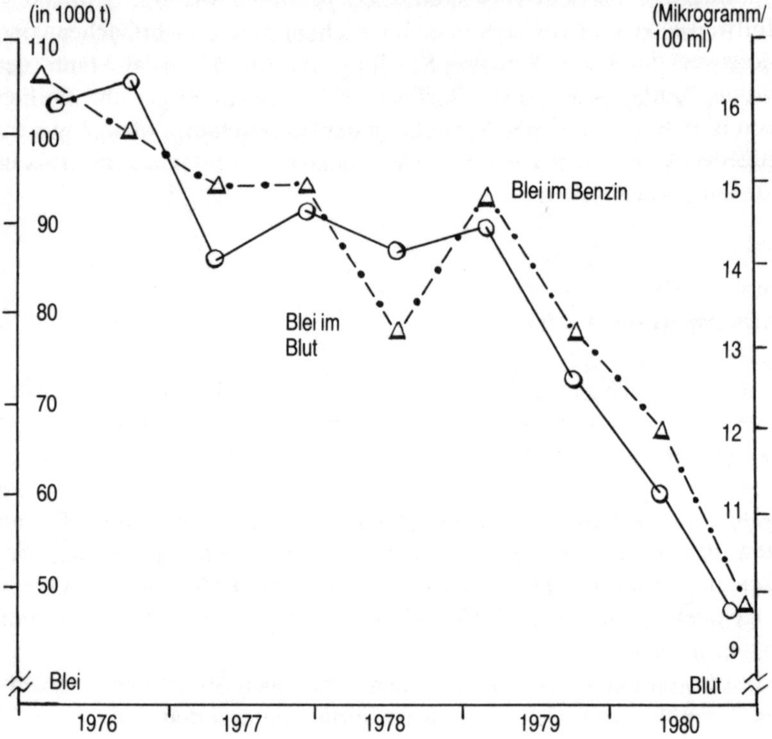

Je weniger Blei im Benzin, je weniger Blei im Blut. Die halbjährlich dem Benzin beigemengte Bleimenge sank in den USA auf 50 000 Tonnen. Der Bleipegel im Blut auf 9,8 Mikrogramm (Quelle: EPA).

Bleilandschaft Bundesrepublik

Auch in der Bundesrepublik wurde ähnlich wie in den USA vom Gesetzgeber versucht, den Bleigehalt im Benzin herabzudrücken. Das »Benzin-Blei-Gesetz« von 1971 brachte eine Reduzierung des Bleigehalts zunächst auf 0,4 Gramm pro Liter (g/l) und dann ab 1. Januar 1976 eine nochmalige Verringerung auf 0,15 g/l. Im Gegensatz zu den

Bleiemissionen aus industriellen Anlagen sind jedoch Bleiemissionen aus den Kraftfahrzeugen nach 1976, bedingt durch den erhöhten Verbrauch, *kontinuierlich angestiegen* (*Umweltbundesamt* 1983). Teilweise wurde an dichtbefahrenen Straßenkreuzungen der Immissionswert der TA Luft (Technische Anleitung Luft) für Blei von zwei Mikrogramm pro Kubikmeter überschritten. Die Bundesrepublik wird von Blei, aber auch Arsen, Quecksilber und Cadmium, weitaus stärker zugedeckt als bisher angenommen. Nach Berechnungen des Instituts für angewandte physikalische Chemie der Kernforschungsanlage Jülich (*Schladot,* 1982) »regnet« es nicht 3000 Tonnen Blei im Jahr, sondern 7500 Tonnen. Wieder sehen wir: Die Umweltqualität in der Bundesrepublik hat sich – allen amtlichen Beteuerungen zum Trotz – *verschlechtert.*

Blei – eine teuflische Geschichte

90 Prozent des Bleis in der Atmosphäre um uns herum stammen aus dem Benzin. Im Jahre 1921 hatte man herausgefunden, daß Blei im Benzin den Oktangehalt erhöhte, es also klopffester machte, und zwar sogenanntes *organisches Blei, Tetraäthylblei.* Das brachte auf den ersten Blick nur Vorteile: Mit höherer Oktanzahl konnten höhere Kompressionsraten des Motors erzielt werden, das wiederum bedeutet Verbesserung der thermischen Wirksamkeit und Einsparung beim Benzinverbrauch. Die später entdeckten Nachteile: Das Blei lagerte sich sehr stark in der Verbrennungskammer ab, Zündkerzen, Ventile und Kolbenringe verschlissen schneller, der Kolben selbst wurde leichter undicht. Fortan wurden sogenannte »Bleiverflüchtiger« zugesetzt, meist Äthylenbromide, die teuflischerweise sehr krebserregend bei Tieren sind und die vom Nationalen Krebs-Institut der USA als potentielle Krebserreger angeprangert werden. Das organische Blei, das Tetraäthylblei selbst, ist ebenfalls ein hochgefährliches Gift. Es wirkt zerstörend auf alle Organismen, auf Mensch, Tier und Pflanze. Organoblei wurde sogar als chemischer Kampfstoff getestet, es greift das Nervensystem an und hieß früher »Wahnsinnsgas«.

Dies erscheint jedoch harmlos im Vergleich zu dem, was Wissenschaftler jetzt herausgefunden haben: Tertraäthylblei wird mit dem Benzin *nicht* vollständig verbrannt, sondern entkommt in unsere Atmosphäre und wirkt dort nach Umwandlung in Triäthylblei als mörderisches Zellteilungsgift.

Ich möchte noch einmal unterscheiden: Das dem Benzin zugesetzte Blei ist Tetraäthylblei, »organisches Blei«. In der Bundesrepublik werden jährlich dem Benzin 4500 Tonnen Tetraäthylblei zugesetzt, weltweit geschätzt 400000 Tonnen. Aus dem Auspuff kommen rund 75 Prozent nunmehr anorganisch gebundenes Blei heraus – jenes Blei, von dem bisher die Rede war. Ein winziger Rest Tetraäthylblei »übersteht« ebenfalls den Verbrennungsvorgang.

Die Forschungsarbeiten, die jetzt den Wirkungsmechanismus von Tetraäthylblei aufgedeckt haben, lesen sich wie eine Detektivgeschichte, in der ein jahrelang gesuchter Mörder aufgespürt wird. Die wesentlichen Erkenntnisse stammen vom Max-Planck-Institut für medizinische Forschung, Heidelberg, und dem Institut für Botanik der Universität Hohenheim (*Heinz Faulstich* u. a., 1984/85; *Gerhard Röderer* u. a., 1983).

Tetraäthylblei ist eine flüchtige und instabile Substanz, die sich in der Atmosphäre weit verteilt und relativ schnell abgebaut wird. Es entsteht *Triäthylblei,* ein *salzartiger und außergewöhnlich giftiger Stoff.* Triäthylblei ist wasserlöslich, passiert ungehindert Zellmembranen, hemmt die Zellteilung. Elektronenmikroskopische Untersuchungen enthüllten: Triäthylblei greift direkt das *Cytoskelett* der Zellen an, und zwar diejenigen Proteine (Eiweißstoffe), die Gerüst- und Transportfunktionen erfüllen und auch bei der Zellteilung eine wesentliche Rolle spielen, die *Mikrotubuli.* Schon geringste Konzentrationen von Triäthylblei legten die Mikrotubuli lahm. *Für die Säugetierzelle bedeutete das den Tod.* Versuche, die mit Nervenzellen im Krebsforschungszentrum Heidelberg gemacht wurden, zeigten: Schon in Spuren wirkte Triäthylblei tödlich. Das »Wahnsinnsgas« hat seinen Namen zu Recht.

Baumsterben durch Organoblei

Experimente mit Pflanzenzellen kamen zu ähnlichen Resultaten: Kleinste Mengen von Organoblei ließen die Zellen niederer sowie höherer Pflanzen (10^{-6} bis 10^{-7} molar) absterben. »Die aus einem Liter unverbranntem, verbleitem Benzin entstehende Menge an Triäthylblei würde ausreichen, etwa 700 Liter Kulturmedium ... Säugetierzellen oder Sojabohnenzellen zu vergiften«, schreibt Professor Dr. *Heinz Faulstich* (1984) und fragt (1985): »Da die Giftigkeit von Triäthylblei nicht nur für tierische Zellen, sondern auch für Pflanzenzellen seit langem bekannt ist, stellt sich die Frage, warum Triäthylblei nicht in die Liste der Schadstoffe aufgenommen wurde, die als potentielle Verursacher der neuartigen Waldschäden gelten.«

Triäthylblei ist zwar in der Atmosphäre in nur geringer Konzentration vorhanden, aber ein einfaches Rechenexempel beweist, daß seine Wirkung unterschätzt wurde. Ein für Pflanzen schädlicher Saurer Regen erfordert eine Konzentration von Stickstoffoxiden oder Schwefeldioxid, die bei 10^{-4} molar liegt. (Molar ist das Molekulargewicht in Gramm pro Liter.) Die giftige Wirkung von Triäthylblei liegt aber schon bei *100- bis 1000fach niedrigeren Konzentrationen*. Das bedeutet, daß in einem Schadstoffgemisch Triäthylblei nur 0,1 Prozent der gesamten Masse ausmachen muß, um vergleichbar starke Giftwirkungen zu erzielen. Wie nun wirkt Triäthylblei auf ganze Pflanzenorganismen, wie gefährlich ist es in unserer Atmosphäre?

Die Wissenschaftler des Max-Planck-Instituts für medizinische Forschung in Heidelberg gingen Schritt für Schritt vor: Sie betupften drei Wochen lang Rizinuskeimlinge auf ihren Keimblättern mit Triäthylblei. Die Keimblätter begannen nach drei Tagen zu welken und waren nach drei Wochen völlig abgestorben. Vier Jahre alte Weißtannen wurden sechs Wochen lang mit triäthylbleihaltigem Wasser besprüht. Die im Frühjahr heranbrechenden Triebe, die der Sonne zugewandt waren, zeigten eine deutliche Vergiftung. »Das waren Hinweise, aber keine Beweise«, sagt Professor Faulstich. »Die Frage war, ob das Gift in der Umwelt überhaupt in ausreichendem Maße vorhanden ist und in die Pflanzen eindringt.«

Die einzige Quelle des Triäthylbleis ist – wir sahen es schon – das Tetraäthylblei aus unverbranntem Benzin. Auf Landstraßen wurden verschwindend geringe Mengen gemessen: zwei Milliardstel Gramm in einem Kubikmeter Luft (ng/m^3), auf vielbefahrenen Straßen 80, in Tiefgaragen bis 678 ng. (Zum Vergleich: Anorganisches Blei bis über 7000 ng). Jedoch alle diese Messungen sind Makulatur. Triäthylblei nämlich fand sich zwar nur in Minimalmengen in der Luft, aber in außergewöhnlich hohem Maß in Niederschlägen. Das Triäthylbleisalz löste sich in der Luftfeuchtigkeit, sobald diese kondensierte, also Nebel oder Wolken bildete. In 90 Regenproben aus dem Hochschwarzwald wurden Triäthylbleikonzentrationen zwischen 10^{-8} und 10^{-7} molar, manchmal auch 3×10^{-7} gefunden – *Konzentrationen also, die tierische und pflanzliche Zellkulturen abgetötet hatten*. Blieb noch die Frage, ob das im Regenwasser vorhandene Gift auch von Pflanzen aufgenommen wird. Antwort: Nadeln von Tanne, Fichte und Kiefer, aber auch die Blätter von Buche, Ahorn, Eiche und Esche, nahmen das Triäthylblei innerhalb von *zehn Minuten* auf. Versuche, das Gift wieder zu entfernen, zum Beispiel durch Waschen mit Wasser, waren vergeblich. Das meiste Gift nahmen die Nadelbäume auf, Tanne, Fichte und Kiefer *(Abb. 7)*. »Es kann«, so Professor Faulstich, »als erwiesen gelten, daß Triäthylblei ein möglicher, vielleicht sogar ein wichtiger Faktor bei der Entstehung der sogenannten neuartigen Waldschäden ist.«

Was sagte 1925, einige Jahre nach der Einführung des Bleibenzins in Amerika, der Züricher Mediziner H. Zangger? »Die Tatsache, daß ein so gefährliches Produkt in so ungeheuren Mengen produziert und verwendet wird, zeigt, daß man überall da, wo ein mechanischer Vorteil erreicht werden kann, gegenüber weniger sichtbaren Gefahren blind ist.«

Die ungeheuren Mengen von 1925 beliefen sich auf jährlich 183 Tonnen.

Selbstmord mit Auspuffgasen

Selbstmörder leiten die Auspuffgase eines Autos nach innen, um zu sterben. Autoverkehr auf engstem Raum ist eine Art kollektiver Selbstmordversuch. Außer Blei emittieren die Pkws, Lkws und Busse jede Menge Kohlenmonoxid, Kohlenwasserstoffe, Stickoxide und feine Partikel zumeist krebserregender Stoffe. Vergleiche auch die Kapitel: »Ein Land erstickt« und »Gottes Geißel Krebs«.

– *Kohlenmonoxid* behindert den Sauerstofftransport im Blut, weil die Affinität des Hämoglobin, des Blutfarbstoffes, zu CO 200mal größer ist als zu Sauerstoff. Menschen mit geschwächtem Herzen oder Patienten, die unter Angina pectoris (Herzenge) leiden, sind besonders gefährdet. Die Weltgesundheitsorganisation (WHO) empfiehlt, nur zehn Milligramm CO pro Kubikmeter für eine Zeit von acht Stunden zuzulassen.

Abb. 7:
Die Wirkung von Triäthylblei auf die Wälder

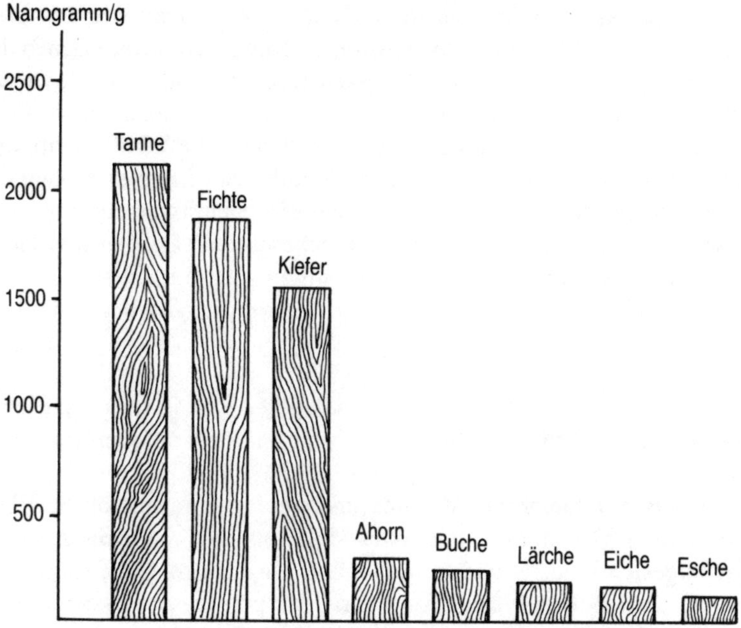

Besonders die Nadelbäume werden von dem Triäthylblei attackiert: Sie nehmen das Gift besonders intensiv auf. (Aufnahmekapazität in Nanogramm pro Gramm Blattorgan Frischgewicht) (Quelle: Faulstich).

– *Stickoxide* greifen den Atemtrakt an. Die Folge: Zunahme von Atemwegsinfektionen, zunehmende Atembeschwerden bei Asthma. Kinder erkranken vermehrt an Husten, Schnupfen und Halsschmerzen. Werte von mehr als 320 Mikrogramm Stickoxid pro Kubikmeter Luft sind gesundheitsschädlich, warnt die WHO.
– Von den *Kohlenwasserstoffen* sind die polyzyklischen aromatischen Kohlenwasserstoffe wie das Benzpyren als krebserregend identifiziert worden.

– Aus der Reaktion von Stickoxiden und Kohlenwasserstoff unter Einwirkung von Sonnenlicht mit dem Sauerstoff in der Luft entstehen die sogenannten photochemischen Oxidantien wie *Ozon* und Peroxiacetylnitrat (photochemischer Smog). Ozon verursacht Augenentzündungen, Kopfschmerzen, Husten, Atembeschwerden. Die Lungenfunktion wird reduziert, Asthma-Anfälle häufen sich. Photochemische Verunreinigungen stören auch das Wachstum von Feldfrüchten. Der in den USA durch photochemischen Smog entstehende Schaden wird pro Jahr auf 1,9 bis 4,3 Milliarden Dollar geschätzt. Die WHO empfiehlt: Nicht mehr als 120 Mikrogramm pro Kubikmeter in einer Stunde.
– Der »Saure Regen« ist letztlich auch ein chemisches Gebräu von Schwefeldioxid, Stickoxiden und photochemischen Oxidantien. Jeder Autofahrer ist folglich gewollt oder ungewollt ein kleiner Giftmischer.

Stickoxide auf Steilkurs

Angesichts der Gefahren, die uns und unserer Umwelt durch Blei, insbesondere Organoblei, und Schadstoffe aus den Autoabgasen drohen, angesichts der Schäden, die schon eingetreten sind, mutet die Debatte um das Katalysator-Auto geradezu pervers an. In der Regierungserklärung vom 19. Oktober 1969 (Willy Brandt) strich die Bundesregierung den Umweltschutz als einen Schwerpunkt ihrer künftigen Arbeit heraus. Die mittel- und langfristigen Ziele wurden in einem »Umweltprogramm« formuliert und der Öffentlichkeit vorgestellt (Bundesdrucksache VI/2710 vom 14. 10. 71). Da hieß es zum Beispiel, daß bis 1980 (!) die Schadstoffe im Abgas von Kraftfahrzeugen mit Otto-Motoren schrittweise auf ein Zehntel (!) der Durchschnittswerte von 1969 zu verringern seien. Und zwar Kohlenmonoxid (CO), Kohlenwasserstoffe (HC), Stickoxide (NO_x), Blei und Geruchsstoffe.

Betrachte ich heute die durch gesetzliche Regelungen erreichten Werte, so tränen mir die Augen. Die Fahrzeuge von heute (1985!) emittieren

- 43 Prozent der CO-Emissionen von damals,
- 75 Prozent der HC-Emissionen,
- 130 Prozent der NO_x-Emissionen.

Sie lesen richtig: Der Ausstoß an Stickoxiden ist – eine *Folge* der

Abgas-Gesetzgebung – um 30 Prozent angestiegen! Im Gegensatz zur Bundesrepublik wurde in den USA und auch in Japan das Ziel erreicht, die Schadstoffe auf ein Zehntel herabzudrücken *(Umweltbundesamt,* 1983). US-Fahrzeuge von heute verpuffen im Vergleich zu früher nur noch

- 5 Prozent CO
- 5 Prozent HC
- 10 Prozent NO_x

Da seit 1970 in der Bundesrepublik 70 Prozent mehr Autos fahren und die Bundesbürger insgesamt wesentlich mehr Kilometer hinter sich bringen als früher, sind die Gesamtemissionen trotz Abgasgesetzgebung zum Teil *kräftig gestiegen (Abb. 8).* Nur Kohlenmonoxid zeigt einen rückläufigen Trend, während die Stickoxide gewaltig zulegten. Als Fazit der Bilanz der bisherigen Abgasgesetzgebung in der Bundesrepublik Deutschland kann festgehalten werden, so das Umweltbundesamt (*K. Becker,* 1985):

1. Ein begrenzender beziehungsweise verminderter Effekt ging bisher lediglich von den CO-Grenzwerten aus.
2. HC- und NO_x-Grenzwerte sind *zu hoch* festgelegt worden. Einen begrenzenden Effekt haben sie nur in Einzelfällen.
3. Um den Anstieg der NO_x-Emissionen zu verhindern, hätten NO_x-Grenzwerte bereits bei der Einführung der Abgasvorschriften, also 1971, festgelegt werden müssen, und zwar *in der richtigen Höhe.*

Als Fazit der Bilanz der bisherigen Abgasgesetzgebung kann ich nur festhalten: betrügerischer Bankrott.

Die Katalysator-Klamotte

Jahrelang und auch heute noch wird dieser betrügerische Bankrott in Sachen umweltfreundliches Auto mit schönen Reden vertuscht. Automobilhersteller, Ölkonzerne und Politiker der Europäischen Gemeinschaft (EG) inszenierten von 1983 bis 1985 ein gigantisches Verwirrspiel, mal Komödie, mal Komische Oper, mal Tragödie. Im Mittelpunkt: Das sogenannte *Katalysator-Auto,* medienwirksam und mundgerecht auch *Kat-Auto* genannt. Mit Hilfe von Katalysatoren könnten nämlich die Schadstoffe in den Autoabgasen, könnten Kohlenmonoxid, Stickoxide und Kohlenwasserstoffe auf Anhieb um bis zu 90

Abb. 8:
Benzinverbrauch und Emissionen in der Bundesrepublik von 1970 bis 1984

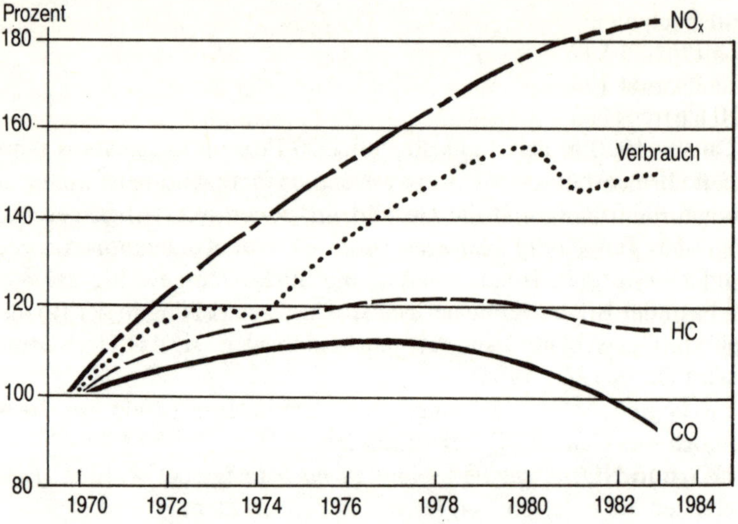

Ausgehend von 1970 als 100 Prozent sank die Emission von Kohlenmonoxid (CO). Kohlenwasserstoffe (HC) liegen noch über der Marke von 1970, die Emissionen von Stickoxiden haben sich fast verdoppelt (Quelle: Becker)

Prozent reduziert werden – die USA und Japan haben es vorgemacht. Doch die Katalysatoren sind nur mit *bleifreiem* Benzin wirksam zu betreiben. Bleifreies Benzin war aber in Europa nicht zu haben, da eine unsägliche EG-Richtlinie verbot, den Bleigehalt im Benzin unter 0,15 g/l zu senken. Auch heute noch gilt in der EG – die Bundesrepublik ausgenommen, die 0,15 g/l vorschreibt – der fabelhafte gesundheitsschädliche Grenzwert 0,4 g/l!

In den USA wurden die Abgas-Vorschriften zum Wohle der Umwelt schon 1975 verschärft. Die Autoproduzenten – und auch die Autoimporteure! – mußten zur Einhaltung dieser Vorschriften Abgaskatalysatoren auf den Markt bringen. Gleichzeitig wurde die Umweltbehörde (EPA) ermächtigt, bestimmte Benzinzusätze zu verbieten: Sie *ver-*

pflichtete die Mineralölfirmen, unverbleites Benzin anzubieten. Marktanteil des bleifreien Benzins heute: 65 Prozent. Doch herrscht nicht eitel Sonnenschein: Da das Blei-Benzin billiger ist, tanken sich clever vorkommende Amerikaner mit Hilfe besonderer Einfüllstutzen auch heute noch bleihaltigen Kraftstoff. Die Folge: Die Katalysatoren gehen kaputt, die Auspuffgase sind giftiger als zuvor. Japan fand die geschickteste Lösung. Auch dort wurden 1975 die Abgasvorschriften verschärft, gleichzeitig aber wurde die Umrüstung von Normalbenzin auf bleifreies Benzin *vorgeschrieben*. Die Besitzer alter Fahrzeuge hatten nur noch die Möglichkeit, bleihaltiges *Superbenzin* zu tanken, das natürlich teurer war als das bleifreie Normalbenzin. Glückliches Japan: 1983 waren nur noch zwei Prozent (!) des Kraftstoffs bleihaltig. Und auch du, glückliches Österreich: Seit April 1985 gibt es anstelle von Normalbenzin bleifreies »Ökobenzin«, ab 1987 werden über 1,5 Liter Hubraum nur noch Kat-Autos importiert.

Eine unendliche Geschichte

Wenn ich diese Retrospektive lese, drängt sich mir zwangsläufig der Gedanke auf: Das sind schöne Beispiele, denen man mit ein bißchen gutem Willen hätte folgen können. Das Umweltbundesamt belieferte denn auch das Innenministerium in Bonn und die Umweltminister der Länder mit Bergen von Papier, die in präzisen Vorschlägen mündeten:

1. Ab Stichtag nur noch unverbleites Benzin.
2. Gleichzeitig Gesetz zur Einführung des Kat-Autos, damit das bleifreie Benzin auch abgenommen wird.
3. Änderung der unsäglichen EG-Richtlinie, Aufheben der unteren Grenze von 0,15 g/l.
4. Änderung der Mineralölsteuer. Malus für bleihaltiges Benzin.
5. Änderung der EG-Abgas-Richtlinien.

Doch praktische Entscheidungen verknäuelten sich mit nationalen und internationalen wirtschaftlichen Interessen. Ein Berg von Versprechungen kreißte, und heraus kam eine Maus von einem Kompromiß.

Das Katalysator-Auto kommt in zwei Jahren, hieß es, nein, in fünf Jahren, nein, je nach Hubraum gestaffelt in fünf, acht oder zehn Jahren. Steuerfreiheit je nach Hubraum zehn, sieben, fünf oder vier Jahre, nein,

30 Monate, 61 Monate, 44 Monate, 35 Monate. Eine wahrhaft unendliche Geschichte mit bitterem Ende. Die Umweltminister der EG einigten sich im Juni 1985 auf einen faulen Kompromiß. Die neuen Grenzwerte für die Autoabgase sind so bemessen, daß auf den Katalysator *verzichtet* werden kann, das heißt im Klartext: Der Patient, der siechende Wald, wird weiter begast, bis er endlich tot ist.

6. Außer Atem

Wer von der Stadt aus
in den Erholungspark will,
muß den Friedhof passieren.
Mathias Schreiber,
Landschaft bei Dormagen

Das Kraftfahrzeug, das Automobil, das selbständig sich Fortbewegende, das liebste Spielzeug des Deutschen, das Gerät, das auch dem Ohnmächtigen das Gefühl der Macht suggeriert, ist in den letzten Jahren mit Recht zum Mittelpunkt einer Öko-Kampagne geworden (wobei die Lastkraftwagen als Mit-Giftmischer zu sehr vernachlässigt wurden). Es ist klar, daß die Entscheidung eines selbständig *denkenden,* umwelt*bewußten* Bundesbürgers nur lauten kann: Kauf eines Katalysatorautos oder Verzicht auf den Ottokraftstoffmotor überhaupt. Die Debatten über das Kat-Auto, die alleinige Schuldzuweisung an das geplagte Individuum, haben jedoch viele Hauptverschmutzer benutzt, sich *klammheimlich aus der Verantwortung zu stehlen*. Die Energieversorger, die Großemittenten der Industrie, die Sonnenverdunkler in Klein- und Mittelgewerbe sind an der Misere um uns *hauptbeteiligt*. Gegen diese Umwelt*frevler* – um eine Wortschöpfung aus Dieter Hildebrandts und Gerhard Polts schwarzer Korruptionskomödie *München leuchtet* zu verwenden –, gegen diese Umweltfrevler kämpfen Bürgerinitiativen landauf, landab, vergebens. Ihnen kann das schmutzige Handwerk nur durch *Herabsetzung der Grenzwerte, Offenlegung der Meßwerte, Kontrolle der Emissionswerte* gelegt werden – eine politische Entscheidung. Politikern, die sich dieser Entscheidung verschließen, wird bald eine Wählergruppe davonlaufen, die in sich völlig verschiedene Menschen vereinigt und die nur einen gemeinsamen Nenner hat: Es sind allesamt Großstadtbewohner, Bewohner von Ballungsgebieten.

Die Stadt – eine »black box«

Die lufthygienische Situation in den Großstädten, die Stadtatmosphäre mit ihren tausend Fremdstoffen, ist bis zu dem heutigen Augenblick in ihrer Gesamtheit eine »black box«, ein schwarzer Kasten (*Schlipköter,* 1983). Luftverunreinigung und ihre medizinische Bedeutung wird in der Regel anhand von einzelnen Schadstoffen abgeschätzt. Wir haben dies in den vorhergehenden Kapiteln getan und uns durch Schwefeldioxid, Stickoxide, photochemischen Smog, Kohlenmonoxid, Blei und Organoblei hindurchgearbeitet und versucht, die Gefährlichkeit der einzelnen Substanzen für den menschlichen, tierischen und pflanzlichen Organismus abzuschätzen. Dieses Vorgehen ist jedoch nur eine *Hilfskonstruktion* – und darin folge ich Professor Hans-Werner Schlipköter, der zu den unermüdlichen Warnern in der Schadstoffwüste Bundesrepublik zählt. Die biologische Wirkung und die Kombinationswirkung der »luftfremden« Stoffe ist noch weitgehend unbekannt und muß deshalb »als latente Gefahr« betrachtet werden.

Die Beurteilung der Stadtatmosphäre und ihrer krankmachenden Faktoren ist laut Schlipköter auch deswegen so schwierig, weil der Faktor *Rauchen* ebenso berücksichtigt werden muß wie Wohndichte, Heiz- und Kochgewohnheiten, Arbeitsplatz und sozioökonomische Bedingungen. Verstärkt gilt das Interesse der Wissenschaftler auch der sogenannten *indoor-pollution,* der Innenraum-Verschmutzung. Vor einigen Schadstoffen, zum Beispiel vor Stick- und Reizgasen, schützt die Wohnung, sofern man *nicht* das Fenster aufmacht! Doch Schadstoffe, insbesondere organische Chemikalien wie zum Beispiel Formaldehyd, sind da drinnen oft in größeren Mengen zu finden als da draußen.

Der tödliche Stadtfaktor

Die Großstadtluft ist in den letzten Jahren im In- und Ausland immer häufiger auf ihre *krankmachenden* und *todbringenden* Faktoren untersucht worden. Epidemiologische Studien sollten herausfinden, ob Morbidität und Mortalität in Ballungs- und Belastungsgebieten *grundsätzlich* erhöht sind. Dosis-Wirkung-Analysen beschäftigten sich mit den einzelnen Stoffen selbst und ihrer Brisanz in Kombination. Dabei wurde die Liste der verderbenbringenden Stoffe immer länger: Nicht nur Schwefeldioxid, Stickoxide, Photooxidantien, Kohlenmonoxid, Blei und polyzyklische aromatische Kohlenwasserstoffe (Benzpyren!) wurden untersucht, sondern mehr und mehr galt das Interesse den *Stäuben*.

Staub besteht aus natürlichen Körnchen, Pollen, Fasern..., *Staub* ist aber auch je nach Wohnlage ein chemisch äußerst unterschiedlich zusammengesetztes Produkt. Staubpartikelchen sind ein Konglomerat aus zum Beispiel toxischen Schwermetallen (Blei, Cadmium u. a.), SO_2, NO_x, Photooxidationsprodukten, Asbestfasern, polyzyklischen aromatischen Kohlenwasserstoffen, »Dioxinen« und anderen Ultragiften, Abrieb von Kfz-Reifen... Das *Gefährdungspotential von Staub wird weitgehend unterschätzt* (*Wassermann,* 1984).

Stäube beziehungsweise im weiteren Sinne die *Schwebstoffe* bestehen aus mehr als 500 Komponenten. Um die Vielzahl der Inhaltsstoffe des Schwebstaubes in ihrer Wirkung auch nur *annähernd* zu erfassen, haben Hans-Werner Schlipköter und seine Mitarbeiter (*Seemayer* u. a., 1980) in den Städten Duisburg, Gelsenkirchen, Düsseldorf und Bochum Staubproben aus der Luft gesammelt und die Wirkung auf menschliche und tierische Zellen getestet. Die Ergebnisse:
– Die »alltäglichen« Großstadtstäube schädigen je nach Dosis und Dauer die Zellen, sind also *zytotoxisch*.
– Die Großstadtstäube können das Erbgut der Zellen beeinflussen, können folglich *mutagen* sein.
– Die Stäube besitzen eine krebserzeugende Wirkung, sind also *kanzerogen*.

Dem sei im Augenblick nur eine angsteinflößende Untersuchung hinzugefügt (siehe auch: »Gottes Geißel Krebs«), die die Düsseldorfer Luft mit der Luft im Bergischen Land verglich: Aus tierexperimentellen Daten geht hervor, *»daß die Kanzerogenität der Luft in Düsseldorf etwa um den Faktor 10 höher liegt als in der Luft im Bergischen Land«*. Ich wiederhole: *Die Düsseldorfer atmen eine zehnmal mehr krebserzeugende Luft als die Bewohner des Bergischen Landes* (zitiert nach *H. W. Schlipköter,* 1983).

Dies ist getrost, oder besser gesagt, traurigerweise in seiner Grundaussage auf alle Großstädte zu übertragen. Menschen in Großstädten erkranken häufiger an Krebs (insbesondere Lungenkrebs), sterben häufiger an Krebs (insbesondere Lungenkrebs) als die Bewohner offener Landstriche. Wissenschaftler sprechen von dem *Stadtfaktor.* Es ist an der Zeit, von *dem tödlichen Stadtfaktor* zu sprechen.

Großstadtluft macht krank

Der tödliche Stadtfaktor ist aber sicherlich zunächst immer ein krankmachender. Die Beweise sind erdrückend:

– In den hochbelasteten Gebieten des Ruhrgebiets ist der allgemeine Gesundheitszustand bei Frauen *erheblich* und bei Männern *etwas schlechter* als in den weniger belasteten Gebieten.

– Die Bewohner einer norwegischen Industriestadt litten im Vergleich zu den Einwohnern eines Städtchens ohne Industrie vermehrt an Gesundheitsstörungen, wie Atemwegserkrankungen, aber auch Kopfschmerzen.

– In Krakau ergab eine Studie, daß chronische Bronchitis sich häuft bei ansteigender Luftverunreinigung *bei Rauchern,* daß akute Verschlimmerung chronischer Atemwegserkrankungen aber *nur* zu tun hat mit der Verschmutzung der Luft. Das Risiko einer akuten Verschlechterung von Atemwergserkrankungen ist bei Innenstadtbewohnern *2,5mal höher* als bei denjenigen, die in anderen Teilen der Stadt leben; das *Risiko der Verschlechterung* von Atemwegserkrankungen bei Rauchern *10,5mal höher!* (*Schlipköter, Pott, Wichmann, Csicsaky,* 1984)

– In einem Industriezentrum des Bezirks Halle traten Erkrankungen der oberen Luftwege bei SO_2-Tagesmittelwerten von über 0,6 mg/m^3 überzufällig häufig auf, ebenso Hals-, Nasen- und Ohrenerkrankungen (*W. H. Dörre,* 1978).

Schmutz essen Seele auf

Stadtluft macht nicht nur physisch krank, sondern auch psychisch. Nicht nur der Körper leidet, sondern auch die Seele leidet unter Schmutz und Dreck. Schon die DDR-Forscher fanden bei einem Vergleich der Bürger von Bitterfeld (belastet) und Schwerin (wenig belastet), daß sich die körperliche Belastung auch in seelischer Belästigung niederschlägt. Während die meisten Schweriner (94,3%) sich gar nicht oder kaum belästigt fühlten, gaben 40,6 Prozent der Bitterfelder mittlere, starke und sehr starke Beeinträchtigung ihres Wohlergehens an.

Die psychischen und sozialen Auswirkungen einer mäßigen

Umweltqualität sind in der Bundesrepublik kaum Gegenstand tiefgreifender Untersuchungen. Das Umwelt-Bundesamt hat eher oberflächlich akustische, optische und Geruchsbelastungen unter dem Stichwort »Umweltärgernisse« aufgelistet (*UBA,* 1977). Danach ärgerten sich 52 Prozent der Befragten über Lärm, 24 Prozent über Staub, 15 Prozent über Gerüche und acht Prozent über unschöne Häuser. Der Direktor des Internationalen Instituts für Umwelt und Gesellschaft in Berlin, Professor Dr. Udo Ernst Simonis, sieht solche Umfragen jedoch zu kurz gegriffen. Denn

– verschiedene Arten von Umweltbelastungen werden *nicht unmittelbar wahrgenommen,* wirken aber dennoch: Kohlenmonoxid zum Beispiel, farb- und geruchlos, reizt in nicht wahrnehmbarer Konzentration die Augen, macht müde und nervös.

– Anderer Umweltärger kommt um die Ecke daher. Lästiges Wäschetrocknen in der Wohnung ist zum Beispiel die Folge von Schmutz und Staub auf Balkonen und in Gärten.

– Die Wortwahl »Belästigung« oder »Ärger« suggeriert, daß es sich um zwar mißliche, doch keinesfalls unerträgliche Bagatellstörungen handle.

Umweltbelastungen – insbesondere Schadstoffe aus der Luft – wirken auf das Wohlbefinden des Menschen vielfältiger und nachhaltiger auch *unterhalb der Schwelle gesundheitlicher Beeinträchtigungen,* als auf den ersten Blick zu sehen ist. Wir wissen zum Beispiel, und viele haben die Erfahrung am eigenen Leibe oder in ihrer Umgebung gemacht, daß Stickstoffdioxid in größeren Mengen die Luft gelblich färbt, daß aromatische Kohlenwasserstoffe in Rußwolken ausfallen, daß Chlorwasserstoff und Fluorwasserstoff stechend riechen, daß Schwefeldioxid, Ozon und Organoblei Pflanzen schädigen, daß Cadmium Kohl vergiftet. Wir *sehen,* daß Chlorwasserstoff Metall zersetzt, Fluorwasserstoff Glas matt ätzt, Schwefeldioxid Steine anfrißt, Kohlendioxid kalkhaltige Bauten auslaugt, Stickoxide Kunststoffe verändern. Wir *fühlen* unsere Kopfschmerzen und unsere Müdigkeit bei Chlorwasserstoff, Kohlenmonoxid, photochemischen Oxidantien, Toluol, Blei und Cadmium. Unsere Augen, unser Rachen, unsere Luftröhre und unsere Lunge sind gereizt bei Schwefeldioxid, Stickoxid, Selen, Vinylchlorid und bei den schon genannten Chlorwasserstoff, Kohlenmonoxid, Oxidantien, Blei. Schlaf wird gestört von Kohlenmonoxid, Blei, Toluol und Lärm.

Die *Sekundärwirkungen* von Umweltbelastungen realisieren wir jedoch zumeist nicht, und diese Sekundärwirkungen lassen sich in vier Gruppen ordnen (*Katrin Gillwald: Psychische und soziale Auswirkungen mäßiger Umweltqualität,* 1983).

1. *Einbußen an ästhetischer und erlebnismäßiger Vielfalt:* Pflanzen- und Tierwelt sind verändert oder dezimiert, historische Bauten beschädigt oder zerstört: Ich werde um bestimmte, unwiederbringliche Naturerlebnisse gebracht; ich verliere meine örtliche und geschichtliche Idendität.

2. *Erhöhter Zeit- und Kostenaufwand:* Materialien verschmutzen und verfallen, einstmals langlebige Werkzeuge und Konsumgüter gehen früh zu Bruch. Unangenehme Gerüche, unerträglicher Lärm stören mich. Das kostet Geld für Lärmisolierung und Lüftungskontrollen. Das bringt mit sich: Kauf»zwang« von kurzlebigen Konsumgütern, Reinigen von Wohnung, Kleidung, Autos . . .

3. *Behinderung der individuellen Entfaltung:* Der Lärm hindert mich an der Kommunikation, meine Lern- und Leistungsfähigkeit sind herabgesetzt zusätzlich durch Kohlenmonoxid und Toluol und andere. Ich bin seelisch nicht mehr belastbar wegen der Stickoxide, der photochemischen Oxidantien und anderen. Mein Kind ist wahrnehmungsgestört (Blei).

4. *Beeinträchtigung sozialer Beziehungen:* Ich muß mich einschränken, kann Balkon und Garten kaum nutzen (Lärm, Schmutz und Gestank). Wir leben enger aufeinander, wir gehen uns auf die Nerven. Ich verliere die Lust, etwas zu unternehmen, ich »verarme«.

Gestank schweißt zusammen

Ein Forschungsprojekt des Internationalen Instituts für Umwelt und Gesellschaft, Berlin, prüfte, ob zwischen Menschen in ähnlicher Lebenslage, die in Gegenden mit unterschiedlicher Umweltqualität leben, Unterschiede im Wohlbefinden, im Verhalten und in den Aktivitäten festzustellen seien.

1. Es besteht ein statistischer Zusammenhang zwischen Luftbelastung – in diesem Fall zwischen SO_2 in der Luft – und Wohlbefinden.

2. Das Wohlbefinden wird beeinträchtigt durch Schadstoffanteile weit unter den bisher festgelegten Grenzwerten. Der Grenzwert für SO_2 müßte um mindestend zwei Drittel gesenkt werden.

3. Menschen in »guter« Gegend sind häufiger im Freien als Menschen in »schlechter« Gegend.
4. Personen in Bezirken mit guter Umweltqualität sind in ihrer Freizeit aktiver als ihre schadstoffgeplagten Mitbürger.

Da bleibt zum Schluß nur eine Arbeit aus den USA zu zitieren, die makaber und hoffnungsvoll zugleich ist. Im Labor wurden menschliche Verhaltensweisen getestet. Die Teilnehmer sollten einander ihre Sympathie oder Antipathie bei guter Luft und bei Gestank erklären. Zur Simulation von »Luftverschmutzung« goß man übelriechende Substanzen aus. Das Ergebnis war verblüffend: Die meisten Sympathien *entstanden unter Gestank*. Die gegenseitige Attraktivität in unangenehmen Situationen aufgrund von »geteiltem Leid« steigt folglich. Vielleicht steigt dann gemeinsam auch die Aktivität gegen diejenigen, die die Stinkbomben geworfen haben!

Innenraum-Verschmutzung

Der berühmte Arzt und Forscher Max Pettenkofer meinte 1858: »Einen ferneren Grund, auf reine Luft in den Wohnungen streng zu halten, haben wir in der Erfahrung, daß schlechte Luft die Quelle vieler chronischer Leiden ist, und daß sie sicherlich einen großen Antheil an den Volksübeln: Scrofeln, Tuberkeln etc. hat...« Heute heißt's englisch-amerikanisch *indoor-pollution* (Innenraum-Verschmutzung). Professor Karl Aurand, der ehemalige Chef des Instituts für Wasser, Boden und Lufthygiene, umriß in der schon mehfach zitierten Anhörung *(Deutscher Bundestag, 10. Protokoll)* das Problem so: »Der ganze Komplex Innenraum – das heißt der Raum, in dem wir uns am meisten aufhalten: Wohnraum, Schlafraum – ist in den letzten Jahrzehnten überhaupt nicht richtig erfaßt worden, denn wir haben mehrere Emissionsquellen, sei es aus Baustoffen, sei es aus Anstrichfarben, sei es aus Reinigungsmitteln, die natürlich auch auf uns einwirken. Wir haben darüber ein Symposium gemacht und dabei festgestellt, daß für viele Schadstoffe die Belastung im Innenraum *weit höher anzusetzen ist als das, was bei der Außenluftmessung registriert und gemessen wird.*«

Die Verunreinigungen in der Raumluft zu Hause bei Ihnen und mir stammen entweder aus der Außenluft oder von verschiedenen Quellen im Zimmer selbst *(Tabelle 6)*. Schadstoffe aus der Außenluft belasten

Tabelle 6:
Schmutz im Zimmer

Quelle	Verunreinigung
Außenluft:	
Heizungen	Schwefeldioxid
Motorfahrzeuge	Stickstoffdioxid
Industrien	Kohlenmonoxid
	Kohlenwasserstoffe
	Schwebstaub
Raumluft:	
Materialien:	Radon
Spanplatten	Aldehyde (Formaldehyd)
Baustoffe	Asbest
Farbanstriche	Lösungsmittel
	Organische Verbindungen
Mensch:	
	Gerüche
	Kohlendioxid
	Wasserdampf
	Partikel
Verbrennen von Gas zum Heizen und Kochen:	Kohlenmonoxid
	Stickstoffdioxid
	Partikel
Verbraucherprodukte:	
Sprays	Gerüche
Reinigungsmittel	Lösungsmittel
	Organische Verbindungen

Die Aufstellung zeigt die wichtigsten Quellen für die Verunreinigung der Wohnräume. Maßgebend für die Luftqualität sind vor allem Gerüche, Bestandteile des Tabakrauches, Kohlendioxid sowie mögliche Verunreinigungen von festen Inneneinrichtungen (Formaldehyd!) (Quelle: Wanner).

die Raumluft vor allem in Gebäuden, die an stark befahrenen Straßen oder in der Nähe industrieller Betriebe liegen. Wichtigste Invasoren von außen sind die uns schon bekannten Schwefeldioxid, Stickstoffoxid, Kohlenmonoxid und Sulfat im Schwebstaub. Bösartige Untermieter auf Dauer in unseren Wohn- und Schlafräumen sind Schadstoffe in den Wänden und den Einrichtungsgegenständen wie Möbeln und Teppichen. Da ist zunächst das *Formaldehyd,* das in der Bundesrepublik innerhalb des Jahres 1984 zum bekanntesten vorher unbekannten Wort wurde. (1985 war ja dann das *Diethylenglykol* in aller Munde.) Weiter sind da in den Farbanstrichen aliphatische und aromatische Kohlenwasserstoffe, in den Holzschutzmitteln die chlorierten Kohlenwasserstoffe. Möglicherweise schwirren auch Asbestfasern aus Bau- und Isolationsmaterial herum (siehe auch: »Unter die Haut«).

Die Qualität der Raumluft wird natürlich auch durch den Menschen beeinflußt. Jedermann bekannt ist der Ausruf: »Hier stinkt's!«, und der Streit um das Öffnen und Schließen von Fenstern hat schon manche Ehe zerrüttet. Der Mensch gibt an die Raumluft fortwährend Kohlenmonoxid ab, mehr oder minder penetrante Ausdünstungen, Partikel, Mikroorganismen sowie Wärme und Feuchtigkeit. Schlimmer Raumverschmutzer ist der rauchende Mensch. Im Tabakrauch stecken Kohlenmonoxid, Stickoxide, Aldehyde und sehr feine Partikel. Der zu Hause aktive Mensch vergiftet die Luft zudem durch das Hantieren mit zahlreichen Verbrauchsprodukten bei Haushalts-, Reinigungs- und Hobbyarbeiten. »Dabei trägt die angeblich besonders ›verbraucherfreundliche‹ Zubereitung solcher Produkte als Spray sicher zur Erhöhung des Gefahrenpotentials bei – wie unlängst am Beispiel von Lederspray herauskam, dessen Anwendung ›unvertretbare gesundheitliche Risiken für Mensch und Haustiere birgt‹« (*Seifert,* 1984 und *Bundesgesundheitsamt,* 1983). Schließlich ist auch das Kochen und Heizen mit Gas, bei dem Stickoxide entstehen, eine Quelle für mögliche Gesundheitsschäden.

Sortieren wir die Raumluft im Wohnbereich unter medizinisch-hygienischem Gesichtspunkt, so kommen wir zu einer anderen Einteilung *(Tabelle 7):* Belebtes und Unbelebtes umgibt uns. Innenräume sind Treffpunkt von Schadstoffen, sind Brutstätten für Krankheitserreger.

Tabelle 7:
Unbelebte und belebte Einflußgrößen auf die Raumluft im Wohnbereich

Art	Herkunft: Außen	Herkunft: Innen
unbelebt:		
– gasförmig	Schwefeldioxid Stickoxide Kohlenmonoxid Kohlenwasserstoffe	Stickoxide Kohlenmonoxid/-dioxid Aldehyde (Formaldehyd) weitere flüchtige Substanzen, häufig organische Verbindungen Gerüche (Mensch/Speisen)
– fest/flüssig	Schwebstaub Schwermetalle (Blei, Cadmium etc.)	Schwebstaub (insbes. Hausbrand)
– physikalisch	Temperatur	Temperatur Feuchtigkeit
belebt:		
– fest/flüssig	Viren Bakterien Pilze (insbes. Schimmelpilze)	Viren Bakterien Schimmelpilze Milben

Innenräume können Treffpunkte für Schadstoffe und Brutstätten für Krankheitserreger sein. Die Folgen reichen von Störungen des Wohlbefindens bis hin zu ernsthaften Gesundheitsschäden (Quelle: Rüden, 1982).

Lazarett Büro

Ein Kapitel für sich sind die Innenräume von geschlossenen Büros, deren Insassen während der Arbeitszeit unter Schadstoffen mehr leiden als je zuvor. »In den letzten Jahren ist es offensichtlich geworden, daß die Umweltprobleme im Büro *epidemische* Ausmaße angenommen haben« (*Breysse*, 1984). Mit den neuen Technologien ist die Zahl der Gesundheitsstörungen gewachsen. Augen-, Nasen- und Halsreizungen, Kopfschmerzen, Übelkeit, Atembeschwerden, Hautjucken, Ausschlag, Blutandrang und allgemeines Unwohlgefühl – Arbeit im Büro macht krank. Büros von heute sind Lazarette. Bei 20 von 100 Untersuchungen der Abteilung Umwelt und Gesundheit der Universität Washington 1982 wurde Formaldehyd als mitauslösender krankmachender Faktor entdeckt, in sieben anderen Fällen waren schlechte Gerüche, Moder, Schwefeldioxid und Pestizide die Krankheitsverursacher. Berüchtigt und berühmt in den USA wurde die Story von dem Teppich. Innerhalb von drei Wochen, nachdem in der Etage eines Büroturms ein neuer Teppich gelegt worden war, blieben 20 der 35 Angestellten der Arbeit bis zu 14 Tagen fern. Die Ärzte diagnostizierten Diarrhöe, Allergien, Husten, schwarzen Urin und vieles andere mehr: alles Folgen der Chemie im Teppich.

Die Klimaanlagen *begünstigen* eher die krankheitserregenden Schadstoffe, denn sie befördern zusätzliche krankmachende Keime in den Arbeitsraum. Es gilt heute als sicher, daß die »Montagsmorgen-Krankheit«, auch »Befeuchter-Fieber« genannt, aus der Klimaanlage kommt. Die in den Befeuchtern von Klimaanlagen gedeihenden Mikroorganismen treiben sich nach ihrer Vermehrung am Wochenende in den Luftströmen herum und rufen allergieähnliche Symptome hervor: Husten, Augenreizungen, Atembeschwerden, aber auch Muskelschmerzen, Kopfschmerzen, Lethargie und Fieber . . . bis hin zur unheimlichen Legionärskrankheit, die Todesopfer fordert.

Büros – vor allem die vollklimatisierten – sind heutzutage Brutstätten von Krankheiten aller Art, insbesondere der oberen Luftwege. Jeder vierte, der seinem Arbeitsplatz wegen Krankheit fernbleibt, leidet an Infektionen der Atemwege!

Draußen dicke Luft, drinnen dicke Luft

Am meisten interessiert uns und insbesondere die an Atemwegserkrankungen leidenden Bundesbürger, *welche Mengen von den Schadstoffen da draußen sich da drinnen niederschlagen*. Grundsätzlich gilt: Gifte und Krankmacher wie Schwefeldioxid, Stickstoffdioxid, Kohlenmonoxid, Schwebstaub, polyzyklische aromatische Kohlenwasserstoffe und Nitrosamine sind in Innenräumen in niedrigeren Konzentrationen als draußen anzutreffen, es sei denn, es kommen innen so sichtbare Emissionen hinzu wie Tabakrauch oder Gasflammen (*Seifert*, 1982). Für eine Reihe von organischen Verbindungen jedoch ist auch ohne direkt ins Auge fallende Quelle eine *weitaus höhere Konzentration* in der Innenraumluft als in der Außenluft festgestellt worden *(Tabelle 8):*

– *Formaldehyd* fand sich in bis zu zehnfach höherer Konzentration als in der Außenluft (siehe auch weiter unten).

– *Toluol,* das in hohen Konzentrationen die Schleimhäute reizt, die Nerven stört und Leber, Niere und Gehirnzellen schädigt, lag drinnen zwei- bis fünfmal so hoch als draußen. Toluol ist ein Lösemittel, das via Bau- und Renovierungsmaterialien sowie Haushalts- und Hobbyprodukten in die Wohnung gelangt.

– *Polychlorierte Biphenyle* (PCB), die Krebs auslösen und sich im Fettgewebe anreichern, traten ebenfalls drinnen in zehnfacher Konzentration auf. Der Grund: Fluoreszenzleuchten und Klimaanlagen.

– *Radioaktives Radongas* fand sich in bis zu fünffacher Dosis. Radongas ist ein Zwischenprodukt in den Zerfallsreihen von Radium und Thorium, die in nahezu allen steinernen Baustoffen stecken (*Beck,* 1984, *Seifert,* 1984).

– *Pentachlorphenol* (PCP), das stark mit verschiedenen Dioxinen verunreinigt ist, brachte es in Wohnräumen auf Konzentrationen von 160 Mikrogramm/m^3. PCP, in den USA in Innenräumen verboten, ist ein Holzschutzmittel. Mindestens 600 Bundesbürger erlitten zum Teil schwerste Gesundheitsschäden und haben sich beim Bundesverband der Bürgerinitiativen Umweltschutz (BBU) zu einer Interessengemeinschaft zusammengeschlossen. Das Bundeskriminalamt ermittelt.

Kurz: Die seit Jahrzehnten expandierende chemische Industrie hat ihren festen Wohnsitz in unseren Häusern und Zimmern genommen. In praktisch allen Einrichtungsgegenständen, von Holz über Leder bis zum Kunststoff, in praktisch allen Gebrauchsgegenständen und Hobbyartikeln vom Spray bis zu Lacken und Lasuren atmen wir sie ein, BASF, Bayer, Hoechst, Chemische Werke Hüls, Dow Chemical, Deutsche Solvay, Deutsche ICI, Dynamit Nobel, EC Erdölchemie, Wacker-Chemie ... und sie nehmen uns den Atem.

Tabelle 8:
Die Konzentrationen ausgewählter Luftverunreinigungen im Vergleich innen/außen

Substanz	Faktor innen im Vergleich zu außen	
Schwefeldioxid	0,5	
Stickstoffdioxid	bis zu 1	ohne NO_2-Quelle innen
	2–5	mit NO_2-Quelle innen
Kohlenmonoxid	bis 1	ohne CO-Quelle innen
	1–5	mit CO-Quelle innen
Schwebstaub	0,5–1	ohne Tabakrauch innen
	über 2	mit Tabakrauch innen
Blei im Schwebstaub	0,5–1	
Bleigehalt von	bis zu 1	städtischer Bereich
Sedimentstaub	über 1	Emittentennähe
Formaldehyd	10	
höhere aliphatische		
Kohlenwasserstoffe	2–5	
polyzyklische		
aromatische	0,5	ohne Tabakrauch innen
Kohlenwasserstoffe	1 und darüber	mit Tabakrauch innen
polychlorierte		
Biphenyle (PCB)	5–10	
Radon	2–5	Wohnräume
	5–10	Kellerräume

Besonders die organischen Substanzen wie Formaldehyd verwandeln eine Wohnung in eine Hexenküche. Die Konzentration innen ist zehnmal so hoch als draußen. Schwefeldioxid tritt drinnen nur mit halbfacher Konzentration auf. Wenn Sie also wissen wollen, wieviel Schadstoffe Sie in Ihrer Wohnung haben, müssen Sie die außen gemessene Konzentration mit dem »Faktor innen« multiplizieren (Quelle: Seifert, 82/84).

Formaldehyd – das Porträt einer Chemikalie

Beispielhaft für die krank machende Allgegenwärtigkeit der Chemie in unseren Küchen, Wohn- und Schlafräumen ist das Formaldehyd. Formaldehyd ist ein farbloses, stechend riechendes Gas, eine alte Universalchemikalie. Jährlich werden in der Bundesrepublik rund

800 000 Tonnen Formaldehyd verarbeitet, drei Viertel davon durch die Firmen Bayer und Degussa. Formaldehyd ist eine Basis-Chemikalie, die für die Herstellung vieler Verbindungen benötigt wird. Allein bei der BASF wird Formaldehyd für rund 400 verschiedene Produkte verwendet, die wiederum in 30 verschiedenen Industriezweigen und Branchen eingesetzt werden. Der Umsatz mit den Formaldehyd-Produkten beträgt bei BASF eine Milliarde Mark im Jahr, der Umsatz mit Formaldehyd-Folgeprodukten wird in der BRD auf über 300 Milliarden Mark geschätzt. Formaldehyd wird hauptsächlich zur Herstellung von Harzen, Kunststoffen, Schäumen und Leimen gebraucht, die wiederum bei der Produktion von Sperrholz, Preßholz und Spanplatten eingesetzt werden. Der Einsatz hier ist gewaltiger, als es auf den ersten Blick erscheint, denn Möbel bestehen heute ja nur noch selten aus Massiv-Holz. Kiefer, Buche, Eiche oder Nußbaum sind nur die äußere »Haut«, die meisten Möbel setzen sich aus Sperrholz, Preßholz oder Spanplatten zusammen. Sperrholz ist nichts anderes als eine Menge dünner, miteinander verklebter Holzschichten, Preßholz beziehungsweise Spanplatten sind, wie die Namen schon sagen, viele kleine Holzschnitzel, die, mit Klebstoff (formaldehydhaltig!) getränkt, in die gewünschte Form gepreßt werden. Das Furnier der gewünschten Holzart wird dann ebenfalls mit Kleber aufgeleimt.

Formaldehyd taucht auch in den Konservierungsmitteln der Holzindustrie auf, als Isolierschaum zur Wärmedämmung, als Desinfektionsmittel in Kliniken; Formaldehyd ist in Wasser gelöst das berüchtigt riechende Formalin in den gerichtsmedizinischen Instituten. Formaldehyd wird gebraucht bei der Herstellung von Kunstdärmen für Würste, bei Farben, Lacken, Textilien, Papier, Verpackungsmaterialien und so fort. Formaldehyd ist auch in den Auspuffgasen der Autos vorhanden. Dennoch entfaltet Formaldehyd seine krankmachende Wirkung weniger in der Außenwelt als in den Innenräumen: dort, wo bis zu zehnfache Konzentrationen über dem empfohlenen Grenzwert gemessen werden. Der vom Bundesgesundheitsamt Berlin empfohlene Richtwert lautet: 120 Mikrogramm/m^3. Die drastische Übersteigung dieser Grenzwerte kann zu schweren Gesundheitsschäden führen.

Von Allergien bis Krebs

Zahlreiche wissenschaftliche Veröffentlichungen, insbesondere aus den USA, notierten schon früh: Formaldehyd

– verursacht Kopfschmerzen, Schwindelgefühl, Husten, Ohrenschmerzen,
– greift die Nasenschleimhäute an,
– ruft möglicherweise Hautentzündungen hervor,
– gehört weltweit zu den zehn gefährlichen Substanzen, die Allergien auslösen (siehe auch: »Unter die Haut«),
– verstärkt Bronchialasthma.

Die Befunde wurden immer alarmierender. Hier ein Auszug: In Tierversuchen erkrankten mit Formaldehyd »beatmete« Ratten an Nasenkrebs. In Zellen aus menschlichem Bronchialgewebe zerstörte Formaldehyd die Ketten der DNA, der Träger des genetischen Materials, und verhinderte die natürliche Reparatur. Formaldehyd folglich kanzerogen und mutagen . . .? Doch eine Ratte ist kein Mensch, wehrte die Industrie ab, und so wurden diejenigen untersucht, die mit dem gefährlichen Stoff umzugehen hatten: die Chemiearbeiter, die Einbalsamierer und die Pathologen. Forscher der Universität Birmingham publizierten 1979, daß Pathologen nicht vermehrt an Krebs der Atmungsorgane, wie mancher vielleicht erwartet hatte, sondern an Lymphome-Tumoren gestorben waren (*Clark,* 1983). Höhere Krebs-Sterblichkeit bei Formaldehyd-Chemiearbeitern notiert 1984 das britische Ärzteblatt *Lancet.* Und die amerikanische Arbeitsbehörde empfiehlt, Formaldehyd am Arbeitsplatz als *möglichen Krebserreger* einzustufen. Die Reaktion des Amerikanischen Verbraucherschutzverbandes folgte prompt und forderte: Verbannt den Formaldehyd-Schaum aus unseren Häusern! 1983/84 schließlich kamen neue Beweise hinzu, die Formaldehyd als Krebserreger entlarvten:

– Arbeiter in einer Chemie-Fabrik in Massachusetts, die mit Formaldehyd zu tun hatten, starben vermehrt an Mundhöhlen- und Rachenkrebs (*Liebling,* 1984). Das Teuflische: Der Krebs trat 27 beziehungsweise 32 Jahre *nach* dem ersten Kontakt mit der Chemikalie auf.
– Einbalsamierer von Leichen gingen ebenfalls häufig an bösartigen Tumoren zugrunde (*Walrath,* 1984).

Türen auf, Kinder raus

Was geschah in all diesen Jahren bis Ende 1983 in der Bundesrepublik? Nichts. Oder besser gesagt, es geschah nichts, was die Bürger vor Erkrankungen warnte, und es geschah alles, um von politischer Seite das Formaldehyd und seine Produzenten am Leben zu halten. Der Chemiker *Uwe Lahl* und die Diplom-Biologin *Barbara Zeschmar* haben 1984 in ihrem Buch *Formaldehyd* mit wissenschaftlicher Akribie und detektivischem Spürsinn die Formaldehyd-Mafia entlarvt.

Wir beginnen in Köln, in der Gesamtschule Holweide in den heißen Tagen Anfang Juni 1976. Lehrer beschweren sich über die unerträgliche Luft in den Klassenzimmern, Kinder stöhnen über Kopfschmerzen und Brechreiz, einige übergeben sich, alle protestieren. Dabei ist das, was sie erleben, für sie nichts Neues. Seit einem Jahr kennen sie nur ein Thema im Unterricht: Die krankmachende Luft in den Klassenzimmern der neu erbauten Schule. Und seit fünf Monaten wird in ihren Klassenzimmern die Konzentration von Formaldehyd gemessen (*Deimel,* 1978). In diesem heißen Sommer steigt die Konzentration der Chemikalie bis 0,9 ppm, das sind 1080 Mikrogramm/m^3. Erinnern wir uns an den empfohlenen Grenzwert: 120 Mikrogramm! Dem Übel war nur dadurch abzuhelfen, daß in 20 Klassenräumen die Deckenplatten heruntergerissen wurden, welche Übel die Schulkinder davongetragen haben, ist nicht bekannt. Zynischer Kommentar von Hygienikern des Instituts für Wasser-, Boden- und Lufthygiene damals: Es fehlte eine »zugfreie Dauerlüftung, feinstufig einstellbar« (*H. J. Einbrodt,* u. a., 1978).

Begeben wir uns nun nach Gießen zum Leiter des Instituts für Arbeits- und Sozialmedizin der Justus-Liebig-Universität, zu Professor Dr. H. J. Woitowitz. Er hat gerade mit seinem Mitarbeiter U. Knecht – wir schreiben 1979 – Formaldehyd in Krankenzimmern, in der Bettendesinfektionsabteilung einer Chirurgischen Abteilung und in einem Pathologischen Institut gemessen. Ergebnis: Zehn von 17 Messungen liegen über 1200 Mikrogramm.

Unsere dritte Station ist mal wieder Berlin, jetzt das Rudolf-Virchow-Krankenhaus, im Jahre 1982/83. Hier werden die Brutkästen, die Inkubatoren für Früh- und Neugeborene, unter die Lupe genommen. Inkubatoren müssen sorgfältig desinfiziert werden – und so tut man dies seit altersher in einer sogenannten Formaldehyd-Dampfkammer (*Wegner,* 1985). Meßergebnis: Die Anfangskonzentrationen lagen bei

18000 bis 30000 (!!!) Mikrogramm und sanken selbst nach 60 Stunden nicht unter 3000 Mikrogramm. Der Präsident des Bundesgesundheitsamtes bildete angesichts dieser »alarmierenden Befunde« eine Ad-hoc-Kommission »Formaldehyd in Inkubatoren«.

Totenköpfe

Das waren Momentaufnahmen vor Ort – was geschah hinter den Kulissen? Mitte 1983 intensivierten verschiedene Bundesbehörden, insbesondere das Bundesgesundheitsamt (BGA) und das Umweltbundesamt (UBA) in Berlin und die Bundesanstalt für Arbeitsschutz (BAU) in Dortmund, ihre Formaldehyd-Forschungen. Sie kommen gemeinsam zu der gleichen Einschätzung: Formaldehyd ist krebserzeugend. Das heißt: Formaldehyd muß in den Anhang II Nr. 1 der Arbeitsstoffverordnung aufgenommen werden. Das heißt weiter: Das Produkt wird mit einem Totenkopf gekennzeichnet sowie der Aufschrift: »Kann Krebs erzeugen.« Die mit Formaldehyd befaßten Arbeitnehmer sollten nicht länger als acht Stunden mit dem Gift arbeiten, müssen besondere Schutzkleidung tragen, sich speziellen ärztlichen Untersuchungen unterziehen. Der Formaldehyd-Betrieb schließlich muß nach Ersatzstoffen suchen . . . und so fort. All dies und mehr müßte geschehen, sobald Formaldehyd als krebserregend eingestuft wird.

Doch was geschah? Die BASF intervenierte über den Fraktionsvorsitzenden der Christdemokraten in Ludwigshafen, Julius Hetterich, direkt im Ministerium für Jugend, Familie und Gesundheit, dem das Bundesgesundheitsamt untersteht. Was nun Minister Heiner Geißler mit dem später vorzeitig verabschiedeten BGA-Präsidenten Professor Karl Überla oder was vielleicht auch Bundeskanzler Helmut Kohl (Wahlkreis Ludwigshafen) mit Herrn Geißler besprach, bleibt im dunkeln. Bekannt wurden nachstehende, im Buch von Uwe Lahl und Barbara Zeschmar abgedruckten Briefe, und bekannt sind die Resultate: Formaldehyd ist *nicht* als krebserzeugend eingestuft worden. Die Briefe:

1. Schreiben des Bundesgesundheitsamtes (BGA) an den Bundesminister für Jugend, Familie und Gesundheit (BMFJG) am 4. November 1983:

»Übereinstimmend wurde festgestellt, daß die experimentellen Befunde zu Formaldehyd die Voraussetzung des § 1 Abs. 1 Nr. 11 b der ChemG Gefährlichkeitsmerkmale V erfüllen, nach der Formaldehyd als ›krebserzeugend‹ einzustufen ist. Dementsprechend wäre Formaldehyd vorzusehen für die Aufnahme in den Anhang II Nr. 1 der ArbStoffV.«
2. Schreiben der BASF an das Ministerium (16. 1. 1984):
»Eine Einstufung von Formaldehyd als krebserzeugend für den Menschen halten wir aufgrund obiger Ausführungen in keiner Weise für gerechtfertigt und möchten Sie bitten, alles in Ihrer Macht Stehende zu tun, um eine solche Einstufung zu verhindern.«
3. Schreiben des Bundesgesundheitsministeriums an das Bundesgesundheitsamt (15. 2. 1984): »Ich bitte, die Aussage dahingehend eindeutig zu fassen, ob eine Einstufung (als krebserzeugend) erfolgen muß oder nicht.«
4. Antwort des Bundesgesundheitsamtes am 16. April 1984:
»... unter Berücksichtigung des Standes der wissenschaftlichen Erkenntnis eine Einstufung von Formaldehyd aus der Sicht des Gesundheitsschutzes als krebserzeugend nicht zwingend erforderlich, da die realen Expositionsbedingungen des Menschen mit großer Wahrscheinlichkeit keine Erhöhung der Tumorhäufigkeit bewirken.«

Eine Nation wird geleimt

Formaldehyd wird also nicht als krebserregend eingestuft, die Produzenten können aufatmen, wir können einatmen. Um die verheerende Wirkung dieser Entscheidung in den Medien abzumildern, versprach Herr Geißler in einer Pressemitteilung seines Ministeriums (Nr. 165) die »... gesetzliche Festsetzung des Grenzwertes von 0,1 ppm (120 Mikrogramm) für Innenräume, das bedeutet, daß alle Gegenstände und Erzeugnisse, die für die dauernde Verwendung in Innenräumen bestimmt sind, nicht *mehr* abgeben dürfen«. Das war im November 1984. Wenige Wochen später beantwortete Heiner Geißler eine diesbezügliche Anfrage der Grünen wie folgt:
»Die Bundesregierung will ... erreichen, daß im Aufenthaltsraum durch Emission von Erzeugnissen eine Konzentration von 0,1 ppm (= 120 Mikrogramm) nicht überschritten wird. Die Festsetzung eines

entsprechenden allgemeinen Grenzwertes als Immissionswert für den Aufenthaltsraum wäre weder für Bewohner und Hersteller in einer praktikablen Weise umsetzbar noch für die Behörden praktisch vollziehbar und daher kein geeigneter Weg. Die Bundesregierung beabsichtigt deswegen *nicht* 0,1 ppm als allgemeinen Immissionsgrenzwert für den Aufenthaltsraum festzulegen. Das Ziel soll vielmehr durch die Festsetzung von Materialkennwerten (maximale *Emissionen*) für einzelne Produkte erreicht werden.«

Angesichts dieser Hartleibigkeit fragen sich *Uwe Lahl* und *Barbara Zeschmar* 1985: »Wen kann ein Verbraucher haftbar machen, wenn der Innenraumluft-Grenzwert von 0,1 ppm (= 120 Mikrogramm) überschritten wird, weil die Wohnung mit Urea-Formaldehyd-Schaum isoliert ist (mit einer *Emission* kleiner als 0,1), er Möbel besitzt, die Formaldehyd abgeben (weniger als 0,1) und seine Teppiche und Kleidungsstücke einzeln auch weniger als 0,1 abgeben – *die Summe aller Einzelemissionen aber mehr als 0,1 ppm beträgt*? Niemanden.«

Vom Formaldehyd zum Höhlenfeuer

An diesem Punkt der Betrachtung der von Menschen bewohnten Innenräume angelangt, mag sich mancher nun in seinem Fernsehsessel zurücklehnen und denken: Die mit offenem Feuer beheizten Höhlen der Steinzeitmenschen hatten weiß Gott eine ganz unglaublich hohe Innenraum-Verschmutzung, und die Lebenserwartung eines Neandertalers lag beträchtlich unter der eines Düsseldorfers. So ähnlich argumentierte auch Bayerns Umweltminister Alfred Dick, indem er bedeutungsvoll auf die Dioxine im Höhlenfeuer der Steinzeit hinwies. Freilich leben wir heute nicht mehr in der Steinzeit, und wenn der göttliche Funke in den Hirnen aller Menschen gezündet hätte, dann würden sich alle intensiver um das Wohlergehen des Nächsten bemühen. Herr Dick sollte sich auch erinnern, daß irgendwann in der Menschheitsgeschichte in einer eiskalten, von luftfremden Stoffen unbelasteten Dachkammer ein Philosoph mal von der sittlichen Verpflichtung gesprochen hat, nämlich in jedem Zeitpunkt seiner Lebens- und Menschengeschichte das Bestmögliche zu wollen. Das Bestmögliche ist nach dem heutigen Stand der Technik aber, die Gifte da drinnen in den Stuben und da draußen auf den Straßen rigoros zu reduzieren. Denn einige der

Stoffe in unserem allernächsten Wohnbereich sind kapitale Todesbringer, und der am Höhlenfeuer geröstete Steinzeitmensch wäre sicherlich sofort nach Betreten eines mit Polyvinylchlorid beschichteten Teppichs in einem Appartement voll geklebter Furniermöbel nach dem ersten Schluck Wasser unter dem fluoreszierenden Licht der Küchenlampe tot in ein Polster aus Polyurethan-Kunststoff gesunken.

Die Innenraum-Verschmutzung ist eines der wesentlichen Umweltprobleme der 90er Jahre. Die nach Formaldehyd stinkenden Spanplatten, die giftige Holzschutzmittel schwitzenden Holzbalken und Vertäfelungen, die krebserregendes Vinylchlorid dünstenden Teppiche, die tückische fluorierte Kohlenwasserstoffe versprühenden Ledersprays . . ., dies alles haben wir gekauft, dies alles haben wir uns in mühevoller Arbeit angeschafft, dies alles hat uns einen Teil unseres Lebens gekostet, dies alles hat uns um unsere Seele gebracht. Die Dinge aber um uns herum, diese schrecklichen Schäume, Füllstoffe, Fasern und Pasten kleben an uns, und so können wir keinen Schritt mehr tun, ohne an sie zu denken, und wir sehen nicht mehr, und wir hören nicht mehr, und wir riechen nicht mehr und wir schmecken nicht mehr und wir fühlen nicht mehr. Nur manchmal, wenn unsere Fingerspitzen die Rinde eines Baumes berühren oder das Kelchblatt einer Blüte, spüren wir eine schwache Erinnerung, und wir weinen echte Tränen.

Der Bonner Öko-Skandal

Ballungsgebiet, Belastungsgebiet, Smogwarngebiet, Stadt, Stadtfaktor, krankmachender, tödlicher Stadt- und Wohnfaktor . . . Die Bundesrepublik ist, wenn man will, eine einzige Stadt. Der Bundesbürger: außer Atem. In den schon häufiger zitierten Antworten der Sachverständigen zum Thema »Auswirkungen der Luftverschmutzung auf die menschliche Gesundheit« wurde klipp und klar, daß ein Anstieg der Morbidität und ein Anstieg der Mortalität bei zunehmender Smogdichte zu beobachten waren (siehe auch: »Wenn die Smogglocke läutet«). Die Sterberate steigt bei wachsenden Schwebstaub- und Schwefeldioxidkonzentrationen, die Erkrankungsrate mit langfristig programmierter Todesfolge (Krebs) nimmt zu mit den Staub- und Faseremissionen, mit den Schwermetallen in Luft, Wasser und Boden und mit den Auswürfen an krebserregenden Stoffen (siehe auch: »Gottes Geißel Krebs«).

»Wie beurteilen Sie bei Berücksichtigung der heutigen wissenschaftlichen Erkenntnisse den Stand der Luftverunreinigung« – dazu wurde in Bonn Professor Dr. Hans-Werner Schlipköter, der Direktor des medizinischen Instituts für Lufthygiene und Silikoseforschung, gehört. Schlipköter antwortete: »Der Wunsch jedes Menschen, reine, saubere Luft zu atmen, ist sicherlich berechtigt, *aber in Industrieländern nicht zu erfüllen,* will man nicht auf den erreichten Lebensstandard oder auf mehr oder minder notwendige Konsumgüter verzichten ...« Es müsse jedoch die Forderung erhoben werden, »daß eine Gesundheitsschädigung der Menschen ... insbesondere von Kindern, Alten und Kranken, auch bei langfristiger, das heißt lebenslanger Einatmung, vermieden wird. Da das Wohlbefinden des Menschen zur Gesundheit gehört, muß jede spürbare Beeinträchtigung dieses Wohlbefindens verhindert werden.«

Dann stellte Schlipköter fest – und lesen Sie dies bitte genau –, daß »diese berechtigten Forderungen an die Luftqualität, vor allem in industriellen Ballungsgebieten, *nicht erfüllt* sind«. Schlipköter betonte, daß die Dünste in vielen Großstädten die UV-Strahlung absorbieren, die »für die Entwicklung und das Wohlbefinden des Organismus notwendig« ist.

– »Gesichert ist, daß die Aerosole und Niederschläge ... nicht mehr neutral, sondern sauer sind ... daß die Inhalation eines sauren Aerosols unter anderem zu einer verstärkten Aufnahme des eingeatmeten Staubes in der Lunge führt.«

– »Gesichert sind auch akute Konzentrationserhöhungen der Luftverunreinigungen ... bei Umkehrwetterlagen ... Steigt ... die Staub- und SO_2-Konzentration auf mehr als 1 mg/m^3 an ..., so kommt es zu akuten Verschlechterungen von Krankheitszuständen, vor allem der Herz-, Kreislauf- und Lungenerkrankungen. Wir selbst konnten eine Erhöhung der Todesfälle im Ruhrgebiet durch die Inversionswetterlage vom 3. bis 7. Dezember 1962 statistisch sichern ...«

– »Gesichert ist, daß ... im Ruhrgebiet die normale Entwicklung des gesunden Kindes verzögert ist.«

– »Gesichert ist das Auftreten krebserzeugender Substanzen in der Außenluft vor allem während der Wintermonate in den Großstädten.«

– »Zwischen Stadt- und Landbezirken besteht ... ein nachweisbarer Unterschied in der Krebshäufigkeit. Bei Nichtrauchern ist der Lungenkrebs in der Stadt 2,2- bis 3,8mal häufiger als auf dem Land.«

– »Gesichert ist, daß Erkrankungen der oberen und tieferen Luftwege bei Personen, die in Ballungsgebieten leben, häufiger sind.«
– »Gesichert ist auch die Aufnahme von Blei durch die Lunge. Bleistaub, der nach Inhalation in die Lungentiefe zu 50 Prozent abgelagert wird, kann zu fast 100 Prozent in den Körper aufgenommen und zum Teil in den Knochen gespeichert werden . . . Eine nur geringe Bleibelastung führt zu einer Störung der Stoffwechselleistung.«
– »Gesichert ist, daß organische Verbindungen, aber auch Kohlenmonoxid in relativ geringen Konzentrationen, die Aufmerksamkeitsleistung des Menschen beeinträchtigen, daß in den Gebieten, in denen vor allem organische Verbindungen emittiert werden, heute spürbare Beeinträchtigungen des Wohlbefindens durch geruchsintensive Stoffe entstehen.«

In der Diskussion warnte Schlipköter dann davor, »erst Maßnahmen einzuleiten, wenn Kranke oder Tote zu verzeichnen sind. Ich habe ausdrücklich hervorgehoben, daß ein Sicherheitsfaktor vorhanden sein muß, um alle Menschen zu schützen . . .« Schlipköter verlangte einen »Sicherheitsabstand, der zwischen 1:10 bis 1:1000 liegen kann. *Nur so kann verhindert werden, daß Gesundheitsschäden auftreten.*«

Dies alles sagte Hans-Werner Schlipköter in der Anhörung des Deutschen Bundestages, Innnenausschuß, am 14. Juni 1971.

Ich schreibe es noch einmal hin: Am 14. Juni des Jahres 1971! Vor 14 Jahren. (Zitiert nach Walter Moll, *Taschenbuch für Umweltschutz.)*

60, 70 Jahre Luft

In der Anhörung am 22. Februar 1984 vor dem Ausschuß für Jugend, Familie und Gesundheit (*Deutscher Bundestag 10, 13, Ausschuß, Protokoll Nr. 15*), zu der auch Schlipköter geladen war, begann denn auch Professor Dr. Karl Aurand, der damalige Leiter des Instituts für Wasser-, Boden- und Lufthygiene beim Bundesgesundheitsamt Berlin, wie folgt: *»Herr Vorsitzender! Meine Damen! Meine Herren! Ich habe mir erst überlegt, ob ich überhaupt hierher fahren soll . . ., die Fragen zeigen ja, daß jetzt plötzlich wieder Dinge gefragt werden, die eigentlich im Rahmen der Lufthygiene seit Jahrzehnten bekannt sind.«*

Das klang zunächst wie die Stimme eines alten Mannes, der die Nase voll hat von Wiederholungen. Doch später präzisierte Aurand: »Die grundsätzliche Frage ist, ob wir auf dem gesundheitlichen Sektor warten sollen, bis *noch mehr sichere Erkenntnisse vorliegen, um die Reduzierung der Emissionen herauszuzögern* ... Wir haben die ganzen Jahre immer die *Immissions*messungen in den Vordergrund gestellt, wir haben mit einem Riesenaufwand Meßnetze noch dichter, noch enger, meinetwegen auf jedes Haus eine Meßstelle, eingerichtet. Davon wird die Umwelt nicht besser, sondern es muß an der Quelle etwas getan werden. An der Quelle sitzt der Knabe, sage ich immer. Wir müssen die jeweiligen Verursacher stärker kontrollieren, damit sie selbst auch wissen, was sie überhaupt verursachen. Die Leute wissen zum Teil gar nicht, was sie abgeben.«

Da rief die Abgeordnete der SPD, Frau Dr. Hartenstein, dazwischen: »Sie wissen es schon!« Und später fragte ihre Parteikollegin, Frau Schmidt: »Wie wecke ich denn das Verständnis bei denen, *die das ja immer abstreiten* – wenn ich keine korrekten Meßdaten habe?«

Im Dschungel der Grenzwerte

Die Frage trifft den Kern: Seit vielen Jahren kommt der Umweltschutz nur im Krebsgang voran, weil eine fett- und hartleibige Lobby innerhalb und außerhalb der Wandelgänge des Bundeshauses *abstreitet,* daß die Bundesrepublik, daß dieses unser Land erstickt. Seit über zehn Jahren sind trotz vorliegender dramatischer Erkenntnisse der Ursachen der Umwelt- und Gesundheitsschäden die Maximalen Immissions-Werte praktisch *nicht* verändert worden. Die Technische Anleitung zur Reinhaltung der Luft (TA Luft) enthält zudem Grenzwerte, die *über* den vom VDI empfohlenen Maximalen-Immissions-Konzentrationen (MIK) liegen. Für viele Stoffe, wie zum Beispiel zahlreiche krebserregende polyzyklische aromatische Kohlenwasserstoffe und Ozon, gibt es in der TA Luft *überhaupt keine Grenzwerte*. Dabei ist schon der MIK-Wert an sich problematisch: Er muß laut *VDI-Richtlinien 2310* »um einen Sicherheitsfaktor niedriger liegen als der Wert, der beim Menschen ... gerade noch zu einer Gesundheitsschädigung führt«. Der schon 1971 von dem Hygiene-Professor Schlipköter geforderte *Sicherheitsabstand* von 1:10 bis 1:1000 ist *nicht* gegeben; die russischen MIK-Werte liegen zum Beispiel oft um Zehnerpotenzen niedriger. Pervers wird die Situation, wenn Sie sich die verschiedenen *Entwürfe* des VDI zu den alten Grenzwerten ansehen. Bei Stickstoffdioxid zum Beispiel (*VDI 2310, Blatt 12,* 1984) haben die Wissenschaftler nur dazugelernt, daß die alten Werte bestehen bleiben können (½-Stunden-Wert: 0,2 mg/m^3; 24-Stunden-Wert 0,1 mg/m^3). Für Schwefeldioxid (*VDI 2310, Blatt 11,* 1984) schlägt die VDI-Kommission einen ½-Stunden-Wert von 1 mg/m^3 vor und einen 24-Stunden-Wert von 0,3 mg/m^3. Dies ist nun wahrhaftig eine sensationelle Neuerung: Denn genau dies sind die 1974 vom VDI empfohlenen MIK-Werte – *die nur damals nicht in die TA Luft übernommen wurden.*

Die VDI-Entwürfe sind dem heutigen Kenntnisstand nach Gesundheitsgefährdung. Die Grenzwerte für Schwefeldioxid müssen heruntergesetzt werden – so Schlipköter heute, die Grenzwerte für Stickoxid, Staub und Kohlenmonoxid ebenfalls – so das Institut für Energie- und Umweltforschung (IFEU), Heidelberg (*Tabelle 9*). In die neuerliche Novellierung der TA Luft gehören unbedingt hinein *Vorsorgegrenzen für krebserzeugende Schadstoffe.* Bis dato fliegen diese Substanzen praktisch frei und unkontrolliert herum. Und: Die Knaben an den Quellen müssen stärker überwacht, die Betroffenen besser informiert werden (*IFEU-Institut*).

Die 14 Arbeitsgruppen, die sich im Hauptausschuß III der VDI-Kommission »Reinhaltung der Luft« um die Wirkungen von Staub und Gasen auf den Menschen kümmern und neue Richtlinien erarbeiten beziehungsweise alte bestätigen, stecken in einem selbstgewählten Dilemma: Sie debattieren endlos, ob die von ihnen erarbeiteten Grenzwerte auch politisch machbar sind. Sie quälen sich mit dem angeblich schwammigen Rechtsbegriff herum, der Mensch müsse vor »schädlichen oder nachteiligen Umwelteinwirkungen« geschützt werden, und schielen dabei stets auf den Glanz im Auge des Mächtigen. Einigen Wissenschaftlern wäre am liebsten, wenn ihnen die Last der Grenzwerte von den »Entscheidungsträgern« – den Politikern, den Juristen, der Verwaltung – abgenommen würde und wenn endlich einer mal das »akzeptable Risiko« benennen würde. Das heißt: Politiker sollten sich hinstellen und sagen: Wir *akzeptieren* in der Bundesrepublik eine Übersterblichkeit von 400 Toten bei Smoglagen, von 4000 Krebstoten pro Jahr durch Luftverschmutzung, damit unsere Industrie international wettbewerbsfähig bleibt, damit die Arbeitsplätze erhalten bleiben, damit das Bruttosozialprodukt wächst. *Kranke und Tote sind der Preis* einer modernen, funktionierenden Industriegesellschaft.

Tabelle 9:
Senkung von Immissionswerten

Stoff (mg/m^3)	Langzeitwert (I_1) heute	notwendig	Kurzzeitwert (I_2) 98% heute	notwendig
SO_2	0,14	0,05	0,4	0,15
NO_2	0,08	0,05	0,3	0,1
Schwebstaub	0,15	0,05	0,3	0,15
CO	10	5	30	10

Der Langzeitwert (I_1) bedeutet: Aus allen übers Jahr gemessenen Halbstunden-Mittelwerten wird das arithmetische Mittel gebildet. Kurzzeitwert (I_2) heißt: 98 Prozent aller Halb-Stunden-Werte müssen unter der angegebenen Grenze liegen. Der VDI-Entwurf zur TA Luft streicht für SO_2 und NO_2 die Langzeitwerte: Künftig darf SO_2 (in Verbindung mit 0,5 mg Staub) nur einmal am Tag den Halbstunden-Wert von 1,0 mg/m^3 überschreiten, der 24-Stunden-Mittelwert sollte nicht über 0,3 mg/m^3 liegen. Für NO_2 gilt: 0,1 mg/m^3 Tagesmittel, 0,2 mg/m^3 Halbstunden-Wert. Alle diese Werte sind nach Überzeugung des IFEU-Instituts zu hoch angesetzt (Quelle: UBA/IFEU).

Die Industrie und ihr Preis

Das sagt natürlich keiner der herrschenden Politiker expressis verbis. Sicherlich sind viele klammheimlich der Meinung, daß Schornsteine rauchen müssen für den Sieg an der Produktionsfront, daß Schwache, Alte, Kranke auf der Strecke bleiben müssen beim Kampf um Macht und Märkte – ein vernachlässigbares Risiko –, daß die Ökologie dem goldenen Kalb Ökonomie zu opfern ist. Doch dem Bürger ist diese unbarmherzige, brutale, menschenverachtende Haltung nicht zu »verkaufen«. Zu verkaufen ist: Umweltschutz, Fürsorge für Schwangere und ungeborenes Leben, Rücksicht auf Allergiker, Asthmatiker, Alte, schöne Heimat, Gesundheit für alle, Frieden, Mainz wie es lacht und singt – alles Fensterreden. In Klausur wird dann um jeden Grenzwert nicht als *Gesundheitsfaktor,* sondern als *Wirtschaftsfaktor* gerungen. Das Dilemma, in dem die VDI-Arbeitsgruppen, die »Grenzschützer«

stecken, können freilich nur sie selbst auflösen: Durch mehr Mut und weniger Kompromißbereitschaft, durch Kampf für die Durchsetzung der gewonnenen Daten *ohne* Rücksicht auf Verluste, *aus* Rücksicht vor Verlusten. Doch das Gegenteil ist der Fall. Da wird einem wissenschaftlichen Aufsatz mit dem Titel *Zur Frage von duldbaren Grenzwerten bei Karzinogenen* ein Zitat aus *Tristan und Isolde* (!) vorausgestellt (siehe auch: »Gottes Geißel Krebs«):

»Oh König, das kann ich Dir nicht sagen,
und was Du frägst, das wirst Du nie erfahren.«

Und Professor Erdwin Lahmann vom Institut für Wasser-, Boden- und Lufthygiene des Bundesgesundheitsamtes Berlin redet zwar vernünftig von einer neuen *Philosophie des Grenzwertes* (*Lahmann, Anhörung* 1984), warnt vehement, daß ein Grenzwert die *oberste Grenze sei, die überhaupt vertretbar ist,* und endet atemlos: »Wo der Grenzwert nun direkt angesiedelt wird, das ist eine *politische* Aufgabe.«

So aber lösen die Politiker diese Aufgabe. Der Bundesminister des Inneren, Friedrich Zimmermann, schrieb am 17. Juli 1984 dem BBU (Bundesverband Bürgerinitiativen Umweltschutz e. V.): »Als weitere Maßnahme zur Verminderung der Emissionen wird zur Zeit die Novellierung des Teils 3 der Technischen Anleitung Luft (TA Luft) vorbereitet. Der Entwurf wurde bereits mit den Ländern und den Bundesressorts beraten. Die Anhörung der beteiligten Kreise ist eingeleitet.« In der Antwort auf die Große Anfrage der Grünen »Kranke Umwelt – kranke Kinder« (*Deutscher Bundestag, 10, 2107*) rühmte sich die Bundesregierung, neue *Emissions*grenzwerte für Stäube, Nickel, Cadmium und Blei festgelegt zu haben. Die Fraktion der Grünen berief sich jedoch auf die oben schon mehrfach zitierte Anhörung, die deutlich gemacht hatte, »daß die derzeit gültigen *Immissions*grenzwerte der TA Luft *für die meisten Luftschadstoffe nicht ausreichend sind*«, und forderte den Bundestag auf, der Bundesregierung Beine zu machen, »umgehend eine Novellierung der TA Luft vorzulegen, in der die Immissionsgrenzwerte für die wichtigsten Luftschadstoffe so festgelegt sind, daß eine Gesundheitsgefährdung auch von Risikogruppen wie Kindern, alten Menschen, Allergikern oder Kranken ausgeschlossen ist«.

Der Antrag wurde von der CDU/CSU und der FDP *abgelehnt,* die SPD enthielt sich der Stimme. Sie sehen, an den Grenzwerten scheiden sich die Geister, trennen sich die Charaktere. Grenzwerte sind Kompromisse zwischen der Industrie, die hohe Kosten für den Umweltschutz scheut, und Medizinern, die ohne Rücksicht auf wirtschaftliche Faktoren die Gesundheit des Menschen schützen wollen, Kompromisse zwischen Tätern und Opfern, zwischen Mächtigen und Ohnmächtigen.

Doch die Vertreter der Opfer, die Ohnmächtigen – die Volksvertreter –, schlagen sich nur allzuschnell auf die Seite der Mächtigen. Wir sollten sie fortan mit der Elle der Grenzwerte messen: Da entscheidet es sich, ob wir es mit fürsorglichen Mandatsträgern zu tun haben oder mit korrupten vollmundigen Vormündern.

7. Gottes Geißel Krebs

Wir spielen mit zerschmetterten Atomen
und fürchten uns nicht mehr vor Karzinomen,
vor Pest und Tbc.
Wir wohnen ungerührt am Rand der Hölle,
und manchmal nur tut uns noch jene Stelle,
wo einst das Herz schlug, weh.

Dagmar Nick,
Wir

Im Reiß-Museum im ehemaligen Zeughaus der Stadt Mannheim tat sich am Dienstag, dem 31. Mai 1983, Unerhörtes. Im Vortragssaal des Museums, der zugleich Sitzungssaal ist, sprangen die Stadtväter auf und empörten sich. Hartmut Söhle, Maschinenbauingenieur, Vater zweier Kinder, zu jenem Zeitpunkt einziger Vertreter der Grünen, hatte aus einem Buch zitiert, das bis dato über einhunderttausendmal verkauft, aber wohl von keinem Mannheimer Stadtvertreter gelesen worden war, aus Egmont R. Kochs *Krebswelt* (1981). »In diesem Buch« hatte Söhle gerufen, »können Sie nachlesen, wie schrecklich hoch hier in Mannheim die Schadstoffbelastung, wie schlecht die Luft! Die Krebsanfälligkeit der Mannheimer liegt über dem Landes- und Bundesdurchschnitt! Mannheim ist ein richtiges Drecksnest!«

Der Aufschrei der Stadtdelegierten kam einhellig: Das war niederträchtigste Diffamierung ihrer schönen geschichtsträchtigen kurpfälzischen Metropole. Dabei hatte sich Hartmut Söhle nur versprochen, er wollte sagen: Mannheim ist ein richtiges *Krebsnest*!

Krebsnest Mannheim

Mit dem Wort »Krebsnest« stach Hartmut Söhle freilich erst recht in ein Wespennest. Dann sterben in Mannheim mehr Menschen an Krebs als anderswo in der Bundesrepublik, gibt es hier relativ und altersstandardisiert mehr Krebsopfer als in Biberach, Reutlingen oder Stuttgart, dann war mit mehr Nachdruck als bisher nach dem Täter zu fahnden. Und da führt die Spur direkt zur in Mannheim und Ludwigshafen ansässigen Industrie. In keiner Stadt der Bundesrepublik ballen sich auf engstem Raum so viele stinkende Chemiebetriebe, Papierwerke, Raffinerien und Kraftwerke. Keine Stadt hat zudem einen so gewaltigen Emittenten zum Nachbarn wie Mannheim die BASF auf der gegenüberliegenden Rheinseite in Ludwigshafen. Kurz: Erwies sich Mannheim als Krebsnest ersten Grades, lag der Schluß nahe, daß dies an der hochgradigen Luftverschmutzung lag.

Die Stinkestadt

Daß es in ihrer Stadt schon seit Jahr und Tag stinkt, das stank den Mannheimern schon seit langem. Sie kamen deswegen auf die in der Bundesrepublik wohl einmalige Idee, die wichtigsten Geruchsemissionen zu erfassen (R. Seitz und R. Zimmermann: *Erfassung der Geruchsemissionen im Stadtgebiet Mannheim,* 1981). Rund 100 über das Stadtgebiet verteilte Bürger wurden beauftragt, mehrmals täglich durch »bewußtes Riechen« (Schnüffeln) die Luft in ihrer Umgebung außerhalb ihrer Wohnung über ein Jahr lang auf folgende Gerüche zu prüfen«
– *Süßlich und fruchtig* wie Aceton, Fleckenwasser, frisches Holz, Obst oder Kakao?
– *Aromatisch* wie Lackverdünnung, Farbe, Lösungsmittel, Benzin, Terpentin, Alkohol?
– *Muffig* wie Mottenpulver?
– *Fischig* wie Fisch oder Fischmehl?
– *Ranzig* wie alte Butter, Butterkäse?
– *Faulig* wie faule Eier, Abwasserkanäle, Kot, Fäkalien?
– *Angebrannt* wie angebrannte Kartoffeln?
– *Verbrannt* wie verbrannter Gummi, Plastik, Kunststoff?
– *Medizinisch* wie Arznei, Desinfektionsmittel, Verbandsmaterial, Äther, Fotoentwickler?
– *Scharf-stechend* wie Waschlauge, Chlor (Luft im Hallenbad), Soda, WC-Reiniger, Salmiak?
– *Teerig-ölig* wie Motorenöl, warmer Asphalt?
– *Sauer* wie Sauerteig?

Das Riechkollektiv brachte unter enormen Anstrengungen insgesamt *110000 Geruchsproben* zustande, die in ein *Geruchsjournal* eingetragen wurden. Das erste überraschende Ergebnis findet sich im Anhang der Studie: Auf die Frage, ob sie sich in ihrer Wohnumgebung wohl fühlten, hatten 66 von 100 Riechern angegeben: Ja, sehr wohl. Auf die Frage, wie sie die gesammelten Gerüche empfinden, antworteten aus dem gleichen Kollektiv 54 Mannheimer »unangenehm und belästigend«, 31 meinten »störend«, und zwölf sagten sogar »unerträglich«. Das ergibt die nachdenkenswerte widersprüchliche Aussage: Die meisten Mannheimer, die sich sehr wohl in ihrer Stadt fühlen, fühlen sich unwohl. Ich komme auf dieses Dissonanz-Phänomen später zurück.

Faulig wie faule Eier

Wonach nun stinkt es in Mannheim? Spitzenreiter mit den meisten Nennungen ist der *faulige* Gestank (15,6%). In kurzem Abstand folgt der Gestank nach Verbranntem. Auf Platz drei rangiert eine Duftnote, die wir sonst als angenehm empfinden, die aber, wie mir Mannheimer versicherten, als Wolke ganz und gar unerträglich sei: *Süßlich* wie Aceton, Fleckenwasser, frisches Holz, Obst, Kakao.

Am meisten fühlten sich die Riecher *während ihres Schlafes* gestört. Die *Intensität der Gerüche* reichte von leicht bis stark. Bei immerhin 14,6 Prozent *aller* Notierungen hieß es: starker Gestank! Die größte Zahl der Stinke-Prisen, also die größte Dichte der Geruchswahrnehmungen (bis zu 50%) verzeichneten die Stadtteile Sandhofen-Süd, Schönau-Südwest, Waldhof-West, Rheinau und Jungbusch. Hohe Geruchs-Dichte herrschte auch in den Wohntürmen am Neckarufer *oberhalb* des Stockwerks Nummer 18. Entfernt liegende Emittenten wurden hier – laut Schnüffelkartei – als Stinker ermittelt.

Mag manches aus dem hier zitierten Geruchsjournal lustig klingen, das Lachen verging mir, als ich die Geruchsimmissionen mit den Schadstoffemissionen *(Emissionskataster Mannheim – Karlsruhe)* und Arbeiten des Krebsforschungszentrums Heidelberg verglich: Die Stadtteile, in denen es am meisten stinkt, wiesen auch die höchsten Werte an Schwefeldioxid, Stickstoffmonoxid und Stickstoffdioxid sowie Staub auf. Die Stadtteile, in denen es am meisten stinkt und giftet, sind in der Mehrzahl »arme« Viertel, von »sozial schwachen« Schichten bewohnt.

Die *Todes- und Krebsrate* in den Stadtteilen, in denen es am meisten stinkt und giftet, ist *höher als anderswo* (*Rainer Frentzel-Beyme,* 1980).

Die da oben, die da unten

An einem regnerischen Tag sitze ich einige Autominuten von Mannheim entfernt in einem Glasbunker des Heidelberger Krebsforschungszentrums Dr. Rainer Frentzel-Beyme gegenüber. Frentzel-Beyme, vom Hauch der Resignation umweht, trägt schon seit Jahren im Institut für Dokumentation, Information und Statistik Krebsdaten zusammen, ist Mitautor des *Krebsatlas der Bundesrepublik Deutschland,* 1984, fertigt hin und wieder auch Auftragsarbeiten für die BASF, die Badische Anilin- und Sodafabrik in Ludwigshafen. »Die guten Daten werden veröffentlicht«, meint er beinahe melancholisch, »die negativen verschwiegen.« Frentzel-Beyme erinnert sich gern an einen schon länger zurückliegenden, kämpferischen Auftritt: Da sagte er vor der amerikanischen Umweltbehörde EPA gegen den Chemie-Konzern Dow Chemical aus und wies auf die Brisanz der krebserregenden Chemikalie Dioxin hin: Einhundert BASF-Beschäftigte oder »Aniliner«, wie sie sich selbst gerne nennen, waren dem Gift ausgesetzt gewesen und hatten mit einer erhöhten Krebs- beziehungsweise Todesrate bezahlen müssen.

Heute formuliert Frentzel-Beyme vorsichtig, doch die Inhalte seiner Arbeiten sind klar und aufschlußreich. Schon in den 70er Jahren beschäftigte er sich mit dem »Krebsnest« Mannheim, denn die Krebsmortalität in Mannheim lag und liegt über die Jahre hinweg weit über dem Bundes- beziehungsweise Landesdurchschnitt. Besonders bei den bösartigen Neubildungen der Bronchien und der Lunge gehört Mannheim zur traurigen Spitze: mindestens 90 von 100000 Männern und 15 von 100000 Frauen sterben hier an Lungenkrebs, doppelt so viele wie im Durchschnitt in Baden-Württemberg. *Vor allem bei Männern über 60 war und ist die Sterberate besonders hoch.* Frentzel-Beyme entwarf aufgrund der statistischen Daten eine Sterbekarte der Stadt Mannheim (*Frentzel-Beyme,* 1980). Dabei ging er ungewöhnlich vor:
– Er sortierte die 320000 Mannheimer in vier Kästchen, »Quartile« genannt, mit je 80000 Mannheimern.

– Ins Kästchen eins kamen alle diejenigen Stadtbezirke, in denen es die meisten Arbeiter gab, die meisten Ausländer, die meisten Volksschulabgänger, die wenigsten Telefonanschlüsse. Dieses Quartil war sozusagen das Armenquartier.
– In die Kästchen zwei, drei und vier sammelte Frentzel-Beyme die jeweils »besseren« Schichten. Quartil vier war folglich die Heimat der »oberen« 80000.

Tod den Armen

Nachdem Frentzel-Beyme die Mannheimer in vier soziale Schichten geordnet hatte, betrachtete er die Sterbestatistik: Woran waren wo wieviele gestorben? Die Ergebnisse:
– Im Armenquartil starben mehr 45- bis 65jährige als in Quartil zwei, drei oder vier. *Von Viertel zu Viertel verringerte sich die Todesrate!*
– Todesursache Krebs stand auf den Totenscheinen der unteren Schicht (Quartil eins) weitaus häufiger als auf den Totenscheinen im Quartil vier (obere Schicht).
– Zweieinhalb mehr Frauen der unteren 80000 starben an Gebärmutterkrebs als der oberen 80000.
– An Lungenkrebs schließlich siechten doppelt soviele Männer im Armen-Viertel dahin wie jeweils Männer im Quartil drei und vier.

Frentzel-Beyme fand so einprägsam die alte Volksweisheit bestätigt: Wenn du arm bist, mußt du früher sterben. Er sortierte nun nochmals und verteilte die Quartile auf die 78 (statistischen) Stadtbezirke der Stinkestadt. Und siehe da – Sie ahnten es schon –, die unteren 80000 wohnten zumeist in Scharhof, Sandhofen, Schönau, Waldhof, Neckarstadt-West, Jungbusch, Neckarsau und Rheinau. Also dort, wo es am meisten stinkt.

Alles klar, denkt der Leser, die Stadtväter Mannheims werden für ihre Bürger, werden für bessere Luft auf die Barrikaden gehen. Mitnichten. Auch in Mannheim wird wie anderswo Jahr für Jahr ohne nennenswerten Aufstand das Lied vom Tod gespielt. Auch Dr. Frentzel-Beyme bleibt moderat: »Ein Zusammenhang zwischen Krebsmortalität und Luftverschmutzung läßt sich so einfach nicht herstellen«, meint er. »Das Dilemma der epidemiologischen Studien ist, daß sie selten eine definitive und eindeutige Antwort geben über die Auswirkungen von toxischen und kanzerogenen Substanzen auf die Gesundheit des Menschen.«

Von Mäusen und Menschen

Frentzel-Beyme träumt von »Fall-Kontroll-Studien«. Träumt davon, seine Mitarbeiter in Mannheimer (und Ludwigshafener) Familien hineinzuschicken und genauestens zu protokollieren: Geboren hier, in diesem Haus, in dieser Straße? Wo beschäftigt? Wieviel Stunden am Tag? Wie oft mit dem Auto unterwegs? Raucher oder Nichtraucher oder Mitraucher? Krebs in der Verwandtschaft? Wieviel Innenstaub, wieviel Außenstaub? Wieviel Schwefeldioxid, Stickoxid, Blei, Arsen, Asbest, Vinylchlorid . . . Und dann, so träumt Frentzel-Beyme, kann er endlich folgende Antwort geben: Ja, *weil* am 19. Januar 1982 in Mannheim-Süd und dort besonders in Rheinau-Süd drei Stunden lang mindestens 0,85 Milligramm Schwefeldioxid, 0,234 Milligramm Staub und vieles andere mehr in der Luft waren, erkrankten und starben hier die Menschen signifikant häufiger, als es die Ratio vermuten ließ, erlag Bernhard B. nach langem Leiden dem Lungenkrebs.

Ich fürchte, auch dann würde der Forscher Frentzel-Beyme mit jeder noch so ausgeklügelten und notwendigen epidemiologischen Studie Schiffbruch erleiden. Denn ein Mannheim und Ludwigshafen verpestenden Umweltverschmutzer würde wie folgt argumentieren: An welchem Tag, zu welcher Stunde, in welcher Minute spielte die erste Zelle im Körper des Aniliners Bernhard B. verrückt und begann zu wuchern? Gewiß, in Tausenden von Tierversuchen wurden Mäusen und Ratten kanzerogene Stoffe eingespritzt, eingerieben oder eingeblasen, und die Tiere erkrankten und die Kinder der Tiere erkrankten an Krebs und die Kindeskinder, doch eine Maus ist kein Mensch, und das beweise mir jemand, daß sich damals am 19. Januar, als Mannheim kurz vor dem Smog-Anfall stand, aus *meinem* Stickstoffdioxid die gefürchteten Nitrosamine gebildet haben und daß zu jenem Zeitpunkt die Atmosphäre wolkig und daß wenig ultraviolettes Licht einfiel (übrigens, was kann *ich* dafür?) . . . Außerdem war Bernhard B. ja bei der BASF beschäftigt und nicht bei mir, hat möglicherweise Dioxin, Formaldehyd oder Vinylchlorid eingeatmet . . . und überhaupt, vielleicht wäre er auch sowieso gestorben, sterben müssen wir alle.

Sie sehen, das Opfer kann sich drehen und wenden wie es will, der Täter bleibt versteckt.

Bürgeraktion Saubere Luft

Versuche, die Verstecke der Täter zu benennen und ihr Tun zu stoppen, unternimmt in Mannheim seit fünf Jahren die Bürgeraktion Saubere Luft. Sie – und die fünf Vertreter der Grünen – fordern seit langem, daß die Stadt Mannheim zum *Belastungsgebiet* im Sinne des § 44 des Bundesimmissionsschutzgesetzes erklärt wird. Belastungsgebiete sind immer dann auszuweisen, »wenn Luftverunreinigungen auftreten, die wegen ihrer Häufigkeit und Dauer, wegen ihrer hohen Konzentration, wegen der Gefahr des Zusammenwirkens verschiedener Luftverunreinigungen in besonderem Maße schädliche Umweltwirkungen herbeiführen können«. In einem Belastungsgebiet treten automatisch schärfere Umweltschutzbestimmungen in Kraft: Die betroffenen Firmen *müssen* fortan *regelmäßig* ihre Emissionen benennen, während dies vorher freiwillig und häufig nach Lust und Laune geschah. Ein aufgrund dieser genauen Daten erstellter Luftreinhalteplan zwingt dann die Luftverschmutzer zur Reduzierung ihrer Emissionen. Kurz, der Beschluß, eine Gegend als Belastungsgebiet einzustufen, kommt einer Stadt und auch der dort ansässigen Industrie teuer zu stehen, ist aber aus der Sicht der geplagten Bürger nur recht und billig.

In der Bundesrepublik gibt es mit Berlin 24 Belastungsgebiete (*Tabelle 10*). Mannheim ist nicht dabei.

Mannheimer Melange

In einem Quiz würde ich gern einmal die Frage stellen: Was meinen Sie, wieviel »luftfremde« Stoffe die 164 Betriebe in Mannheim so in die Gegend pusten? Die Antwort: 637 (*Emissionskataster,* 1982). Die 164 Betriebe in Mannheim allein (Kleingewerbe nicht mitgerechnet) verseuchen die Luft jedes Jahr mit 63000 Tonnen Schwefeldioxid, 55000 Tonnen Stickoxiden, 20000 Tonnen Kohlenmonoxid, 7000 Tonnen gemischte Gase und Dämpfe, 18000 Tonnen Staub. Hausbrand und Kraftfahrzeug-Verkehr werfen nochmals 30000 Tonnen Dreck dazu, macht alles in allem im Jahr *200000 Tonnen*. Kalkulieren wir die Winde aus Ludwigshafen (BASF) mit ein, so bekommt jeder Mannheimer im Jahr eine Tonne Schadstoffe ab. Wobei das Wort »Schadstoffe« den Sachverhalt verniedlicht, genauso wie das Wort »Baumsterben« vom eigentlichen Tatbestand ablenkt. Das sogenannte Baumsterben ist ein *Baum-Massaker,* und die Schadstoffe, die 637 »luftfremden« Gase, Dämpfe und Partikel, sind hochprozentige Gifte, Krankheitskeime, Krebserreger und Todesbringer, die miteinander und untereinander in vielfältigster Form reagieren, manchmal zwar gegenseitig sich hemmen, die sich summieren und potenzieren. Eins und eins und eins ist nicht drei, sondern dreißig. Da macht es nur noch einen makabren Sinn, daß der Mannheimer Hauptfriedhof im Stadtteil Wohlgelegen liegt. Wohl bekomm's!

Flüchten oder kämpfen

Knapp 12000 Mannheimer wählten 1982 fünf Grüne in die Stadtverwaltung. Diese 12000, und sicherlich auch ein Teil davon, die bei der SPD und der CDU ein Kreuz machten, weil sie sich dort in Sachen Umweltschutz gut aufgehoben fühlten, wollen eine bessere Stadt. Die überwältigende Mehrheit der Mannheimer aber meint: »Mär sin de Schmutz gewöhnt. Mär fühle uns wohl!« Der Verein »Frauen und Krebs« zum Beispiel, der sich bundesweit und auch in Mannheim rührend um Krebskranke kümmert, ist umweltpolitisch ohne Kraft: »Wir singen hier nur.« Auch der Leiter des Onkologischen Zentrums der Kliniken Mannheim, Professor Queisser, bemerkt bei seinen Kranken kein geschärftes Bewußtsein für die Umweltschäden – und für die möglicherweise damit zusammenhängenden Personenschäden. Krebs wird als Einzelschicksal erlebt, erduldet und auch verschwiegen. Man »macht das Beste draus«, man fühlt sich sogar irgendwie schuldig, man solidarisiert sich nicht, man isoliert sich.

Das Verhalten der Mannheimer, die (siehe oben) einerseits behaupten, sie fühlten sich hier wohl, und im gleichen Atemzug jammern, daß es ihnen stinkt, führt uns zu einem spannenden psychologischen Phänomen, zur *kognitiven Dissonanz*.

Tabelle 10:
Belastungsgebiete, Emissionskataster, Luftreinhaltepläne

Land/Gebiet	Belastungsgebiete Fläche in km^2	Luftreinhalteplan Laufzeit	Emissionskataster-Erscheinungsjahr
Bayern:			
Aschaffenburg	736	–	–
Augsburg	228	–	–
Burghausen	65	–	–
Erlangen-Fürth-Nürnberg	419	geplant	1982
Ingolstadt-Neustadt-Kelheim	541	–	–
München	822	–	–
Regensburg	55	–	–
Würzburg	63	–	–
Berlin:	480	ab 1981[1]	1981[2]
Hessen:			
Untermain	466	geplant	1982
Rhein-Main	122	1981–1986	1978
Wetzlar	49	–	1982
Kassel	148	–	1983
Nordrhein-Westfalen:			
Rheinschiene Süd	649	1982–1986[5]	1984[6]
Rheinschiene Mitte	356	1982–1986	1982
Ruhrgebiet West	711	1978–1982[3]	1978
Ruhrgebiet Mitte	756	1980–1984	1980
Ruhrgebiet Ost	712	1979–1983[3]	1979

Der Knoten im Kopf

Kognitive Dissonanz, ein Begriff aus der Verhaltens- und Sozialpsychologie, läßt sich anhand eines amüsant wirkenden Experiments erklären: Eine Gruppe von Personen wurde beauftragt, eine Stunde lang eine Arbeit zu tun, die sich als elendig langweilig entpuppte. Danach

Land/Gebiet	Belastungs-gebiete Fläche in km²	Luftrein-halteplan Laufzeit	Emissions-kataster-Erscheinungs-jahr
Rheinland-Pfalz:			
Ludwigshafen-Frankenthal	126	1979–1984	1979
Mainz-Budenheim	96	1982–1987	1978
Saarland:			
Dillingen	8	–	1978/1983[4]
Völklingen	35	–	1978/1983[4]
Saarbrücken	42	–	1978/1983[4]
Neunkirchen	31	–	1978/1983[4]

Die Arbeit an Luftreinhalteplänen und Emissionskatastern kommt in der Bundesrepublik nur zäh voran, ausgenommen Nordrhein-Westfalen (Quelle: Dritter Immissionsschutzbericht der Bundesregierung).

[1] nur für Schwefeldioxid
[2] Industrie und Gebäudeheizung nur für Schwefeldioxid, Verkehr nur Innenstadt, für weitere Schadstoffe und Verursacherbereiche geplant
[3] Fortschreibung in Vorbereitung
[4] 1978: Straßenverkehr, Hausbrand, Kleingewerbe; 1983: Industrie
[5] Fortschreibung des Luftreinhalteplans 1977 bis 1982
[6] Fortschreibung des Emissionskatasters 1976

wurde jeder einzelne aufgefordert, Neuankömmlinge in diese langweilige Arbeit einzuweisen, dabei aber zu schwindeln und den Neuankömmlingen die ermüdende Maloche in den höchsten Tönen zu preisen. Für die Lüge wurden mal *ein Dollar,* mal *zwanzig Dollar* geboten.

Sie glauben nun sicherlich, daß denjenigen, denen 20 Dollar für den Schwindel geboten wurden, die Lüge glatter von den Lippen ging?

Nein. In der Mehrzahl waren es die *Empfänger der Ein-Dollar-Scheine,* die den Neuankömmlingen die elendige Arbeit in den höchsten Tönen schilderten. Der Grund: Der Zwiespalt, in den diese Menschen geraten waren, die geistige Zwickmühle, die *kognitive Dissonanz,* war größer als bei den anderen. Die *Differenz* zwischen der Belohnung (ein Dollar) und der erteilten Aufgabe (Lüge) hatte diese Dissonanz ausgelöst – und folgende Gedankenkette lief in den Köpfen ab: Ich habe nur einen mickrigen Dollar bekommen, um eine solche Lüge in die Welt zu setzen. Da kann doch etwas nicht stimmen, daß man glaubte, daß ich für einen Dollar lüge, für einen Dollar käuflich bin. Nein, andersherum wird ein Schuh da draus: Die Arbeit war überhaupt nicht langweilig, sie hat doch irgendwie Spaß gemacht. Folglich sage ich den Neuankömmlingen ja nichts anderes als die Wahrheit, wenn ich diese Arbeit preise. Folglich habe ich den Dollar dafür bekommen, daß ich die Wahrheit sage.

Zahlreiche Experimente bestätigen den obigen Versuch: Der Mensch neigt dazu, seine Meinungen, seine Einstellungen, sein Wissen und seine Wertvorstellungen in Einklang miteinander zu bringen. Dissonanzen setzen ihn unter Druck, und die Dissonanzen werden auch auf Kosten des objektiven Tatbestandes aufgelöst. Verblüffend in diesem Zusammenhang auch folgendes Experiment: 553 US-Bürger wurden befragt, ob es zwischen Zigarettenrauchen und Lungenkrebs einen Zusammenhang gebe. 55 Prozent der Nichtraucher sagten: Nein, kein Zusammenhang. Von den schwachen Rauchern sagten immerhin schon 68 Prozent nein, kein Zusammenhang. Von den mittelstarken Rauchern antworteten dann 75 Prozent nein und von den starken Rauchern – wir ahnten es schon – 86 Prozent: Nein, kein Zusammenhang. *Die beim Rauchen auftretende Furcht vor Krebs* (Dissonanz) *wurde aufgelöst durch eine entsprechende Skepsis gegenüber allen wissenschaftlichen Informationen auf diesem Gebiet.*

Womit wir wieder in Mannheim sind. Viele Mannheimer – und auch Bundesbürger anderswo – leben in immerwährender kognitiver Dissonanz, wenn sie ihre Umwelt betrachten. Ihre praktischen Erlebnisse, ihre Nase (!), ihre Erlebnisse mit kranken Freunden und Verwandten, ihr Wissen aus Büchern und Zeitungen und Filmberichten sagt ihnen, müßte ihnen sagen: Diese Stadt ist wahrhaftig ein Drecksnest und ein Krebsnest dazu. Das muß ich ändern.

Andererseits lebe ich hier, arbeite, verdiene mein Geld bei denen, die mitschuldig sind . . . Das kann nicht sein, das darf nicht sein. Das stimmt auch nicht. Die Firmen tun, was sie können. Alles ist viel besser, als von diesen Nestbeschmutzern erzählt wird. Alles ist viel besser geworden. Es ist wirklich nicht so schlimm. In Wahrheit ist Mannheim eine schöne, saubere Stadt. Daß es hier stinkt, macht mir nichts aus. Ich fühle mich hier wohl!

Und nach Auflösung der kognitiven Dissonanz fühlen sich die Mannheimer auch wirklich wohl! Und sind auch in sich stimmig, wenn sie dies sagen. Und ärgern sich, wenn da irgendein Ökopax kommt und an diesem Wohlgefühl rüttelt – das ja nicht sehr stabil ist und gleich wieder in Dissonanz, in Zwiespalt, in Schlaflosigkeit umkippen kann. Und wer mag das schon, hier in Mannheim. Oder sonstwo in der Bundesrepublik – in der Bundesregierung. Schließen wir einfach das Fenster!

In der Tat antworteten 87 von 100 Mannheimern auf die Frage: Wie schützen Sie sich, wenn es zu Geruchsbelästigungen kommt? »Wir schließen das Fenster.«

Das Schnüfflerlied

Bundesweit bekannt wurden die »Stinkestadt« und ihre Geruchsprobleme dann in der Fernsehsendung *»Scheibenwischer«,* als Franz Hohler das Schnüfflerlied anstimmte:

Am Morgen mach ich das Fenster auf
und tue meinen ersten Schnauf
und schnüffle ich dann einen Hauch Asbest
dann weiß ich: Wind von Nord-Nord-West
von dort auch Geruch nach verfaultem Salat
und ein Viertel Isobutylacetat
Salmiak, Pyridin und Phenol sind dabei
und natürlich das übliche Quantum Blei
dann schreibe ich in mein Geruchsjournal:
Vormittag, 9 Uhr – alles normal
alles normal
alles normal

Am Mittag mach ich das Fenster auf
und tue meinen zweiten Schnauf
da weiß ich sogleich: wir kriegen Föhn
denn ich rieche deutlich Kerosen
die Kehrichtverbrennung dampft vor sich hin
heut ist es vor allem Anilin
und gleichzeitig riecht es ein bißchen so
wie damals beim Training in Seveso
drum schreibe ich in mein Geruchsjournal:
12 Uhr, mittags – alles normal
alles normal
alles normal

Am Abend mach ich das Fenster auf
und tue meinen dritten Schnauf
da merk ich sofort: aus dem Zentrum zieht
die 5-Uhr-Wolke Stickoxid
dazu steigt aus dem Lackfabrikkamin
der Tagesrest an Terpentin
und wegen der Bodeninversion
da duftet jetzt das Aceton
und so schreibe ich in mein Geruchsjournal:
17 Uhr, abends – alles normal
alles normal
alles normal

Und nachts, da mach ich das Fenster auf
und tue meinen vierten Schnauf
es ist jetzt schon empfindlich kühl
das ist günstig für alles Di- und Trimethyl
das treibt die Leute in die Betten
und zu ihren Kopfweh- und Schlaftabletten
ich nehm noch eine Nase voll und hoff
für heut sei's der letzte Schwefelwasserstoff
und dann schreibe ich in mein Geruchsjournal:
Mitternacht, 0 Uhr – alles normal
alles normal
alles normal

Fühlen Sie sich einfach stumpf und dumm
dann seien Sie beruhigt: Wir wissen, warum!
Wir tun zwar nichts dagegen, doch wir bilden uns fort
und gibt's was zu schnüffeln, dann sind wir vor Ort
auch Landesgrenzen schrecken uns nit:
In Waldshut riecht man Krypton, im Aargau Dynamit.
Aus Rheinfelden rief mich ein Kollege an: »Juhee!
Endlich erkenne ich auch TCDD!«
Am Abend war er tot, und im Geruchsjournal
da stand als letztes: Alles normal
alles normal
alles normal . . .

Krebsnest Mannheim – Krebsland Bundesrepublik

Im Jahre 1983 starben in der Bundesrepublik genau 343800 Männer und 374573 Frauen, das sind 718373 Menschen. Davon gingen an bösartigen Neubildungen zugrunde: 80255 Männer und 80871 Frauen – insgesamt 161126 Bundesbürger. Bald jeder vierte Bewohner dieses Landes stirbt an Krebs. Nach den Herz- und Kreislaufkrankheiten ist Krebs für Männer und Frauen zur zweithäufigsten Todesursachengruppe geworden. Da es in der BRD – außer in Hamburg und im Saarland – kein Krebsregister gibt, kann die Zahl der Krebskranken nur geschätzt werden: Zwei Millionen Bundesbürger sind in diesem Augenblick, da Sie dies lesen, krebskrank; 300000 kommen jedes Jahr hinzu. *Sowohl die Rate der Krebskranken als auch die Rate der Krebstoten steigt an.* Dieses gilt auch unter Berücksichtigung der gestiegenen Lebenserwartung. Im Jahre 1900 zum Beispiel starben im Deutschen Reich 40 von 100000 Menschen an Krebs, heute 250. Kann man Mannheim vielleicht als Krebs*nest* bezeichnen, so die Bundesrepublik mit Fug und Recht als Krebs*land*.

Krebs bei Kindern

Bedrückend, daß immer mehr Kinder an Krebs, insbesondere Leukämie, erkranken: Etwa 5000 Kinder bis zu 15 Jahren sind in diesem Augenblick in der Bundesrepublik an bösartigen Neubildungen erkrankt, insbesondere an Leukämie. Die *meisten Neuerkrankungen werden in der Altersgruppe der Ein- bis Fünfjährigen* diagnostiziert. Die Bundesregierung und die sie stützenden Politiker weigern sich beharrlich, zur Kenntnis zu nehmen, daß der Trend der Krebserkrankungen bei Kindern nach oben zeigt.

Wurden dem Institut für Medizinische Statistik und Dokumentation in Mainz 1980 noch 84 Kinder pro eine Million gemeldet, so waren es 1984 110 (*Tabelle 11*). Berücksichtige ich dabei, daß sich am Anfang nicht alle Kliniken an diesem Projekt beteiligt haben, so erlaubt das heutige Datenmaterial den Schluß:

– Die Krebsrate bei Kindern und Jugendlichen unter 15 Jahren steigt in der Bundesrepublik an.

– Jedes Jahr erkranken an Krebs hierzulande elf bis zwölf von 100000 Kindern unter 15 Jahren.

Der Minister für Jugend, Familie und Gesundheit, Heiner Geißler, am 25. Oktober 1984 dagegen: »*Blutkrebs und andere Krebsformen bei Kindern* zeigen *keine* zunehmende Tendenz. Nach in der Wissenschaft vorherrschender Auffassung sind die Ursachen für die heutigen Krebsarten *bei Erwachsenen* nicht in den aufgezählten Schadstoffbelastungen zu suchen, sondern in erster Linie im Rauchen beim Lungenkrebs oder im Ernährungsverhalten, vor allem beim Krebs des Dickdarms und des Rektums« (*Deutscher Bundestag, 10/2107*).

Was unsere Kinder angeht, eine Unwahrheit, was die Erwachsenen angeht, eine Teilwahrheit, wie wir später sehen werden. Das Denkmuster, das sich dahinter verbirgt: Nicht die Gesellschaft ist schuld (Luftverschmutzung, Boden-Luft-Schadstoffe), sondern die Einzelperson (Rauchen, Ernährungsfehler); nicht die versammelte Industrie ist schuld, sondern das einzelne Individuum, nicht die große Politik ist schuld, sondern der kleine Mann, die kleingemachte Frau.

Krebsmaximierung

Gottes Geißel Krebs: Leukämie bei Erwachsenen: zunehmend. Dickdarm- und Blasenkrebs, Krebs der Bauchspeicheldrüse: zunehmend (*TÜV, Rheinland,* 1983) Kehlkopfkrebs zunehmend. Anscheinend unaufhaltsam im Vormarsch: Lungenkrebs. *Entscheidend angestiegen sind hier seit 1952 die Todesfälle in der Altersgruppe der über 60jähri-*

Tabelle 11:
Krebs bei Kindern in der Bundesrepublik

Jahr	Zahl der Meldungen	Anzahl pro Million (Meldedatum)	Anzahl pro Million (Diagnosedatum)
1980	1023	84	91
1981	1059	102	98
1982	1032	110	99
1983	1096	114	110
1984	1008	112	105

Die Zahl der Krebserkrankungen bei Kindern steigt an. Sowohl die Tabelle, die sich nach dem Meldedatum wie auch die Tabelle, die sich nach dem Diagnosedatum richtet, verzeichnet eine Zunahme. Die Zahlen für 1984 sind vorläufig und werden noch aufgrund von Nachmeldungen nach oben korrigiert werden. Die absoluten Zahlen haben weniger Aussagekraft: 1980 gab es 11,2 Millionen Kinder unter 15, 1984 nur 9,5 Millionen (Quelle: Institut für Medizinische Statistik und Dokumentation, Mainz).

gen! Den Atem schnürte es in der Bundesrepublik 1970 genau 18367 Männern ab. 1971 starben schon 768 mehr an Lungenkrebs, 1972 sieben mehr, dann Jahr für Jahr 302 mehr, 217 mehr, 679 mehr, 197 mehr, 255 mehr, 563 mehr... Eine prächtige Bilanz für das Unternehmen Bundesrepublik. *Krebsmaximierung!* Innerhalb von 30 Jahren hat sich die Zahl der Männer in der Bundesrepublik, die an Lungenkrebs sterben, fast *verdreifacht,* die *Rate verdoppelt.* Erhöhte Todesraten durch Lungenkrebs auch bei Frauen – absolut wie relativ *(Tabelle 12),* wobei sowohl in Hamburg wie in Berlin jeweils relativ *doppelt soviel* Frauen an Lungenkrebs sterben wie in anderen Bundesländern. In Summe: 1983 gingen in der BRD 21326 Männer und 4422 Frauen an Lungenkrebs zugrunde.

Im *Krebsatlas* der Bundesrepublik Deutschland haben Professor Gustav Wagner, der uns schon bekannte Dr. Frentzel-Beyme und Dr.

Tabelle 12:
Die Krebssterblichkeit in der BR Deutschland 1952/1981

ICD	Todesursache Lokalisation	1952 Männer (M)	1981	1952 Frauen (F)	1981
140-149	Mundhöhle und Rachen	484	1661	207	474
150	Speiseröhre	1228	1656	525	578
151	Magen	13615	9081	11014	8476
152-153	Darm, ohne Enddarm	2572	6003	2966	8903
154	Enddarm	2469	3815	1654	3878
161	Kehlkopf	590	1044	80	103
162	Luftröhre, Bronchien, Lunge	6296	21068	1356	4022
170-171	Knochen (und Bindegewebe)	664	382	570	334
172-173	Haut	381	831	482	867
175	Brustdrüse	50	92	5483	12808
180	Gebärmutterkrebs	–	–	929	2241
182	Gebärmutterkörper	–	–	4275	2911
185	Prostata	2920	7893	–	–
200-202	Morbus Hodgkin Lymphome	876	2019	669	1990
204-208	Leukämien	1215	2464	974	2440
	Sonstige	9364	21148	15519	29498
140-208	Gesamt	42782	79065	46703	79524

Besonders die Erkrankungen an Lungenkrebs nehmen in der Bundesrepublik überproportional zu. (ICD ist der internationale Klassi-

Nikolaus Becker den Stadt- und Landkreisen der Bundesrepublik die jeweiligen Krebsarten zugeordnet. Die in punkto Krebssterblichkeit deutlich über dem Durchschnitt liegenden Gebiete wurden *rot* markiert. So lassen sich die *Krebsnester* in der deutschen Krebslandschaft ausmachen. Zum Beispiel Krebs der Luftröhre, der Bronchien und der Lunge der Männer:

1952 Rate M	1981	1952 Rate F	1981	Differenz M (in %)	Differenz F (in %)
1,7	4,2	0,6	0,7	+ 147	+ 17
4,4	4,0	1,5	0,7	– 9	– 53
46,9	20,3	30,3	10,5	– 57	– 65
5,9	13,2	8,2	11,5	+ 48	+ 40
8,5	8,5	4,6	5,0	0	+ 9
2,0	2,5	0,2	0,2	+ 25	0
22,3	48,7	3,8	5,9	+118	+ 55
2,4	1,0	1,8	0,6	– 58	– 67
1,5	2,1	1,6	1,4	+ 40	– 13
0,2	0,3	15,6	21,4	0	+ 37
–	–	2,7	4,0	–	+ 48
–	–	12,2	4,2	–	– 66
10,1	16,1	–	–	+ 59	–
3,3	5,1	2,1	3,2	+ 48	+ 52
5,0	6,0	3,4	4,0	+ 20	+ 18
33,3	49,4	33,2	41,9	+ 48	– 7
150,4	181,1	132,7	114,4	+ 21	– 14

fizierungsschlüssel für die Todesursache.) Die Rate ist berechnet auf die Weltbevölkerung (Quelle: Krebsatlas).

– Der gesamte mittlere Westen der Bundesrepublik leuchtet rot. Das reicht von Kleve über Düsseldorf bis Saarbrücken, von Hamm über Neuwied bis Ludwigshafen Stadt und Land. Doch auch in Emden, in der Wesermarsch, in Hamburg, Salzgitter und Berlin sterben relativ mehr Männer an Lungenkrebs als anderswo.
– Bei Frauen zieht sich eine rote Zone von Plön, Segeburg, Pinneberg

nach Hamburg und Harburg. Erhöhte Mortalität an Lungenkrebs ähnlich wie bei den Männern in ganz Nordrhein-Westfalen. Punktuell: Braunschweig, Peine, Hannover. Frankfurt, Offenbach, Wiesbaden. Worms, Ludwigshafen, Mannheim, Augsburg, München.
– Traurigen Lungenkrebsrekord für Männer hält Oberhausen mit einer Sterberate, die 28 Prozent über dem Bundesdurchschnitt liegt. Knapp folgt Duisburg, dann Hagen, Krefeld, Bottrop, Saarbrücken, Solingen, Gelsenkirchen, Remscheid, Düren, Düsseldorf, Essen, Aachen.
– Bei Frauen hält Berlin den düsteren Rekord: Relativ *doppelt* soviel Frauen sterben hier an Lungenkrebs wie im Durchschnitt in der Bundesrepublik. Hoch auch die Sterberaten in Worms, Wiesbaden, Hamburg, Bremerhaven, Neumünster, Düsseldorf, Segeburg und Köln.

Schon diese Aufzählung zeigt, daß Lungenkrebs überwiegend in den Großstädten und Ballungsräumen gehäuft auftritt. Der »urbane« Faktor für den Lungenkrebs ist in zahlreichen internationalen wissenschaftlichen Arbeiten dokumentiert, für Frauen wie Männer, für Raucher wie Nichtraucher: In der Stadt, sprich in Gebieten mit hoher Bevölkerungsdichte, ist die Sterberate an Lungenkrebs höher als auf dem Land. Diese Sterberate steigt noch mal an proportional mit der Anzahl der gerauchten Zigaretten. Bei der Auswertung von Sterberegistern von Nordrhein-Westfalen konnte der Düsseldorfer Umwelthygieniker Professor Friedrich Pott erneut bestätigen: *Die Lungenkrebshäufigkeit der Männer steigt mit der Bevölkerungsdichte an.* Auch der Lungenkrebs bei Frauen ist, das sei hier nochmals ausdrücklich festgehalten, in den Städten doppelt so häufig wie auf dem Lande.

Krebsursache Rauchen

Epidemiologische Studien in den USA haben berechnet, daß 91 Prozent der Lungenkrebsfälle der Männer und 77 Prozent der Frauen auf das Rauchen zurückzuführen sind. Diese Schätzung ist nicht so ohne weiteres auf die Bundesrepublik zu übertragen: Wenn zum Beispiel in Oberhausen *60 Prozent mehr* Männer an Lungenkrebs sterben als in Münster, dann sind sicherlich verstärkt krebserzeugende Arbeitsstoffe und Luftverunreinigungen im Spiel. Zudem: Rauchen *und* Arbeitsplatz *und* schlechte Luft potenzieren sich. »Nur geringe Fehler bei der Abschätzung des Einflusses ›Rauchen‹ führen zu erheblichen Zahlenverschiebungen bei den anderen Ursachen«, schreibt Professor Friedrich Pott, Abteilungsleiter im Medizinischen Institut für Umwelthygiene in Düsseldorf. »Es ist ein wesentlicher Unterschied, ob von den rund 25000 jährlichen Lungenkrebsfällen in der Bundesrepublik 2000, 5000 oder 10000 nicht dem Rauchen zugeschrieben werden können und anderen Einwirkungen anzulasten sind.« In der Tat hat sich diese Schätzung im Lauf der Jahre verändert: Heute nimmt die Weltgesundheitsorganisation (WHO) an, daß pro Jahr fünf bis zehn Menschen je 100000 Einwohner an Lungenkrebs aus der Luft sterben – das bedeutet für die Bundesrepublik zwischen 3000 und 6000. Diese Zahl wird sicherlich in den nächsten Jahren nach oben korrigiert werden müssen, denn

– die vor zehn, 20, 30 Jahren eingeatmeten Mengen an Staub, Asbest oder krebserregenden Stoffen sind Ursache für die heutigen und morgigen Erkrankungen an Lungenkrebs.

– die Konzentration der polyzyklischen aromatischen Kohlenwasserstoffe (PAH) in der Atmosphäre hat zwar abgenommen, doch die Verbreitung von krebserzeugenden Stoffen hat in den letzten zehn bis 20 Jahren zugenommen.

Krebsursache Arbeitsplatz

Seit Jahren erkannt ist der *berufsbedingte Krebs*. Nach Angaben der Berufsgenossenschaft der chemischen Industrie müssen derzeit 14000 Menschen mit krebserregenden Stoffen arbeiten. Die Ziffer der Arbeitnehmer, die aufgrund ihres Arbeitsplatzes an Krebs sterben, wurde von Jahr zu Jahr nach *oben* korrigiert. Heute schätzt das Internationale Krebsforschungszentrum in Lyon (IARC), daß ein bis zwei Prozent aller Krebstodesfälle auf die direkte Einwirkung chemischer Substanzen am Arbeitsplatz zurückzuführen sind (*Pott*, 1983). Für die Bundesrepublik würde das *1500 bis 3000* Todesfälle pro Jahr bedeuten.

Wenn Sie jedoch in den berufsgenossenschaftlichen Unterlagen nachschauen, dann finden Sie 1979 nur 30 (!) Krebstodesfälle und 1982 nur 84 (!) asbestbedingte Krebsfälle, die entschädigt wurden. »Die große Diskrepanz zwischen hochgerechneten und entschädigten Fällen ist zu einem wesentlichen Teil dadurch bedingt, daß der berufsbedingte Krebs sehr häufig erst *im Rentenalter* auftritt und sich dann ein

Zusammenhang mit der Ursache kaum noch mit hinreichender Wahrscheinlichkeit feststellen läßt« (*Pott,* 1983). Sprich: Zehn-, zwanzigtausend Männer und Frauen gingen in den letzten Jahren an Krebs zugrunde, *weil* sie mit krebserregenden Stoffen arbeiteten, aber sie beziehungsweise ihre Angehörigen wurden in keiner Weise entschädigt.

Der Grund: Nach § 551 Abs. 1 der Reichsversicherungsordnung (RVO) gilt als Berufskrankheit nur, wenn der ursächliche Zusammenhang zwischen Beruf und Erkrankung hundertprozentig feststeht. Lungenkrebs bei Teerarbeitern oder Kokereiarbeitern ist in der sogenannten Berufskrankenliste *nicht* enthalten. Das asbestbedingte Mesotheliom (Tumore des Brust- und Bauchfells) ist erst seit 1977 in der Berufskrankheitenliste, obwohl schon seit 1965 *kein Zweifel* mehr über den Verursacher – nämlich Asbest – bestand. Das asbestbedingte Lungenkarzinom (Lungenkrebs) wird trotzdem nur anerkannt, wenn auch eine Asbestose (Asbeststaublunge) vorliegt.

Der kranke, der wegen seines Berufs an Krebs erkrankte Bürger bekommt, wenn überhaupt, nur unter größten Schwierigkeiten seine Rente. Das hat uns alle betreffende fatale Folgen:

1. Der Öffentlichkeit wird nicht bewußt, wie groß die Anzahl der berufsbedingten Erkrankungen und Todesfälle überhaupt ist. Da läutet keine Alarmglocke!
2. Die maximalen Arbeitsplatzkonzentrationen (MAK), also die Grenzwerte für die Schadstoffe am Arbeitsplatz, wurden wegen der fehlenden Dramatik einer hohen Todeszahl *zu hoch angesetzt*. Auch hier gilt: Je weniger Tote publik werden, desto höher der Grenzwert.
3. Die sträfliche Nachlässigkeit im Arbeitsbereich, die Todesfälle in Kauf nimmt und dann verdunkelt, schlägt sich nieder in einer laschen Luftreinhaltepolitik. Wenn schon am Arbeitsplatz bei so starken Giften so wenig passiert, dann ist unsere Großstadtluft unbedenklich zu genießen. Die Verdunkelung da drinnen nimmt den Durchblick da draußen.

Schauen wir uns gezielt die berufsbedingten *Krebserkrankungen der Lunge* an, so finden wir bei den Berufsgenossenschaften Ende 1977 genau 197 laufende Rentenfälle.

Lungenkrebs, so schätzt jedoch der Düsseldorfer Umweltforscher Pott, kann bei 15 Prozent der Männer und fünf Prozent der Frauen durch berufliche Schadstoffbelastung verursacht worden sein, das heißt Jahr für Jahr bei 3100 Männern und 600 Frauen.

Krebsursache Luft

In den USA wird der Anteil der *Verbrennungsprodukte* in der Atmosphäre am Ursachenkomplex Lungenkrebs auf wenige Prozent geschätzt. Dieser Anteil dürfte in der Bundesrepublik jedoch *wesentlich höher sein,* weil die Konzentrationen bei polyzyklischen aromatischen Kohlenwasserstoffen im Ruhrgebiet früher vielfach größer waren als in den USA *(Pott, Antworten der Sachverständigen).* Der Einfluß der gasförmigen Verunreinigungen der Atmosphäre auf die Entstehung von Tumoren ist noch nicht ausreichend geklärt. Ob Reizstoffe wie Schwefeldioxid und Stickstoffdioxid den Krebserregern den Boden – besser die Lunge – vorbereiten, wird noch heftig diskutiert. Sicher ist jedoch: Unsere Großstadtluft enthält Substanzen, die im Tierexperiment oder in vitro (im Reagenzglas) kanzerogen wirken (*Schlipköter,* 1983).

PAH – Krebserreger

Allgegenwärtig sind die polyzyklischen aromatischen Kohlenwasserstoffe (PAH) aus den Abgasen von festen Brennstoffen wie Kohleheizungen oder Kokereien. Bekanntester krebsauslösender Vertreter dieser Gruppe ist das Benzpyren. Goldhamster, mit *nichtgiftigen* Konzentrationen »beatmet«, erkrankten an Lungenkrebs. Der Benzpyrengehalt der Luft ist auch Maßstab für den PAH-Gehalt. Der Düsseldorfer Umwelthygieniker Friedrich Pott: »Aufgrund des gegenwärtigen Wissensstandes rechnen wir damit, daß der Gehalt der Atmosphäre an PAH an der Lungenkrebshäufigkeit in Deutschland beteiligt ist.«

Bis Mitte der 70er Jahre wurden im Ruhrgebiet PAH-Konzentrationen gemessen, die zehnmal so hoch waren wie die in den nordamerikanischen Großstädten. Dieser Rückblick ist bedeutsam: Denn diese hohen Mengen damals sind Zeitzünder für heutige Krebserkrankungen. Duisburg und Gelsenkirchen lagen regelmäßig weit über dem sogenannten Vorsorgewert von zehn Nanogramm (Milliardstel Gramm). Aber auch noch 1979 notierten drei von 24 Meßstellen an Rhein und Ruhr Überschreitungen dieses Jahresmittelwertes von zehn Nanogramm. Einen Skandal nennen es Mitarbeiter des Umweltbundesamtes in Berlin, daß dieser Vorsorgewert *an Arbeitsplätzen weit überschritten wird.* Teerdämpfe, Kokereigase und andere Abgase sind der schleichende Tod für zahlreiche, zumeist ausländische Arbeiter und eine latente Gefahr für die Anwohner.

Lungentorpedo Asbest

Die Gesundheitsgefahr, die von Asbest ausgeht, wurde erst spät zur Kenntnis genommen. Asbest ist eine Sammelbezeichnung für silikatische Metalle, die in der Natur faserförmig vorkommen. Asbest wird zu 70 bis 80 Prozent zu Asbestzementprodukten für den Hoch- und Tiefbau verarbeitet. Gesamt-Weltproduktion: 5,2 Millionen Tonnen. In der Bundesrepublik werden für den Hoch- und Tiefbau rund 140000 Tonnen Asbest verbraucht, für die Herstellung von Brems- und Kupplungsbelägen etwa 9000 Tonnen und für Fußbodenbeläge 15000 Tonnen. Mindestens 48 Tonnen gehen jedes Jahr in die Luft, aus Baustoffgroßhandlungen und Betrieben, auf Baustellen und durch Abrieb der Bremsbeläge. Wieviel von diesen tödlichen Fasern noch zusätzlich von Dächern, Fassaden und Straßen hochtreibt oder niedergeht, ist unbekannt.

Das US-Institut für Arbeitssicherheit zählt Asbest zu den zehn Stoffen mit dem höchsten krebserregenden Potential. Im Gegensatz zu den chemisch wirkenden Schadstoffen wirkt Asbest eher mechanisch. Eingeatmete Fasern (Feinstaub) werden in den Lungen von den Freßzellen aufgenommen. Die Zellmembran geht kaputt, die Zelle stirbt ab, der erste Schritt zur Asbestose (Asbeststaublunge). Die Stärke der *krebserzeugenden* Wirkung hängt vor allem von der Länge und dem Durchmesser der Faser ab. Asbestbedingte Lungentumore treten bei Rauchern häufiger auf als bei Nichtrauchern. Offensichtlich wirken beide kanzerogene Faktoren zusammen. Die Zahl der herumschwirrenden Asbestfasern ist gigantisch: Ein Duisburger inhaliert täglich 20000 bis 150000 Asbestfasern!

Vergleiche 1981/82 zwischen Düsseldorf, Duisburg, Dortmund und der Ortschaft Krahm im Bergischen Land zeigten: 710 Asbestfasern *pro Kubikmeter Luft* (F/m^3) im Jahresschnitt in Krahm (1981), 2520 in Dortmund, 4525 in Duisburg, 1295 in Düsseldorf (alle drei Großstädte 1982). Als Faustregel gilt: Die Faserndichte ist in der Stadt fünf- bis zehnmal so hoch als auf dem Land (*Höhr,* 1983). »Für Asbest läßt sich bisher keine untere Grenze der Schädlichkeit angeben, und man wird sie sicherlich auch in naher Zukunft nicht bestimmen können«, sagt der altgediente Staub-Experte Professor Hans-Werner Schlipköter. Das Bundesgesundheitsamt strebt einen – umstrittenen – Richtwert von 1000 Fasern/m^3 an. Schlipköter fordert dagegen, daß durch städtebauliche Maßnahmen die Asbestemission in unseren Städten vermindert beziehungsweise verhindert wird. »Die bedenkenlose Anwendung von Asbest und Asbestzement stellt uns in der Gegenwart und Zukunft vor schwierige Aufgaben« (*Schlipköter,* 1983). In der Zwischenzeit wurden zwar zahlreiche Ersatzstoffe gefunden, und Asbest soll weitgehend ersetzt werden – doch die Altbelastung bleibt.

Tausend Fremdstoffe – tausend Tode

Mehr als 1000 »luftfremde« Stoffe, erkannte und unerkannte, erfaßte und nichterfaßte, treiben sich in der Großstadtluft herum, der »black box«, dem schwarzen Kasten. Allein die Schwebstoffe bestehen aus mehr als 500 Komponenten und enthalten anorganische und organische Substanzen: Schwermetalle, Sulfate und die schon erwähnten polyzyklischen aromatischen Kohlenwasserstoffe (PAH). Insgesamt sind etwa fünf Millionen (!) chemischer Stoffe registriert, etwa 500 neue Substanzen kommen jährlich hinzu, und etwa 42000 chemische Verbindungen oder Substanzen sind in der BRD auf dem Markt (*Liste Altstoffe UBA,* 1985). Die Vielzahl der Stoffe macht es den Wissenschaftlern praktisch unmöglich, jeden einzelnen auf seine Kanzerogenität zu prüfen; ein Tierversuch für *einen* Stoff verschlingt rund 750000 DM und unzählige Tiere. Deswegen wird vermehrt mit Zell- oder Organkulturen gearbeitet, die *in vitro,* also im Glas, krebsauslösenden Agentien ausgesetzt werden. Da viele der um uns herumschwebenden Giftstoffe sich in ihrer Schädlichkeit potenzieren, lag es nahe, ganz normalen Staub einer Großstadt zu sammeln und zu testen, was mit den menschlichen beziehungsweise tierischen Zellen passiert. Es passierte Schlimmes:

Der ganz normale Feinstaubextrakt verwandelte, *transformierte* die menschlichen und tierischen Zellen, sie änderten ihre Eigenschaften. Die transformierten Zellen, Goldhamstern eingeimpft, lösten in den Tieren zu einem hohen Prozentsatz bösartige Tumore aus, auch in den Nachkommen (*Seemayer,* 1980 II).

Die Summe der Ergebnisse:
Schwebstaubextrakte aus den Städten Duisburg, Gelsenkirchen, Düsseldorf und Bochum wirken
– *zytotoxisch,* das heißt schädigen je nach Höhe und Dauer der Einwirkung menschliche und tierische Zellen,
– *mutagen,* das heißt können das Erbgut der Zellen beeinflussen,
– *kanzerogen,* das heißt krebserzeugend sowohl als Gesamtstaub als auch aufgesplittert in Benzo(a)pyren und andere . . .

Angesichts dieser und anderer Untersuchungen, die *beweisen,* daß die Luft in den Ballungsgebieten, daß die Emissionen aus Heizungen, Kraftfahrzeugen, Kraftwerken, Industrieanlagen, großen wie kleinen, uns krank machen, in manchen von uns Krebs auslösen, ist ein Bündel von Maßnahmen notwendig:
– Beseitigung der Quellen für Asbeststäube,
– Verbesserung der Verbrennungsprozesse, »saubere« Brennstoffe.
– Verminderung und Überwachung der Kfz-Emissionen,
– Trennung von Wohngebieten und emissionsreichen Industriebetrieben,
– Einführung (wie im Saarland und in Hamburg) eines bundesweiten Krebsregisters, um über Krebserkrankungen informiert zu sein,
– Begrenzung der *Emissionen* krebserzeugender Stoffe, Kontrolle der Betriebe, die krebserzeugende Stoffe produzieren oder verarbeiten,
– Messung der Immissionen krebserzeugender Stoffe.

Mit den beiden letztgenannten Punkten schlage ich freilich eines der finstersten Kapitel dieses Buches auf. Was sich in der Bundesrepublik an krebserzeugenden Stoffen auf unserer Haut, in unseren Lungen niederschlägt, wird zumeist amtlich weder *registriert noch kontrolliert.* Trotz eindringlicher Warnungen der Wissenschaftler wurden bei der Novellierung der TA Luft 1983 für kanzerogene Stoffe *keine* Immissionswerte festgelegt! Statt dessen ist seit Jahr und Tag eine wilde Diskussion darüber im Gange, *wieviel Krebstote verkraftbar seien.* Immissionen, das sei hier noch einmal festgehalten, sind die aus Emissionen entstandenen, luftfremden, biologisch schädlichen Verunreinigungen, also das, was sich auf uns niedersenkt.

Freibrief für fahrlässige Tötung

In den Arbeitsgruppen, die sich mit den Maximalen Immissionswerten (MIK) für krebserzeugende Stoffe beschäftigen, gehen folgende Gedanken um: Ein Schutz jedes Individuums, auch des empfindlichsten, kann *grundsätzlich nicht gewährleistet werden* (*Prinz,* 1984). Bei krebserzeugenden oder das Erbgut schädigenden Substanzen ist eine *unschädliche Dosis nicht zu ermitteln.* Folglich ist es auch praktisch unmöglich, einen Grenzwert aufzustellen! Wir können keine Maximalen Immissionswerte nennen; also führen wir den Begriff *Vorsorgewerte* ein. »Zugegebenermaßen ist das ein Schlenker, denn bei den Vorsorgewerten schauen wir doch etwas *auf die technische und ökonomische Realisierbarkeit*« (*Prinz,* 1984).

Sie sehen, es läuft genauso ab, wie der besorgte Bürger befürchtet: Aus wirtschaftlichen Erwägungen werden schon im Vorfeld der herrschenden Luftreinhaltepraktik Entscheidungen getroffen, die uns dann später als überaus fürsorglich verkauft werden. Warten Sie ab, bis sich die Politiker dieses Begriffs *Vorsorgewerte* angenommen haben, der ja vorzüglich zu »verkaufen« ist, und Sie werden nicht mehr erkennen, daß handfeste ökonomische Interessen dahinter stecken und der Vorsorgewert für gefährliche luftfremde Stoffe ein Windei ist. Lassen Sie sich auch grundsätzlich nicht von dem Begriff *Grenzwerte* täuschen. Die Grenzwerte der TA Luft sind *nicht gesetzlich festgelegt,* sondern gehören zu den sogenannten Allgemeinen Verwaltungsvorschriften (sehen Sie auch später: »Weiße Westen – schmutzige Hände«). Kraß gesagt: Manche dieser Grenzwerte sind Freibriefe für fahrlässige Tötung.

Folgen wir weiter den wissenschaftlichen Gedankengängen bei der Grenzwert-Suche. Krebserzeugende Stoffe wirken, wie wir gesehen haben, unabhängig von Dosis und Zeit, wirken womöglich in winzigsten Mengen. Was also tun? Wir legen einen Grenzwert – oder Vorsorgewert – fest, der so viele Krebstote einkalkuliert, wie von der Gesellschaft – den Bundesbürgern – akzeptiert werden! Bei Asbest wissen wir, »schätzen« wir für die Bundesrepublik: 1000 Krebstote im Jahr. Die natürliche, ionisierende Strahlung rafft rund 200 Menschen mit Krebs hinweg. Auf der anderen Seite akzeptiert die Gesellschaft jährlich rund 12000 Verkehrstote! Von den 180000 Männern und Frauen, die in der BRD jährlich an Krebs sterben, sind vielleicht zwei, drei oder vier Prozent Opfer von Umweltschadstoffen, 3600, 5400,

7200 . . . Von den 25 000 Lungenkrebs-Toten gehen vielleicht auf das Konto Großstadtluft 2000 ??? *Zumutbar!*

Sie sehen, in welchen Wirrwarr der meiner Ansicht nach falsche Ansatz führt: Giftausstöße nach der *Zumutbarkeit* festzulegen oder überhaupt nicht zu begrenzen. Das führt dann zu Aussagen wie: »Da leider von seiten der Wirkungsforschung kein Schwellenwert angegeben werden kann und deshalb die Administration keine Immissionsgrenzwerte für Asbest-Fasern festgelegt hat und auch keine Tendenz, dies zu tun, festzustellen ist, fühlt sich der Meßtechniker allein gelassen« (*Buck,* 1984).

Was für die Immissionen gilt, gilt – verändert – auch für die *Emissionen.* In der TA Luft 1983 werden 15 krebserzeugende Stoffe aufgeführt, für die Emissions-Grenzwerte festgelegt wurden. So brisante Gifte wie Benzol, Vinylchlorid und Acrylnitrit, die in großen Mengen unsere Umwelt verseuchen, sind nicht dabei, werden erst demnächst hineingebastelt. Die Krebserreger sind zwar säuberlich in Klassen eingeteilt, die jeweiligen Grenzwerte dürfen jedoch überschritten werden – eine für Umwelthygieniker hanebüchene Entscheidung (*Tabelle 13*). Die Vorschriften zur »Begrenzung kanzerogener Substanzen« sind so formuliert, daß sich jeder Emittent aus der Verantwortung stehlen kann.

– Die Vorbelastung eines Gebietes wird außer acht gelassen. Im Prinzip können mehrere Anlagen, die dieselben Karzinogene auswerfen, auf engem Raum erstellt werden, auch wenn die Vorbelastung schon hoch ist (*Türck,* 1984).
– Der Massenstrom ist nicht nach oben begrenzt, das heißt, je größer die Anlage, desto größere Mengen kann sie auch herauspusten.
– TA Luft gilt nur für *genehmigungsbedürftige Anlagen.* Emissionen aus Verkehr, Hausbrand und nicht genehmigungsbedürftigen Anlagen werden nicht begrenzt. Gerade diese Emissionen spielen für die Gesamtbelastung eine wesentliche Rolle (*Türck,* 1984).

Krebs nimmt zu, bestimmte Krebsarten nehmen zu wie nie zuvor. Die Gefahr, die diese moderne Seuche für unsere Gesellschaft bedeutet, wird noch weitgehend unterschätzt. Krebs ist ein Signal für den schon lange anhaltenden Skandal einer dilettantischen Umweltpolitik. Krebs ist nicht nur Schicksal, ist nicht Gottes Geißel – Krebs ist eine Erkrankung der Gemeinschaft, eine Erkrankung des Gemeinwesens, des *Gemeinsinns.*

Krebs – eine soziale Erkrankung

Der Name »Krebs« leitet sich ab von der Form mancher Brustkrebse, deren Ausläufer wie die Gliedmaßen einer großen Krabbe aussehen. Unter Krebs werden verschiedene Erkrankungen subsumiert, die alle eines gemeinsam haben: Das Funktionsprogramm der Zellen ist gestört. Wie eine Zelle sich »benimmt«, hängt von ihrem Programm ab, und von den Informationen, die sie von außen erhält. Wenn alles normal läuft, haben die Zellen Kontakt miteinander über ein Steuerungs- und Informationssystem, harmonieren miteinander. In allen menschlichen und tierischen Zellen steuern Gene die Produktion der für normales Zellwachstum und Zellentwicklung notwendigen Enzyme. Unter ihnen sind auch – zunächst völlig normal – sogenannte Proto-Krebsgene, *Vorläufer* der Krebsgene. Die Proto-Krebsgene können durch Auslöser von außen (Umweltfaktoren) wie von innen (Erbfaktoren) dazu gebracht werden, ihr Funktionsprogramm zu ändern. So gut wie alle Gewebe des Körpers können in ihrem Wachstum entgleisen und geschwulstartig wuchern. Im Gegensatz zu den gutartigen Tumoren dringen bösartige Geschwülste rasch und schrankenlos in Nachbargewebe ein, zerfressen sie, zerstören deren Gefäße, die dann bluten, wuchern Körperkanäle zu und siedeln via Blutweg oder Lymphgefäße Tochtergeschwülste (Metastasen) in fernen Organen an. Ob bösartige Wucherung des Deckzellgewebes (Karzinom), des Stützgewebes (Sarkom) oder krankhafte Vermehrung der weißen Blutkörperchen (Leukämie) – immer bedeutet Krebs eine entscheidende *soziale* Erkrankung des Lebewesens.

Die Zellen im Körper des Menschen führen ein genauso geregeltes Leben wie die Menschen, Tiere und Pflanzen in einem intakten Ökosystem. Leberzellen haben ein Funktionsprogramm, »Leber zu sein«, Hirnzellen »verhalten« sich hirngerecht . . . Dann kommt plötzlich dieser Fehler, dieser Defekt: Eine der Millionen miteinander harmonierenden Zellen entzieht sich dem externen und internen Steuerungsprogramm oder wird ihm entzogen. Sie ist keine gemeinschaftlich arbeitende Leberzelle mehr, oder Knochenzelle, oder Gehirnzelle, sondern sie fährt ihr eigenes asoziales Programm. Sie hat nichts mehr mit ihrem Muttergewebe gemein. Sie teilt sich, vermehrt sich, vervielfältigt sich, wuchert. Nur zu dem Zweck, so scheint es, um zu wachsen, zu wuchern, sich auszubreiten. Sie entwickelt sich zum Tumor, zur bösartigen Geschwulst, zum Sarkom, zum Karzinom, zum tödlichen

Tabelle 13:
Begrenzung von Emissionen kanzerogener Stoffe

Stoff Klasse I (0,1 mg/m^3)	Stoff Klasse II (1 mg/m^3)	Stoff Klasse III (5 mg/m^3)
bei einem Massenstrom 0,5 g/h und mehr	bei einem Massenstrom 5 g/h und mehr	bei einem Massenstrom 25 g/h und mehr
Asbest (Chrysotil, Krokydolith, Amosit, Anthophyllit, Aktionolith, Tremolit) als Feinstaub Benzo(a)pyren Beryllium und seine Verbindungen Dibenz(a,h)anthracen	Arsentrioxid und Arsenpentoxid, arsenige Säure, Arsensäure und ihre Salze Chrom(VI)verbindungen soweit Calciumchromat, Chrom(III)chromat und Zinkchromat Cobalt (in Form atembarer Stäube/Aerosole von Cobaltmetall und schwerlöslichen Cobaltsalzen)	1-Chlor.2,3-epoxypropan (Epichlorhydrin) 1,2-Dibromethan Hydrazin

Die in Klassen I bis III eingeteilten krebserregenden Stoffe dürfen die angegebenen Massenkonzentrationen nicht überschreiten (0,1 Milligramm/Kubikmeter, 1 mg/m^3, 5 mg/m^3). Werden die krebserzeugenden Stoffe gemeinsam emittiert, so gilt jeweils der großzügigere Grenzwert. Trifft zum Beispiel Benzpyren (Klasse I) zusammen mit Hydrazin

Feind der Gemeinschaft. Rücksichtslos schieben sich die Krebszellen über andere, normale Zellen, infiltrieren sie, vernichten sie – die Nachbarzellen zuerst. Ungehemmt und unkontrolliert wuchert der Krebs, gründet Tochterfirmen nach seinem Bilde, verschließt Freiräume wie Speiseröhre, Magen und Darm, übernimmt den Schutz des Körpers in seine eigene kranke Regie, bis schließlich die Organe versagen und der Organismus zusammenbricht.

Stoff Klasse I (0,1 mg/m^3)	Stoff Klasse II (1 mg/m^3)	Stoff Klasse III (5 mg/m^3)
bei einem Massenstrom 0,5 g/h und mehr	bei einem Massenstrom 5 g/h und mehr	bei einem Massenstrom 25 g/h und mehr
2-Naphthylamin	3,3-Dichlorbenzidin	
	Dimethylsulfat	
	Ethylenimin	
	Nickel (in Form atembarer Stäube)	
	Aerosole von Nickelmetall, Nickelsulfid und sulfidischen Erzen, Nickeloxid und Nickelcarbonat, Nikkeltetracarbonyl	

(Klasse III), so dürfen bis zu 5 Milligramm in einem Kubikmeter Luft sein – also das bis zu Fünfzigfache des eigentlichen Grenzwertes. Die Grenzwerte dürfen außerdem bei Arsen, Asbest, Cobalt, Ethylenimin, Nickel überschritten werden, wenn die Einhaltung technisch noch nicht möglich ist (Quelle: TA Luft, 1983).

Krebsgeschwür Ballungszentrum

Ich möchte Sie mitnehmen in einen Alptraum, der Wirklichkeit ist. Fliegen Sie mit mir in einer Sportmaschine an einem schönen Tag aus östlicher Richtung ein Gebiet an, das wir zu Anfang dieses Kapitels besucht haben, das Ballungsgebiet Mannheim/Ludwigshafen.

Der noch so schöne Tag über Dinkelsbühl oder Heilbronn oder

Heidelberg wird sich eingangs der Rheinebene verfinstern. Von ferne sieht es zunächst aus, als griffen lange graue Finger nach dem Blau des Himmels. Näher heran verschmieren und verschlieren sich die Finger zu bleigrauem Brei, der in klebrigen Fetzen bis in die Schlote, Kamine und Schornsteine unter ihnen herunterhängt. Ein bleiches, fahles Licht läßt Rohre, Kessel, Druckbehälter, Schienen, Straßen, Autobahnen, Werkshallen, Fabrikgebäude und Wohnhäuser in einem irrwitzigen Geflecht ineinanderlaufen. Auch Rhein, Neckar und Altrhein liegen stumpfgrau suppernd wie Eiterströme in verdickten, aufgeplatzten Adern. Plötzlich ergreift Sie das beängstigende Gefühl, Sie fliegen nicht *über* einem Land- und Industriestrich, sondern *im Innern* einer geschlossenen flachen Scheibe, fern aller wirklichen, natürlichen Welt. Das Brummen des Propellers scheint seltsam fern und fremd, und dieses verwachsene wuchernde Industriestadtgewebe, das längst alles Grün aufgefressen hat, saugt Sie unerbittlich an, um Sie ebenfalls zu vernichten. Die Erkenntnis nimmt Ihnen den Atem: Das da unten *ist* ein Krebsgeschwür. Alle Ballungsräume sind Krebsnester im natürlichen Gefüge der Natur und der Landschaft. Und so wie ein Mensch an Krebs erkranken kann, kann auch ein ganzes Land vom Krebs befallen werden.

Krebs und KKW

Seltsam still geworden ist es in diesem Land um die Gefährdung durch kerntechnische Anlagen. Vereinzelt flackern Aktionen auf: Umweltschützer stoppen radioaktive Transporte; Bürger demonstrieren gegen die Wiederaufbereitungsanlage in Schwandorf; ein kurzes Triumphgefühl verschafft der Sieg der Bäuerin Franziska Beck in erster Instanz gegen das Kernkraftwerk Isar II und seine Erbauer. Doch unverändert ist die dramatische Sachlage:

– Aus allen kerntechnischen Anlagen strömen mit Abluft und Abwasser auch im Normalbetrieb mindestens 100 verschiedene radioaktive Stoffe.

– Die aktiven, hochgefährlichen Tritium Krypton – 85, Jod – 131, Cäsium – 137, Kobalt – 60, Plutonium – 239 und Strontium – 90 gehen direkt oder über den sogenannten Nahrungspfad in den Menschen und erzeugen Krebs und Erbschäden. Unstrittig ist, daß radioaktive Strahlen bei Schwangeren und Kindern Verheerendes anrichten:

– Bruch und Veränderung (Mutation) des Erbmaterials in Spermien und Eizelle bei den Eltern *vor der Befruchtung*. Mögliche Folge: Totgeburten, Frühgeburten, Fehlgeburten, Mißgeburten.
– Abtötung oder Mißbildung des Embryos beziehungsweise Fötus im Mutterleib *vor der Geburt*.
– Erkrankung und möglicher Tod des Kindes durch Krebs beziehungsweise Leukämie *nach der Geburt*.
– *Erkrankung der Kindeskinder.*

Umstritten ist nach wie vor die Dosis, die den Menschen aus den KKWs trifft. Die Atomlobby meint »vernachlässigenswert gering«. Die radioaktive Strahlung aus kerntechnischen Anlagen belaste den Bürger mit deutlich weniger als 1 Millirem. Die natürliche Bestrahlung betrage aber sowieso 110 Millirem (Ganzkörperdosis pro Jahr).

Dagegen sagen die Umweltschützer: Es gibt grundsätzlich keine ungefährliche Strahlung. Und: Nicht 1 Millirem zusätzlich, sondern bis zu 500 Millirem mehr können über die sogenannten Belastungspfade den Menschen treffen – die Schwangere, das Kind.

Zu den schon seit Jahren bekannten Studien der Folgen radioaktiver Strahlen sind vier bedenkenswerte hinzugekommen:
– In einem umfangreichen Gutachten kam der Basler Biochemiker Metzner zu dem Schluß: Radioaktive Strahlung aus kerntechnischen Anlagen ist mitverantwortlich für die Entstehung von hochwirksamen Pflanzenschadstoffen wie zum Beispiel Ozon. Damit bestätigte er den Donaueschinger Biologen Professor Reichelt, der fand, daß sich die Emissionen aus atomtechnischen Betrieben und industrielle Emissionen in ihren Wirkungen gegenseitig verstärken.
– Sechs Mütter, die von 1963 bis 1972 sechs Kinder mit Fehlbildungen (Dow Syndrom) zur Welt gebracht haben, hatten gemeinsam die Schule im irischen Dundalk besucht, und dort war nach einem »Störfall« im Atomkraftwerk Windscale im Oktober 1957 eine radioaktive Regenwolke niedergegangen. Die späteren Mütter waren damals an Grippe erkrankt. »Was geschah mit diesen jungen Frauen, als sie in dieser Schule miteinander Teenager waren?« fragen die Autorinnen der Studie (*Sheehan,* 1983), »Wir werden zurückgelassen mit dem nagenden Zweifel, daß sich möglicherweise Radioaktivität zusammen mit Infektionen negativ auf Chromosom 21 in den Babys der Mütter auswirkte.«
– Ebenfalls die Wiederaufbereitungsanlage Windscale/Sellafield nahm eine britische Ärztekommission 1983/84 unter die Lupe (*Black,* 1984).

Denn im November 1983 war nach einem neuerlichen »Störfall« radioaktiver Abfall mit großen Mengen Ruthenium – 106 ins Meer geströmt; die Strände mußten gesperrt werden. Der »Störfall« brachte ans Licht, daß in den Nachbardistrikten der Wiederaufbereitungsanlage die Leukämierate bei Jugendlichen unter 25 Jahren *viermal*, bei Kindern unter zehn Jahren *zehnmal* so hoch war als im Landesdurchschnitt. Die Hypothese, daß die Wiederaufbereitungsanlage Leukämie hervorriefe, wollte die Ärztekommission weder bestätigen noch verneinen.

Zwei krank, zehn tot

Kindersterblichkeit, Krebs und Mißbildungen in der Nähe von KKWs ließ in Bayern das Staatsministerium für Landesentwicklung und Umweltfragen untersuchen (*Angerpointner,* 1984). Ergebnis: »Eine Beziehung zu bestehenden kerntechnischen Anlagen war weder bei der Gesamtzahl der malignen (bösartigen) Tumore noch bei der Untergruppe der Leukämie nachzuweisen...« Kein Landkreis und auch keine kreisfreie Stadt wiesen erhöhte Kindersterblichkeit auf. Auch bei den Fehlbildungen (congenitale Anomalien) wurde kein Zusammenhang mit kerntechnischen Anlagen beobachtet.

Betrachten wir unbeeindruckt von dem Resümee der Studie die einzelnen Zahlen, so finden wir Überraschendes: Aus dem vorliegenden Datenmaterial läßt sich im Gegenteil ablesen, daß die Gebiete um die Versuchsreaktoren und Kernkraftwerke zu den Gegenden gehören, in denen immer wieder hohe Kindersterblichkeit herrscht (Aschaffenburg) beziehungsweise Säuglingssterblichkeit (Landshut), Mißbildungen gehäuft zum Tode führen (Aschaffenburg, Günzburg), oder der Krebs umgeht (Dingolfing, Landau). Beachten Sie auch Hof (Kindersterblichkeit, Todesrate bei Fehlbildungen, Säuglingssterblichkeit).

Größte Skepsis ist also angebracht gegenüber Veröffentlichungen und Verlautbarungen des Bayerischen Staatsministeriums für Landesentwicklung und Umweltfragen, das, wie wir schon weiter vorne gesehen haben, am liebsten Heile Welt, sprich Blinde Kuh, spielt. Ich habe zum Vergleich eine ältere Studie (*Ulrich Elsässer,* 1981) des Bundesgesundheitsamtes Berlin herangezogen, in der die *Leukämiesterblichkeit* in Bayern von 1972 bis 1978 aufgelistet ist. In diesem Zeitraum von *acht Jahren* sind, nach Landkreisen sortiert, jene Kinder aufgeführt, die an Blutkrebs starben. Das Verwirrende: In manchen Landkreisen starben in den acht Jahren mehr Kinder an Leukämie, als in der Studie des Bayerischen Umweltministeriums von 1960 bis 1980, also in *zwanzig Jahren* an Leukämie erkrankt waren!

Im Landkreis Miesbach erkrankte in 20 Jahren ein Kind (Studie München), starben drei (Studie Berlin). Im Landkreis Fürth erkrankten fünf (Studie München), starben sechs (Studie Berlin). Im Landkreis Miltenberg erkrankte kein Kind, es starben aber vier. Im Landkreis Dillingen erkrankten fünf Kinder, sechs starben. In Neu-Ulm notierte die Studie München drei Erkrankungen in 20 Jahren, die Berlin-Studie vier Todesfälle in acht Jahren. Im Landkreis Aschaffenburg schließlich erkrankten sieben Kinder (Studie München), starben acht.

Diskrepanzen auch sonst: In der Stadt Kempten erkrankten 18 Kinder (Studie München), starb ein Kind (Studie Berlin). Im Landkreis Roth erkrankten 29, starben zwei, im Landkreis Tirschenreuth erkrankten zwölf, starb kein Kind; in Stadt und Land Regensburg erkrankten 27, starben fünf...

Dies alles mag viele Gründe haben, Wohnungswechsel, Klinikwechsel, vorläufige oder endgültige Heilung... Die Autoren versichern jedenfalls, daß sie die Kinder je nach ihrer Anschrift den einzelnen Landkreisen und Städten zugeordnet haben, um eine durch eine Großklinik bedingte Häufung auszuschließen. Doch mir drängt sich folgender Gedanke auf: Mit größtem Aufwand und sichtlich auch persönlichem Einsatz (fragt sich nur für wen) werden Forschungsprojekte durchgezogen, die vom *Ansatz her schon nicht stimmen* und die zwangsläufig dann zu dem gewünschten Ergebnis führen: Krebserkrankungen von Kindern oder Mißbildungen oder Frühsterblichkeit in der Nähe von KKWs sind *nicht* festzustellen.

– Studien auf der Basis von Landkreisen und kreisfreien Städten, die ein Kernkraftwerk zum Mittelpunkt haben, sind unsinnig. Ein Kernkraftwerk steht niemals exakt im Mittelpunkt eines Landkreises. Die radioaktive Strahlung wandert auf Belastungspfaden mit Wind und Wasser und Nahrung, strahlt *nicht* in konzentrischen Kreisen aus.

– Die Belastungspfade lassen sich herausarbeiten; die amerikanische Ärztin Rosalie Bertell hat es vorgemacht, indem sie zum Beispiel der *Milchversorgung* folgt (*Bertell,* 1981).

– Als wesentlicher Faktor ist der Aufenthalt eines Kindes an oder auf diesen Belastungspfaden einzubeziehen.

– Und: Kraftwerke werden häufig abgestellt. Eine Studie, die wie diejenige des Bayerischen Umweltministeriums noch nicht einmal diese Ausfallzeiten berücksichtigt, ist das Papier nicht wert, auf das sie gedruckt ist. Schade um die Bäume – und die Kinder.

Umweltfaktoren für Kinderkrebs

Von den zahlreichen krebserzeugenden Substanzen in unserer Umwelt haben einige so kurze Latenzperioden, daß sie schon bei Kindern und Jugendlichen wirksam werden. In anderen Fällen haben die bösartigen Tumore ihren Ursprung in Vorgängen während der Schwangerschaft, die durch Drogen oder Umweltschadstoffe belastet wird. Die Kanzerogenität der Umweltschadstoffe kann verstärkt oder vermindert werden durch gegenseitige Interaktion oder genetische Faktoren. Hier eine Auflistung von Aggressoren (nach *Miller,* 1979), von denen wir schon einige kennen:
– *Ultraviolettes* Licht löst bei Kindern in afrikanischen Ländern Hautkrebs aus bei einer bestimmten, durch eine Pigmentierung (Xeroderma Pigmentosum) hervorgerufenen Sensitivität.
– *Radioaktive Strahlen,* auch im medizinischen Bereich, lassen Kinder an Leukämie erkranken. Der noch in den 50er Jahren hemmunglose Einsatz von *Röntgenstrahlen* sogar für die Anpassung von Schuhen (!) machte Kinder krank. Bahnbrechend hier die Studie der englischen Ärztin A. M. Steward, die Leukämie und andere Krebserkrankungen bei Kindern fand, deren Mütter geröntgt worden waren.
– Mädchen, die im Alter von zehn bis 19 Jahren die *Atombombenexplosionen in Japan* mit erlitten haben, erkranken *heute* vermehrt an Brustkrebs. Bomben-Kinder unter zehn erkrankten als *jüngere Erwachsene* an Krebs.
– *Radiotherapeutische Behandlung* von Krebsformen kann wiederum Krebs auslösen.
– Von 220 Jugendlichen unter 20, denen intravenös zur Behandlung von Knochentuberkulose Radium – 224 gegeben worden war, entwickelten 36 Knochenkrebs, 20 gutartige Knochentumore, davon 18 Exostosen.

Wie die Sonnenstrahlung und die radioaktive Strahlung, so zählt auch *Asbest* zu den *physikalischen* Agentien.
– Kinder, die mit Asbest in Berührung kamen oder deren Väter in

Asbestminen arbeiteten, erkrankten *30, 40 Jahre später* an Mesotheliomen. Rauchen erhöht das Risiko um das 92fache, das heißt: Erwachsene, die als Kinder mit Asbest zu tun hatten und später rauchen, begeben sich auf einen Todestrip.

Zu den *chemischen* krebsauslösenden Substanzen zählt als erstes das Hormon Diäthylstilbostrol (DES).

– Die Töchter von Schwangeren, die DES wegen Diabetes oder drohender Frühgeburt bekommen hatten, erkrankten als Heranwachsende an Unterleibskrebs verschiedenster Art. DES wird heute noch illegal bei der Viehmast angewendet.

– Jedes der bisher bekannten Karzinogene, das die Placenta-Schranke überwindet, also in das wachsende Kind strömt, kann in späteren Jahren Krebs auslösen. Verdächtigt werden hier unter anderem Alkylierte Stoffe, Benzol, Immunabwehr unterdrückende Drogen bei Nieren-Transplantationen, Phenacetin. Phenacetin ist ein weitverbreiteter Wirkstoff in Schmerzmitteln!

– Bekannte zytotoxische (zellschädigende) Medikamente, die bei der Krebsbehandlung gegeben werden, wie Chlorambuzil und Zyklophosphamid, sind selbst krebsauslösend.

Krebserzeugende Stoffe sind auch in unserer Nahrung, Aflatoxine – das Gift der Schimmelpilze im Kraftfutter für Milchvieh –, polyzyklische Kohlenwasserstoffe in gegrilltem Fleisch oder Fisch, Nitrosamine . . .

– Verdächtigt, erst nach einer langen Zeit Krebs auszulösen, sind die Polychlorierten Biphenyle und die Polybromierten Biphenyle (PBB), sind Dioxine und Kepone, die Land und Flüsse verseuchen. Babys erhalten diese Gifte mit der Muttermilch – und werden vielleicht 50 Jahre später krebskrank.

Muttermilch – ein Menetekel

In der Muttermilch findet sich das gesamte Spektrum der schwer abbaubaren chlorierten Kohlenwasserstoffe; die Muttermilch ist heute der Indikator für die gesamte chemische Verschmutzung unserer Umwelt; die Muttermilch ist ein Menetekel, ein Warnruf. Doch während beim Propheten Daniel der König Belsazar sich »entfärbte« und seine Gedanken ihn so erschreckten, »daß ihm die Lenden schütterten, und die Beine zitterten«, als der Prophet ihm dieses Menetekel deutete, werden heute allenfalls Ausschüsse oder Kommissionen gebildet, das Für und Wider der Gifte in einer Nutzen-Risiko-Analyse abzuwägen. Der König Belsazar wurde noch in der gleichen Nacht getötet, doch dem Drachen chemische Industrie wachsen Tag für Tag mehr Köpfe, als man abschlagen kann.

Die Belastung der Muttermilch durch Pestizide und Industriechemikalien ist *unverändert hoch*! »Die Rückstände chlorierter Kohlenwasserstoffe in der Frauenmilch liegen derzeit im Durchschnitt zehn- bis 20fach höher als in der Kuhmilch.« So das *Umweltbundesamt* (UBA) in seinen *Daten zur Umwelt 1984*. Im Vergleich zur Säuglingsnahrung sind die Überschreitungen noch dramatischer (*Tabelle 14*). Die Belastung der Frauenmilch spiegelt die Gesamtbelastung von frühester Kindheit bis zum Beginn des Stillens wider. »Ein entsetzlicher Kreislauf: Also wird auch das jetzt gestillte Mädchen seine Schadstoffe erst wieder los, wenn es später selbst einmal stillt« (*Pröstler,* 1982).

Dies ist im tiefsten Sinne der Bedeutung zum Verzweifeln – dies spaltet jeder stillenden Mutter den Verstand. Denn Stillen ist für die Entwicklung des Kindes – das zeigen auch neuere Forschungsergebnisse – von unermeßlicher Bedeutung (*Hapke,* 1982).

– Die Muttermilch enthält eine Mischung von so geschickt miteinander kombinierten Nährstoffen, wie sie von der Lebensmitteltechnologie noch nicht nachgeahmt werden konnte.

– Die Muttermilch bringt dem Neugeborenen spezifische Eiweißstoffe, die die Aufnahme anderer Nährstoffe wesentlich fördern.

– Die von der Mutterbrust empfangene Muttermilch ist normalerweise keimarm.

– Ein mit Muttermilch ernährtes Baby kann dank natürlicher, fein abgestimmter Regelmechanismen zwischen Mutter und Kind praktisch nicht überfüttert werden.

– Mit der Muttermilch fließen dem Säugling winzige Mengen gesunderhaltender Stoffe zu, die ihm helfen, Infekte abzuwehren.

– Mit Muttermilch aufgezogene Kinder erkrankten auffallend weniger an Allergien.

Tabelle 14:
Das tägliche Gift fürs Baby: Rückstände chlorierter Kohlenwasserstoffe in der Muttermilch

Schadstoff mg/kg Fett	98%	Maximal	Trinkmilch	Säuglingsnahrung
HCB (Hexachlorbenzol)	3,3	6,5	0,5	0,01
α-HCH (Hexachlorcyclohexan)	0,06	2,1	0,1	0,01
β-HCH (Hexachlorcyclohexan)	0,6	9,1	0,1	0,01
γ-HCH (Lindan)	0,2	1,4	0,2	0,01
Heptachlorepoxid	0,05	0,6	0,15	0,01
Dieldrin	0,2	1,7	0,15	0,01
DDT, DDD, DDE	7,7	12,8	1,0	0,01
PCB (Polychlorierte Biphenyle	6,9	14,7	–	–

Die Belastung der Muttermilch durch Pestizide und Industriechemikalien (Milligramm/pro Kilogramm, bezogen auf Fett) ist unverändert hoch. 98 Prozent heißt: 98 Prozent aller Werte liegen unter dem angegebenen Wert. Für Trinkmilch und Säuglingsnahrung sind die aus den jeweiligen Verordnungen stammenden Grenzwerte angegeben. Daraus wird ersichtlich: Die Milch vieler Frauen in der Bundesrepublik dürfte als Kuhmilch nicht verkauft werden, und als Säuglingsnahrung erst recht nicht (Quelle: UBA 1985).

Muttermilch – die Büchse der Pandora

Doch auf der anderen Seite enthält die Muttermilch heute mehr üble Stoffe als einst die Büchse der Pandora. Die langlebigen Organchlorverbindungen

- wirken auf Enzyme, greifen somit in Stoffwechselvorgänge ein,
- mischen sich in das Wachstum und in die Differenzierung embryonaler Gewebe und Organe ein,
- ändern Nervenfunktionen,
- hemmen die Bildung von Blutzellen und Blutfarbstoffen,
- beinflussen das Immunsystem.

Dies alles sind Resultate aus Tierversuchen (*Deutsche Forschungsgemeinschaft,* 1984). Leber, Milz, Niere und Lymphsystem sind die Hauptangriffsorte der chlorierten Kohlenwasserstoffe.

Schlimmer noch: Ziehe ich das Handbuch für krebserzeugende Stoffe heran (*Roth,* 1983), so sehe ich:

– HCB (Hexachlorbenzol): Krebserregend.
– HCH (Hexachlorcyclohexan): Krebsverdächtig.
– Lindan: Krebserregend.
– Heptachlorepoxid: Krebsverdächtig.
– Dieldrin: Krebsverdächtig.
– DDT: Krebsverdächtig.
– PCB (Polychlorierte Biphenyle): Krebserregend.

Es sei hier nochmals gesagt: Krebserregende Stoffe haben *keine* Wirkungsschwelle. Jede noch so geringe Dosis kann Krebs auslösen. Neueste amerikanische Untersuchungen entdeckten, daß PCB und PBB (Polybromierte Biphenyle) nicht nur über die Muttermilch ins Baby fließen, sondern auch *über das Nabelschnurblut während der Schwangerschaft.* Die Placenta-Schranke wirkt nur zum Teil als Barriere: Jedesmal wenn die Mutter PCB-belastete Nahrung zu sich nimmt, »ißt« der Fötus mit – neun Monate lang (*Jacobson* u. a., 1983). Ausgehend von dieser Erkenntnis, daß ein heranwachsendes Kind dauernd durch PCB belastet sein kann, verglich die amerikanische Forschungsgruppe die Neugeborenen von Müttern, die während der Schwangerschaft regelmäßig, aber mäßig PCB-haltigen Fisch aus dem Michigan-See gegessen hatten, mit Babys von Müttern, die sich PCB-frei ernährt hatten (*Fein,* 1983). Die Resultate:

– Die PCB-Babys waren 160 bis 190 Gramm leichter als die Kinder der Kontrollgruppe.
– Die Köpfe der PCB-Kinder waren 0,6–0,7 Zentimeter kleiner.
– Die PCB-Babys waren motorisch unreifer, labiler, schreckhafter, hatten unormal schwache (»unter-aktive«) Reflexe, wirkten verdrossener.

Die amerikanischen Forscher faßten ihre Beobachtungen der vielfachen Effekte folgendermaßen zusammen: Einige PCB-Babys waren zu klein oder/und zu früh geboren, während andere die genannten Verhaltensstörungen zeigten. Die Forschungen über die Wirkungen der Pestizide und Industriechemikalien stehen in den USA noch am Anfang, in der Bundesrepublik stehen sie in den Sternen. Seit Jahr und Tag fordert das Öko-Institut in Freiburg, fordern die Elterninitiativen »Muttermilch

– ein Menschenrecht« umfangreiche Untersuchungen, flächendekkende Erhebungen über das Ausmaß der Belastung der Mütter in den verschiedenen Regionen. Seit Jahr und Tag verlangen sie Arbeiten über die Effekte der chlorierten Kohlenwasserstoffe im kindlichen Organismus, doch es scheint, daß sich in dieser von Männern regierten Industriewelt kein einziger Mann in die verzweifelte Situation der stillenden Mütter hineinfühlen kann! Immer noch sind nicht alle langlebigen Pestizide und Industriechemikalien gebannt, immer noch werden entgegen gesetzlicher Bestimmungen einige dieser Produkte hergestellt, gehandelt und verbreitet. Immer noch steigt der Giftpegel, und wo er nicht bei uns steigt, klettert er in den Entwicklungsländern, die das Gift dann wieder zu uns zurückexportieren.

Der Bundesbürger und besonders die Bundesbürgerin erlebte eine Kette von Skandalen:

– Jede zweite Trinkmilch enthält Lindan, meldete das Bundesgesundheitsamt Anfang 1984. Lindan besonders hoch in Lammfleisch und Lammfett, gut dosiert auch in Schweinepökel und Rindfleisch.

Lindan gelangt unter anderem aus importiertem Futtermittel, zum Beispiel aus der indischen Ackerbohne, in die Nahrungskette. Als im März 1984 die Grenzwerte in der Milch an einigen Orten überschritten wurden, gab das Veterinäramt des Landkreises Nienburg einen fabelhaften Rat: Die Bauern sollten die kontaminierte Milch tunlichst nicht selber konsumieren oder an Nachbarn abgeben, sondern den Molkereien anliefern. Dort werde sie mit anderer, weniger vergifteter Milch vermischt und somit könnten die Grenzwerte eingehalten werden. Moderne Zeiten, moderne Giftmischer!

– 30000 oder sogar 40000 Tonnen PCB vergiften unsere Umwelt, verkündete das Umweltbundesamt ebenfalls im Frühjahr 1984. Die Mittel- und Unterläufe des Rheins, der Ems, der Weser und der Elbe sowie Teile des Wattenmeeres sind verseucht, und: Das PCB ist nicht mehr rückholbar. PCB quellen aus Mülldeponien, Hausmüll-Verbrennungsanlagen, Altölaufbereitungsanlagen ... Aus PCB können sich Dioxine bilden, z. B. das Seveso-Gift 2, 3, 7, 8-TCDD.

– Dioxine fanden sich denn auch allerorten und besonders dort, wo viele langlebigen Gifte enden: in der Muttermilch. *Dioxin – die chemische Zeitbombe* (*Weidenbach u. a.,* 1984).

Schließlich machten Berichte über Mißbildungen von Neugeborenen unweit von Dioxin emittierenden Anlagen in Hamburg uns allen deutlich: Die zum Teil nicht mehr rückgängig zu machende chemische

Vergiftung unserer Umwelt, die hochgepriesene industrielle Revolution frißt unsere Kinder.

Muttermilch – ein Menschenrecht

Inzwischen hatte die »Senatskommission der Deutschen Forschungsgemeinschaft zur Prüfung von Rückständen in Lebensmitteln« lange nachgedacht und folgendes Ei gelegt: »Nach Ablauf der ersten vier bis sechs Lebensmonate verlieren . . . die Vorteile des Stillens zunehmend ihr Gewicht, während das Risiko durch den Gehalt an Rückständen und Verunreinigungen in der Frauenmilch unverändert besteht. In den letzten Jahren hat der Anteil der lange stillenden Mütter zugenommen. Daher ist im Sinne eines vernünftigen Nutzen-Risiko-Vergleichs zu empfehlen, daß Mütter, die ihr Kind wesentlich länger als sechs Monate stillen wollen, überprüfen lassen, welche Mengen an persistenten Organochlorverbindungen mit der Milch ausgeschieden werden« (*Deutsche Forschungsgemeinschaft,* 1984).

Die Kommission schlug denn auch gleich Richtwerte vor, sogenannte »duldbare Konzentrationen«, und entwarf eine Tabelle: Den Müttern wurde empfohlen, sich ihre Milch analysieren zu lassen, die Werte in dieser Tabelle nachzuschlagen und je nachdem das Stillen zu reduzieren oder einzustellen. Diese Tabelle ist wahrhaftig die Bankrotterklärung unserer Industriegesellschaft. Wir leben in einer Un-Zeit, in der eine Mutter ihr Kind nicht mehr an die Brust legen kann, in der sie diese zärtlichen, liebevollen Momente nicht mehr empfinden kann, ohne auf eine Tabelle zu schielen, in der Richtwerte über das Gift in ihrer Milch notiert sind! »Wir wehren uns gegen dieses Vorgehen, uns die Verantwortung zuzuschieben«, schrieb die *Aktion »Muttermilch – ein Menschenrecht«,* Freiburg. »Wenn wir entgegen der Empfehlung länger stillen, sind *wir* schuld an möglichen Schäden unserer Kinder?!« Und die Münchner Aktions-Gruppe formulierte einen Anklagebrief: »Wir sind Mütter. Wir haben unsere Kinder gestillt oder stillen sie noch. Wir glauben, daß dies das Beste für unsere Kinder ist. Nicht nur die Argumente der Kinderärzte, auch unser eigenes Empfinden spricht dafür:

Stillen erlaubt uns, unmittelbar auf unser Kind und seine Äußerungen zu reagieren und mehr unserem Gefühl zu folgen. So finden wir leichter in die Mutterrolle, können liebevoller und geduldiger mit unseren Kindern umgehen und erfahren dadurch auch selber mehr Freude. Wir spüren, daß wir mit unserem eigenen Körper fähig sind, wie in der Schwangerschaft alle Bedürfnisse unserer Kinder zu stillen.

Freude und Zuversicht verwandelten sich in Angst, als wir erfuhren, welche Gifte in unserer Muttermilch gefunden wurden. Niemand weiß, wie diese Schadstoffe sich langfristig auswirken. Haben wir unsere Kinder schon geschädigt? Bekommen sie später Krebs? Oder Krankheiten an Leber, Niere, Nerven? Können, da viele Schadstoffe sich ja im Körper anreichern, unsere Töchter später ihre Kinder noch stillen?

Sollten wir nicht gleich abstillen? Aber nützt es, da unsere Kinder ja schon im Mutterleib, in der empfänglichsten Phase ihres Lebens, den Giften ausgesetzt waren? Welches Risiko bringt die Ernährung mit der Flasche? Da ist Nitrat im Trinkwasser, Rückstände von Reinigungsmitteln in der Flasche, zuviel Salz und Zucker in der Babykost, die zur Herstellung verwendete Kuhmilch kann Allergien hervorrufen. Wir wissen, daß Flaschenkinder mehr Infektionskrankheiten haben.

Zudem ist ja auch die künstliche Babynahrung nicht frei von Umweltgiften. Den Herstellern gelingt es nicht, schadstofffreie Rohstoffe zu erhalten. Auch wenn die Konzentrationen viel kleiner als in der Muttermilch sind, erschreckt uns das, denn es bedeutet: Es gibt keine schadstofffreien Lebensmittel mehr, nicht für uns und nicht für unsere Kinder.

Wir wehren uns dagegen, daß die Einschränkung des Stillens von irgend jemand zur Lösung erklärt wird. Die Vergiftung der Umwelt wird nicht tolerierbar, *indem wir nur noch eingeschränkt stillen oder essen oder trinken oder atmen*. Der einzige Weg in eine weniger vergiftete Zukunft ist der, sofort die Herstellung aller Giftstoffe zu verbieten und zu unterbinden. Solange wir die Quellen nicht verstopfen, wird es keine Lösung geben. Wir haben unsere Kinder geboren, damit sie leben und wir sind jetzt verantwortlich für ihre Zukunft.«

Ich hoffe, dieser Brief rührt auch *die Verantwortlichen*. Denn die langlebigen Pestizide und Industriechemikalien sind Bomben mit Langzeit-Zünder:

Die Taste für die Fehlsteuerung der Proto-Krebsgene, der Vorläufergene des Krebses in uns, ist vielleicht schon gedrückt, wurde schon gedrückt. Wir erkranken heute an dem Krebs von vorgestern, unsere Kinder erkranken morgen an dem Krebs von gestern und heute.

Kampf dem Kinderkrebs

»Durch die geriffelten Glasscheiben der Station 7b lachen bunte Papier-Mickymäuse. Selbstgemaltes und Ausgeschnittenes, grüne Palmen und rote Käfer bedecken die Wände im Flur und in den Zimmern. Wäre da nicht diese Versammlung stiller kleiner Gesichter im Flur, man glaubte sich eher bei einem Kindergeburtstag als auf der Station für pädiatrische Onkologie der Mainzer Universitätsklinik.« So beschreibt eindringlich die Journalistin Else Marie Maletzka in der *Frankfurter Rundschau* ihre Begegnung mit krebskranken Kindern. Eine Wand im Schwesternzimmer ist bedeckt mit Farbfotos: Kinder mit verbundenem Auge, Kinder ohne Haare, Kinder mit blauen Schatten um Mund und Nase. »Unsere Ahnengalerie«, sagt Schwester Bernadette. Sie ist nicht ungerührt, aber sie weiß, daß sie bei den Torturen, die die Kinder durchmachen, und dem Leid, das die Eltern durchleben, stark zu bleiben hat. »Wir versuchen die Leidenszeiten herunterzuspielen«, sagt Professor Dr. Peter Gutjahr. »Wenn ein Kind stirbt, da muß dann einer dabei sein, der nicht weint... Im nächsten Zimmer muß ich schon wieder lächeln können.«

In den 13 Jahren, in denen Gutjahr diese onkologische Kinderstation in Mainz aufgebaut hat, sind die Heilungschancen für Kinder, besonders für leukämiekranke Kinder, gestiegen. Die Hälfte der Kinder hat Chancen, wieder zu gesunden, ähnlich ist es beim Knochenkrebs. Nierenkrebs ist zu 80 Prozent heilbar, aber Hirntumor bedeutet fast immer das Todesurteil (siehe auch: *Die Erben des Übels*).

Allein diese Station 7b der Station für pädiatrische Onkologie der Mainzer Universitätsklinik nimmt jährlich 600 Kinder auf, 2000 sind in ambulanter Behandlung. 1984 war die Station zu über 100 Prozent überbelegt. Die Zimmer sind alle mit drei oder vier Betten vollgestellt. Die Situation ist »extrem unwürdig«. »Wir hatten 80 Neuerkrankungen im letzten Jahr. Wir müssen damit rechnen, daß 40 von ihnen sterben, 30 vielleicht auf der Station«, sagt Professor Gutjahr, »das bedeutet oft monatelanges Siechtum. Manche liegen wochenlang im Sterben. Ich muß so einem Kind doch ein Einzelzimmer geben können.«

Die Situation der krebskranken Kinder und ihrer Eltern hat sich in den letzten Jahren in der Bundesrepublik *nicht* verbessert – im Gegenteil, sie verschlechtert sich. Es fehlt an Geld für Geräte, für Personal, für die psychosoziale Betreuung der Kinder, für Räume. Die Universitätskliniken, zu denen die onkologischen Stationen gehören, fallen als

Forschungsstätten nicht in die Zuständigkeit des Bundesgesundheitsministeriums, sondern unter die Hoheit der Kultusministerien der Länder. Diese fühlen sich nur für Forschung und Lehre, nicht für die psychologische Betreuung der Kinder zuständig. Die Krankenkassen wiederum zahlen nur die Pflegesätze; der Bund, hier das Arbeits- und Sozialministerium, hat zwar in einem Modellprojekt die Planstellen von elf Ärzten und 22 Schwestern finanziert – aber nur bis 1985. Ein bescheidener Antrag der Abgeordneten der Grünen, Petra Kelly, an die Bundesregierung in Bonn, für Forschungszwecke und für psychosoziale Betreuung sechs Millionen Mark zu geben, wurde während der Haushaltsberatungen für 1985 abgelehnt. Vorgeschobene Begründung: Der Bund habe leider keine Kompetenzen.

Die krebskranken Kinder in der Bundesrepublik, ihre Eltern, die Ärzte, Schwestern und Betreuer, sind in einer verzweifelten Lage: Von den Politikern weitgehend vernachlässigt, von den Mitbürgern verdrängt, fehlt ihnen nicht nur Geld, sondern auch die Solidarität der anderen.

Das verkrebste Denken

Die Bundesrepublik, ein Land, in dem das Denken verkrebst ist.

Die kranken Älteren unter uns leiden an mangelnder Hilfe, mangelnder Fürsorge, mangelnder Aufmerksamkeit, sind abgestellt, versteckt, isoliert in Schadstoffkammern, siechen dem Tod entgegen. Die krebskranken Kinder, deren Tumore möglicherweise diese Industriegesellschaft auf dem Gewissen hat, verkümmern in vollgepfropften Krankenbetten auf einem herzlosen Planeten. Und so wie die Profitinteressen wachsen und die Gewinnmitnahmen in den Schlagadern der Wirtschaft, so wächst die Zahl der Leukos im Blut. Beide fressen uns auf.

8. Unter die Haut

Es gibt Gesetze,
die den Starken
nicht berühren,
aber den Schwachen
an den Rand
seiner Existenz bringen.
Maria Draheim,
Selbsthilfeprogramm

Familie Hans und Silvia Kelting wohnt mit ihren Kindern Stephan, acht, Sonja, sechs, Sebastian, drei, in Berlin-Frohnau, einem auf den ersten Blick grünen Zipfel von Berlin. Doch von 1976 bis 1983 trieben hier an 73 Tagen Schwefeldioxid-Schwaden in Konzentrationen von über 300 Mikrogramm pro Kubikmeter Luft – also über dem MIK-Wert (Maximale Immissions-Konzentration). Das ist eigentlich noch saubere Luft im Vergleich zu Berlin-Wedding: Dort kletterte das SO_2-Thermometer an sage und schreibe 298 Tagen über die MIK-Marke (siehe auch: »Der Plötzliche Kindestod«). Alle drei Kinder der Familie Kelting sind allergiekrank. Stephan hat eine Pollenallergie (Heuschnupfen), quält sich immer wieder mit Neurodermatitis (Hautentzündungen) und im Winterhalbjahr mit einer chronischen Bronchitis. Sonja schien zunächst allergiefrei, dann erkrankte sie plötzlich am lebensbedrohenden Nesselfieber, »war total angeschwollen, sah aus wie ein rotes Würstchen«; Sebastian schließlich hat Bronchitis. Hans und Silvia Kelting haben mit ihren Kindern alles durchgemacht, was Allergiker so durchmachen. Pricktests, Intracutantests, Provokativtests ... Reagierte Stephan allergisch auf Gräser, auf Getreidepollen, auf tierisches Eiweiß, auf pflanzliche Fette, auf Kräuter? War es bei Sonja der Fisch aus der Dose, der Fertigpudding in der Schale, die Pommes-frites-Tüte in der Würstchenbude? Zumindest eines ist für Sonja heute sicher: »Ich darf keinen Farbstoff essen«, sagt sie, wenn ihr die glänzenden Gummibärchen angeboten werden. Warum die Kelting-Kinder immer wieder allergisch reagieren, warum es zwei von ihnen immer wieder die Bronchien verkrampft, warum es vier allergiekranke Kinder in Sonjas Klasse gibt und fünf in Sebastians Miniclub, das ist

Gegenstand einer immer heftiger werdenden Debatte: Inwieweit sind die Schadstoffe aus der Luft, sind die chemischen Gifte in Essen und Trinken schuld oder mit schuld an der rapiden Zunahme der Allergien in dem Industriestaat Bundesrepublik?

Fremde in der Luft, Fremde in der Nahrung

»Allergie nennt man die veränderte, krankhaft gesteigerte Reaktionslage des Körpers nach zumindestens einem Kontakt mit bestimmten körperfremden, sonst *unschädlichen* Stoffen.« So steht's noch heute in einigen medizinischen Nachschlagewerken. Das ist Unsinn. Denn eine Menge von *schädlichen* Stoffen sind als allergieauslösend, als Allergene identifiziert. Das Wort Allergie kommt aus dem Griechischen und heißt soviel wie »andersartige« Reaktion. Die Schulmedizin meint damit eine »spezifische Änderung der Immunitätslage im Sinne einer krankmachenden Überempfindlichkeit«. »Der Patient ist ein Faß, der Rand des Fasses ist die Reaktionsschwelle«, schreibt Dr. William Rea, Vertreter der Klinischen Ökologie. »Dauernd strömen allergene Nahrungsmittel, synthetische Chemikalien oder allgemein verbreitete Allergene (Pollen, Staub, Schimmelpilzsporen usf.) in das Faß; schließlich ist es voll bis zum Rand. Weiterer Zustrom läßt das Faß überfließen, es zeigen sich Krankheitssymptome.« Und wie jedermann weiß, bringt schon ein zusätzlicher Tropfen ein Faß zum Überlaufen. Für Allergiker gelten folglich ganz andere »Grenzwerte« als für »normale« Menschen. Die Anthroposophen schließlich sehen es ganzheitlich: Allergie ist *keine* Krankheit, sondern die eigentliche Störung liegt im Organismus, nicht in der generellen Gefährlichkeit eines fremden Eindringlings in den Körper. Der Organismus eines Allergikers ist ein geschwächter Organismus, ist nicht mehr geschützt, ist nicht mehr immun gegen Fremde. Eine Steigerung von Allergikern ist nach anthroposophischer Lehre dann der *Anergetiker*: Er reagiert falsch auf eindringende Fremde *und* versagt auch gegenüber Leben, das sich *seinem* Organismus entfremdet hat, gegen Krebszellen. Dies ist eine verblüffende Gleichung, die manchem Schulmediziner die Haare zu Berge stehen läßt: Allergie, die kleinere Schwester von Krebs. Ich werde später darauf zurückkommen.

Allergie, die Überschuß-Reaktion

Allergie, also die Überempfindlichkeit auf einen oder mehrere bestimmte Stoffe, kann ererbt oder erworben sein. Allergie hat – nach dem heutigen Kenntnisstand – immer mit dem Immunapparat zu tun, mit den Abwehrkämpfen im Körper. Eine Spezialtruppe von T- und B-Lymphozyten (Blutkörperchen) ortet eindringende Fremdstoffe – in unserem Fall die Allergene – und identifiziert sie als Antigene (also als *feindliche* Gene). Schnell wandeln sich dann die B-Lymphozyten zu Plasmazellen, die auf Abwehrzwecke spezialisierte Eiweißstoffe produzieren – die Immunoglobine (Antikörper). Diese Antikörper zirkulieren frei im Blut oder sind seßhaft an Lymphozyten gebunden. Gleichzeitig speichern sogenannte Erinnerungszellen alle Informationen über den Typ des Angreifers: damit bei einem erneuten Angriff der gleichen Antigene die Produktion der Antikörper noch schneller in Gang kommen kann. Dabei sorgt ein ausgeklügeltes Netz von »Helfer«- und »Suppressor«-Zellen dafür, daß nichts schiefgeht, daß genau die für die Abwehr notwendige Zahl der Verteidiger aufgeboten wird. Beim nächsten Angriff von Allergenen geht nun doch etwas schief: Es werden mehr Antikörper in die Schlacht geworfen als notwendig, es kommt zu einer »Überschuß«-Reaktion, zur Allergie. Die Gründe für die Fehlsteuerung der Verteidigung sind unbekannt, die Wirkungen fatal:

Die im Blut nun zuhauf zirkulierenden Antikörper IgE (Immunoglobin E) schlagen im wahrsten Sinne des Wortes über die Stränge: Gefäße werden erweitert, Flüssigkeit tritt in die Gewebe, die Haut rötet sich, bildet Quaddeln, die Nasenschleimhäute, die Bronchialschleimhäute und auch die Schleimhäute im Kehlkopfbereich schwellen an. Ein Organismus in Panik! Dramatisches passiert, wenn durch wiederholte Injektionen eines Impfserums erneut körperfremde Eiweiße direkt ins Blut gelangen: Blutdrucksturz, Kreislaufversagen. Dies alles geschieht rasch, innerhalb von fünf bis 15 Minuten und wird deswegen auch *Typ-I-Reaktion, Frühreaktion* genannt. Symptome: Heufieber, Nesselsucht, Bronchialasthma und anderes.

Außer den Typ-I-Reaktionen sind noch Typ II, III und IV definiert worden. Hier sei Typ IV, die *Spätreaktion,* genannt, bei der besonders die seßhaften, an den Lymphozyten gebundenen Antikörper beteiligt sind. Ihre Überreaktion kommt verzögert und erst nach wiederholtem Kontakt mit den betreffenden Allergenen. Dann aber entledigt sich der

Körper ganzer Gewebsstücke, fiebert, beginnt sich selbst aufzufressen (Hautentzündungen, Kontaktdermatitis).

Kurz: Allergie ist die gefährliche Vermehrung von Abwehrkräften, die zur Verletzung des eigenen Körpers führt. Oder weltpolitisch: Allergie ist die gefährliche Anhäufung von Abwehrwaffen, die zur Verwüstung des eigenen Landes führen.

Volkskrankheit Allergie

Allergie ist eine Volkskrankheit, 25 Millionen Bundesbürger sind betroffen – diese Meldung ging am 22. November 1984 durch die Medien. Der »Allergiker- und Asthmatiker-Bund« in Mönchengladbach zitierte aus einer Studie des Instituts für angewandte Sozialwissenschaft (*infas,* 1984). Danach berichteten 23 Prozent aller befragten Bürger von mindestens einer allergischen *Reaktion* oder bejahten die Frage nach mindestens einer allergischen *Erkrankung*. Lassen wir die *eine* allergische *Reaktion* außer acht, so leiden immerhin zwölf Prozent der Bundesbürger an einer Arzneimittelallergie, fünf Prozent an Heuschnupfen oder Asthma bronchiale, ein Prozent an Nesselfieber. In einer zusätzlichen Frage sollten die Bundesbürger ihre *Überempfindlichkeiten* schildern:

- 14 Prozent vertragen bestimmte Nahrungsmittel nicht,
- fünf Prozent berichten von chronischen Magen-Darm-Störungen,
- sieben Prozent leiden unter Migräne.

Anderen Untersuchungen zufolge gibt es 300000 Menschen hierzulande, die an Hautentzündungen erkrankt sind, an Neurodermatitis. Neurodermatitis, eine ernste chronische Hautkrankheit, wird normalerweise nicht zu den Allergien gezählt, doch tritt sie oft vereint mit Heuschnupfen und Asthma auf. 235 von 707 Hautkranken hatten zusätzlich Asthma und/oder Heuschnupfen (*Obert,* 1985). Allergie – auch eine Kinderkrankheit: Von 9000 Schülern an zehn Gymnasien in Nordrhein-Westfalen war jeder 20. Allergiker.

Tod im Atemtrakt

Chronische obstruktive Erkrankungen der Atemwege wie Asthma bronchiale, chronische Bronchitis und Emphysem (Lungenblähung) zählen heute zu den häufigsten und volkswirtschaftlich aufwendigsten Leiden. So das Ärzteblatt *selecta* 1984. Etwa ein Viertel aller in der Allgemeinpraxis behandelten Patienten sind davon befallen. In den letzten fünf Jahren sind die Allergien um fünf Prozent häufiger geworden, meldete Reinhart Jarisch von der I. Universitäts-Hautklinik Wien. Ähnliche Beobachtungen machten der Mainzer Allergologe Gerhart Erdmann und der Chefarzt des Krankenhauses für Kinder und Jugendliche in Wangen im Allgäu, Alfred Hofmann. »Wenn der Kölner Dom abblättert und schwarz wird, warum sollten dann Luftröhre, Bronchien und Nasenschleimhaut gesund bleiben?« fragte Erdmann provozierend.

Fünf bis 20 Prozent aller Kinder haben in den Herbst- und Wintermonaten eine anhaltende Bronchitis, zwei bis fünf Prozent leiden unter Asthma bronchiale – so Schätzungen aus den siebziger Jahren (*Hardt*, 1978). Heute warnt die »Arbeitsgemeinschaft Allergiekrankes Kind« in Herborn, daß bis zu 7,4 Prozent der Kinder an Asthma bronchiale erkranken. 20000 Bundesbürger sterben jedes Jahr an chronischer Bronchitis; an 40 Millionen Tagen im Jahr »feiern« Bronchitiker krank. An Erkrankungen der Atemwege *und* an bösartigen Neubildungen der Luftröhre, Bronchien und Lunge zusammen starben 1952 rund 25000, 1981 rund 45000 Männer, 1952 rund 17000 Frauen, 1981 rund 20000 – das heißt, 65000 Menschen in der Bundesrepublik sitzt Jahr für Jahr der Tod im Atemtrakt.

Allergene überall

Die Liste der Allergene, der Stoffe, die bei bestimmten Menschen Übersensitivität und Überreaktionen auslösen, wird von Jahr zu Jahr länger, je länger auch die Liste der Chemikalien in unserer Umwelt wird. Bedeutsam ist, daß Allergiker im späteren Verlauf ihrer Erkrankung auch auf *nicht allergische* Außenreize überreizt reagieren. Wer an allergischem Asthma bronchiale leidet, ist ein hilfloses Opfer fast aller in den vorangegangenen Kapiteln beschriebenen Schadstoffe aus der Luft! Die Schulmedizin müht sich, möglichst auseinanderzuhalten, was typische Allergene sind und was toxisch irritative Prozesse. So ist eine durch Waschmittel vorgeschädigte Haut »empfänglicher« für Allergene. Die Übergänge sind trotz aller angestrebten Systematik fließend. Allergene sind überall, in Berufswelt wie Außenwelt, wie Haushalt, wie Innenwelt.

Als Berufskrankheiten sind bestimmte, durch allergisierende Stoffe hervorgerufene obstruktive Atemwegserkrankungen anerkannt sowie die sogenannte Farmer-(Drescher-)Lunge, die durch Mikroorganismen im warmen, schimmeligen Heu oder Getreide ausgelöst wird. Berufsleiden erster Ordnung sind die *Hautkrankheiten,* davon sind 30 bis 50 Prozent allergiebedingt. 90 Prozent aller Berufsdermatosen manifestieren sich als Kontaktekzem (zitiert nach *Kalberlah/Martinelli,* 1985). Die beruflichen Kontaktallergene sind von den alltäglichen kaum zu trennen, sie tauchen hier wie dort auf. Klammern wir die »natürlichen« Allergene aus (Pflanzen, zum Beispiel Primeln; Früchte, zum Beispiel Zitrusfrüchte; Blütenstaub [Pollen]; Tierhaare), so finden wir

– *Terpentinöl* in Farben, Pflegemitteln wie Schuhcreme und Bohnerwachs.

– *Kolophonium* in Möbelpolituren, Klebstoffen, Sägespänen, in Druckerschwärze und Seife.

– *Chromverbindungen* in Abbeizmitteln, Bleifarben, Rostschutzanstrichen, Imprägnierungs- und Färbemitteln von Textilien, Gerbemitteln für Leder, Farbentwicklern, Fixierern; in der Bauindustrie, bei Verchromungsarbeiten, beim Offsetdruck, als Zusatz zu Gärungsrückständen. Chromverbindungen in unserem Alltag sind in Ton, Textilien, Leder, in Werkzeugen aus Chrom-Nickelstahl, in Trockenbatterien, in Backsteinen, Bohnerwachs, Farbkugelschreibern, gefärbten Kerzen, Papieren, Pappe . . .

– *Nickel und Nickelsalze* in Modeschmuck, Heftklammern, Silbermünzen, in Zementarten, Katalysatoren, Kochtöpfen und Küchengeschirr; in Karosserieteilen, Armaturen, Glasuren; in Mundharmonikas, Uhrwerken, Uhrgehäusen, Chrom-Nickel-Stahl; in Wasserinstallationselementen, galvanischen Prozessen. Nickelallergie ist besonders verbreitet im Friseurberuf.

– *Epoxidharze* in Klebstoffen, Lacken und Isoliermassen, in Fußbodenbelägen, Farben.

– *Isocyanate* in Harzen, Lacken, Schaum- und Klebstoffen.

– *Trimellitsäureanhydrid* (TMA) in Rostschutzmitteln, Alkydharzen und bei der Plastikherstellung.

Auch einem alten gefährlichen Bekannten begegnen wir wieder: *Formaldehyd* (siehe auch: »Außer Atem«). Formaldehyd steckt nicht nur in Klebstoffen, Appreturen, Leimen, Isolierschäumen, sondern auch in Kosmetika als Konservierungsstoff, in Spül-, Putz- und Reinigungsprodukten als Desinfektionsmittel. Formaldehyd – krebserregend – wirkt sowohl toxisch/irritativ (giftig/reizend) wie allergisierend. Längerer Kontakt kann zu extremer Trockenheit der Haut führen, die Fingernägel verlieren ihre Farbe, werden weich, spalten und entzünden sich. Besonders betroffen: das Krankenhauspersonal. Formaldehyd ist auch bei jeder deutschen Hausfrau zu Hause und – wenn Sie die obige Liste nochmals anschauen – zu Hause sind auch alle Allergene dieser Industriewelt.

Innenraum-Allergie, Innenraum-Krebs

Wissenschaftler des Instituts für Wasser-, Boden- und Lufthygiene des Bundesgesundheitsamtes (BGA) haben sich in *Innenräumen* nach Allergenen umgesehen, die wir einatmen (*Kunkel,* 1982). Sie notierten als Haupt-Allergene:

– Hausstaub und Hausmilbe,

– Sporen bestimmter Schimmelpilze als zusätzliche Auslöser bei schon bestehenden Pollen- oder Hausstaub-Allergien,

– Tierepithelien (Tiergewebe).

Von 745 Patienten hatten mehr als die Hälfte eine handfeste Hausstauballergie (51,8%), ein Viertel quälte die Hausstaubmilbe (21,8%), jeder Vierte hatte auch allergische Reaktionen gegenüber Schimmelpilzen (21,0%), Tierepithelien verursachten in sechs Prozent aller Fälle Allergien.

Krankmachende organische oder anorganische Substanzen wie Formaldehyd, Phosgen, Schwefeldioxid wurden in der BGA-Arbeit *nicht* als Allergene aufgenommen, sondern als »rein irritative« Substanzen abgetrennt. Dagegen stufte eine dänische Arbeit zur gleichen Zeit (*Andersen,* 1982) Formaldehyd als Allergen mit Fragezeichen ein. Die Autoren legten eine toxikologische Bewertung der Abgabe von Reizstoffen, Allergenen, Geruchsstoffen, Kanzerogenen, Teratogenen und Giften *aus Baustoffen* (Dichtungsmittel, Klebstoffe, Farben und Lacke) vor (*Tabelle 15*). Diese Bewertung sollten sich alle Bauherren

Tabelle 15:
Gift aus Baustoffen

Akut toxische Substanzen	Chronisch toxische Substanzen
1. Reizstoffe (Augen, Atemwege):	*1. Krebserreger:*
Formaldehyd Chlorwasserstoff organische Lösungen Staub Fasern	Radon Formaldehyd Asbest
2. Allergene:	*2. Erbschädigende Stoffe:*
Formaldehyd?	noch unbekannt
3. Gerüche	*3. Gifte für Zentrales Nervensystem, Leber, Niere, Atemtrakt, Skelett, Fortpflanzung:*
–	Organische Lösungen Staub

Die Baustoffe, die uns in Form von Fußboden, Wänden und Decken umgeben, strömen schnell wirkende und auf Dauer schädigende Gifte bzw. Strahlen (Radon) aus. Bauherren sollten sich vor Baubeginn über die Materialien informieren, die sie verwenden! (Quelle: Andersen, 1982.)

zu Herzen nehmen: Formaldehyd, Asbest, Radon, organische Substanzen sind in unseren Räumen als kurzfristige und langfristige Krankheitserreger von der Augenreizung bis zum Krebs allgegenwärtig! Es ist nochmals festzuhalten: Ist ein Stoff als kanzerogen identifiziert, so heißt das: Dieser Stoff wirkt in jeder Konzentration krebserregend. Es gibt *keine Wirkungsschwelle* (siehe auch: »Gottes Geißel Krebs«).

Die dänischen Forscher sortierten dann die Baustoffe nach EG-Richtlinien in die Klassen:

1. *Gefahr* sehr ernsthafter, nicht mehr rückgängig zu machender Effekte.

2. *Risiko* nicht mehr rückgängig zu machender Effekte.

Ergebnis: 3,5 Prozent aller Baustoffe waren hochgefährlich, 1,1 Prozent riskant.

Zusatz-Ergebnis: Ungefähr die Hälfte aller Produkte enthalten organische Lösungen über fünf Prozent.

Die dänischen Forscher fordern eine verschärfte Beobachtung der Baustoffe und Baumaterialien und ein geschärftes Bewußtsein von Produzenten und Verbrauchern.

Kranke Gebäude – kranke Menschen

Mit kranken Gebäuden und den drinnen wohnenden kranken Menschen beschäftigte sich 1984 in Schweden eine Internationale Konferenz (*Indoor Air,* 1984). Im Mittelpunkt auch hier Formaldehyd, Schwefeldioxid und Stickstoffdioxid in Innenräumen. Einige der neuesten Forschungsergebnisse:

– Asthma konnte durch »Gaben« von Formaldehyd *ausgelöst* werden (*Nordmann* u. a., 1984). Der Vorgang war wiederholbar. Die Dosis betrug zwischen 1,2 und 2,5 mg/m^3. Fünf Prozent der Versuchspersonen erkrankten schwer, 30 Prozent zeigten überreaktive Symptome.

– Bewohner von Häusern, die mit Urea-Formaldehyd-Schaum isoliert waren, und die auch mehr Formaldehyd einatmen mußten als andere, hatten einen miserableren Gesundheitszustand: Kopfschmerzen, Erschöpfungszustände, Hörschwierigkeiten, Arthritis – alles gehäuft. Außerdem verbrauchten die Formaldehyd-Geschädigten fast doppelt soviel Medikamente! (*Broder,* 1984).

Dieser letzte Satz beweist wieder einmal: Die chemische Industrie schafft sich ihre Märkte selbst. Wenn ich rein profitorientiert Mensch und Umwelt kaputtmache, verdiene ich nochmals an den Reparaturarbeiten. Gesundheitsschäden = Gewinnmaximierung! Oder: Nur Schädlinge lieben die Umweltverschmutzung!

Zurück zu den kranken Innenräumen. In Stockholm bestätigte sich nachdrücklich, wie notwendig die Warnungen vor Formaldehyd waren und immer noch sind. Im Themenkreis Allergien bemerkenswert:

– Asthmakranke bekamen schon bei niedrigen Dosen von Formaldehyd Anfälle.

– Sensitivierte Menschen erlitten durch Formaldehyd eine allergische Dermatitis.

– Neun Prozent aller Patienten einer dermatologischen Abteilung reagierten sensitiv auf Formaldehyd – so die Dermatologische Gesell-
– Nach Prüfung aller verfügbaren Daten kam das Komitee für Toxikologie der Nationalen Akademie der Wissenschaften in den USA zu dem Ergebnis, daß es keine Grenzwerte gebe, unter denen *keine* Effekte durch Formaldehyd ausgelöst würden (zusammengestellt nach *G. Andrew,* 1984).

Doch nicht nur Formaldehyd, auch Schwefeldioxid macht den Asthmatikern zu schaffen. Schon bei »milden« Dosen traten Atemschwierigkeiten auf (*Witek* u. a., 1984), der Strömungswiderstand in der Lunge war erhöht (*Boushey,* 1984), stieg exponentiell an (*Colucci,* 1983). Kinder erkrankten in Smog-Perioden häufiger an Asthma (*Richards,* 1983). Kurz: Die große Gruppe der Allergiker, Erwachsene wie Kinder, leidet in der BRD unter den Umweltgiften ganz besonders.

Leiden an der Umwelt

Diese Tatsache geht aber in der Bundesrepublik nur den Allergikern unter die Haut, nicht den Verantwortlichen. »Die übliche medizinische Technologie hinkt etwa hundert Jahre hinter der Technik der Umweltkontrolle hinterher...« schreibt der schon oben zitierte Dr. *William Rea,* Chef der bisher größten »ökologischen« Klinik in Dallas/Texas. »Die Zustände heute, in verschmutzter Umwelt, kann man mit denen der Medizin vor über hundert Jahren vergleichen, bevor man ausreichend über Krankheitskeime informiert war, als die Leute Wunden mit Mist behandelten und als Ärzte, ohne sich die Hände zu desinfizieren, bei Frauen Unterleibsuntersuchungen machten, direkt, nachdem sie Leichen seziert hatten. Auch die Öffentlichkeit ist sich der möglichen Krankheitsauslöser in der Umwelt nicht bewußt. Potentiell schädliche Substanzen sind so allgemein verbreitet in Wohnungen, an Arbeitsplätzen, sogar in Krankenhäusern, in solchen Mengen, daß die Hoffnung eines Patienten auf richtige Diagnose und Behandlung und nicht zuletzt auf Genesung aussichtslos ist...«

Ich stimme Dr. Rea zu: *Es ist an der Zeit, nach den Infektionskrankheiten von den Invasionskrankheiten zu sprechen.*

Die Klinische Ökologie geht im Gegensatz zur Schulmedizin von einer Gesamtbelastung des Organismus durch Umweltfaktoren aus, wobei jedes Individuum nur eine begrenzte Kapazität hat. Daher ist man nicht so sehr darauf aus, das einzelne Allergen dingfest zu machen, sondern das gesamte Spektrum der Umweltstoffe zu ermitteln, auf die ein Mensch empfindlich reagiert. Allergische Krankheiten im Sinne der Klinischen Ökologie sind deswegen nicht nur die klassischen Heuschnupfen, Bronchialasthma, Nesselfieber etc., sondern beinah alles, was den Menschen befallen kann, von der Migräne über Herz- und Kreislaufleiden bis zur Impotenz. Da setzt denn auch die Klinische *Allergologie* an: Sie kritisiert die Klinische *Ökologie* als zu allgemein und philosophisch.

Die maskierte Allergie

Für mich eröffnet die Klinische Ökologie einige übergreifende Einsichten:
1. *Die maskierte Allergie:* Der amerikanische Arzt Herbert Rinkel entdeckte das Prinzip der maskierten Allergie 1933 in einem unfreiwilligen Selbstversuch. Er lebte während seines Studiums fast nur von Eiern, wurde immer kränker: Halsweh, Kopfschmerzen, Ohrenkrankheiten, Dauerschnupfen. Er las über Nahrungsmittelallergie und machte ein Experiment: An einem Tag aß er sechs Eier so schnell als möglich, wartete auf eine akute Reaktion. Doch nichts geschah. Im Gegenteil: Er fühlte sich zunächst wohler als sonst. So aß er weiter Eier, und es ging ihm wieder viel schlechter. – Schließlich setzte er Eier radikal ab. Die Folge: Bereits am dritten Tag waren alle seine Beschwerden verschwunden. Am vierten Tag aß er durch Zufall einen Geburtstagskuchen; zehn Minuten später brach er bewußtlos zusammen: Die Eier im Kuchen hatten eine *akute Reaktion* in ihm ausgelöst, nachdem ihn der Verzicht auf Eier *hochempfindlich gemacht* hatte. Herbert Rinkel definiert das so: »Wenn jemand ein Nahrungsmittel täglich oder fast täglich zu sich nimmt, kann er allergisch dagegen sein, ohne es je als Ursache seiner Krankheitssymptome zu verdächtigen. Gewöhnlich ist es so, daß man sich nach dem Verzehr dieses Nahrungsmittels wohler fühlt als vor der Mahlzeit. Das nennt man *maskierte Nahrungsmittelallergie*.«
2. *Das Anpassungssyndrom:* Das allgemeine Anpassungssyndrom ist

ein Begriff aus der Streß-Forschung. Der Körper reagiert auf starken Streß mit Alarm – Anpassung – Erschöpfung. Der eigentliche Begründer der Klinischen Ökologie, Theron G. Randolph, verband diese Beobachtung mit der Beobachtung von der maskierten Allergie und schloß daraus: Bevor sich die allergischen Symptome zeigen, ist der allergische Prozeß im Körper des Patienten *schon lange im Gange,* das heißt, der Alarm war schon ausgelöst worden, der Körper hat sich angepaßt, er steht jetzt unter Dauerstreß und geht in Erschöpfung über. Heuschnupfen, Nesselausschlag, Ekzem, Asthma sind allerletzte Warnzeichen. Hält das Bombardement von außen durch allergene Nahrungsmittel, Chemikalien, Inhalationsallergene und sonstige Streßfaktoren an, verschlimmern sich die Symptome und lokalisieren sich im ganzen Körper: Schmerzen aller Art, Rheuma, Herz-, Kreislaufleiden, Denk- und Gedächtnisstörungen treten auf.

Die Umwelt eines jeden Menschen enthält natürlich zahllose »Allergene«, die besonders *ihn* krank machen und maskiert in ihm arbeiten. Deswegen macht die Klinische Ökologie zunächst mal reinen Tisch: Zur Therapie muß ein Patient in einer weitgehend allergenfreien Zone im Krankenhaus bei reinem Quellwasser fasten. Nach starken Entzugserscheinungen tritt dann nach einigen Tagen ein Wohlbefinden auf – und nun erst wird getestet, wie der einzelne auf die ganze Palette unserer Umweltstoffe – inklusive Formaldehyd! – reagiert. Dabei zeichnet der Patient seine subjektiven Beschwerden auf, und danach wird eine Diät – besser gesagt ein Lebensplan – entworfen.

Sie sehen: Die Gesamtheit von Leib und Seele ist gefordert im Kampf gegen Umweltschadstoffe und Umweltverschmutzer.

Pseudo-Krupp – eine Allergie?

Dr. Berthold Mersmann, Kinderarzt in Essen-Borbeck und engagierter Kämpfer gegen Verschmutzung und Verbohrtheit, faßt diese Gedanken so zusammen (*Grefe,* 1985):

»Der menschliche Körper muß zur Erhaltung seiner Identität pausenlos eingedrungene Allergene erkennen und abwehren. Es ist vorstellbar, daß diese Abwehrkapazitäten müde und überstrapaziert werden und dann plötzlich überschießend reagieren . . . In gewisser Weise ist also in jedem Menschen eine Allergie vorgeformt. Ob man Allergiker wird oder nicht, wäre somit eine Frage der persönlichen Kondition seines Abwehrsystems, oder, negativ ausgedrückt, wie empfindlich er ist.«

Auch Pseudo-Krupp, der Erstickungshusten der Kleinkinder, könnte, so Dr. Mersmann, in den Kreis der Allergien gehören.

– In Tests reagieren Kinder mit Pseudo-Krupp ähnlich wie die allergischen Asthmatiker.

– Die Immundefekte bei Pseudo-Krupp-Kindern sind die gleichen wie bei Asthmatikern.

– Jedes zweite Kind, das Pseudo-Krupp hatte, erkrankte später an allergischem Asthma.

Der allergische Bestandteil, so meint Mersmann, sei also der Punkt, an dem man weiter arbeiten müsse.

AG Allergiekrankes Kind

Für Familie Hans und Silvia Kelting ist der allergische neuralgische Punkt die Umweltpolitik, und so machen sie im Rahmen der »Arbeitsgemeinschaft Allergiekrankes Kind« Aktionen und Diskussionen. Mit viel Engagement versucht diese AG bundesweit die Zusammenhänge zwischen Allergien und Umweltschadstoffen nicht nur Eltern, sondern besonders den Politikern zu vermitteln. Verstärkt wird über den »Zusammenhang Luftverschmutzung und Gesundheit« referiert, gehen leidenschaftliche Appelle an die Öffentlichkeit: »Angesichts der schon heute vorliegenden Erkenntnisse kann sich kein Verantwortlicher mehr hinter der Auffassung verschanzen, die Beziehungen zwischen Schadstoffbelastung und Erkrankungen seien noch nicht hinreichend untersucht . . . Gegenwärtig besteht kein Forschungs-, sondern Handlungsbedarf!« *(AG Allergiekrankes Kind, Günter Stork.) »600 000 Kinder in der Bundesrepublik leiden an Allergien!«*

Die Invasion der Körperfresser

Allergische Rhinitis (z. B. Heuschnupfen), allergische Konjunktivis (Bindehautentzündung), allergisches Asthma bronchiale, Quaddelsucht, dann Kontaktallergien wie Hautfältelung, Knötchen, Bläschen,

Blasen, Rötungen und daneben die Neurodermatitis, die Hautentzündung, sowie auch Arzneimittelallergien wachsen sich in der Bundesrepublik zu einer Volksseuche aus. Die rapide Zunahme der luftfremden und nahrungsfremden Stoffe – die Invasion der Körperfresser – führt auch zu einem Anstieg der Allergien, zu einer überschießenden Abwehrreaktion aus Erschöpfung. Der schon lange »maskiert« leidende Organismus reagiert auf die Invasion übermäßig und panisch. Möglicherweise liegt die Erklärung für die Über-Reaktion der Antikörper doch im philosophisch-anthroposophischen Bereich: So wie ein zu Tode Erschöpfter im letzten Augenblick noch einmal alle Kräfte sammelt und wild um sich schlägt ohne Rücksicht auf Verluste oder Verletzungen, so schießt das Immunsystem um sich. Weil es bis über die Grenze belastet ist, weil das Faß überläuft, weil es nur noch die Wahl hat – Allergie oder Siechtum und Tod.

Vielleicht gibt es wirklich auf zellularer Ebene eine Art von Bewußtsein, das registriert, wann es nicht mehr weitergeht, wann ES nicht mehr kann. Vielleicht hat es mit Harmonie zu tun und Disharmonie, wenn die Lymphozyten übermäßig Abwehrwaffen produzieren, wenn ein Körper, wenn ein Land, eine Erde sich überrüsten. Vielleicht hat es mit Seele zu tun, mit unser aller Seele.

9. Menschen im Müll

Der Rückstand der späten 50er, der ausgereiften
60er Jahre, die Giftfässer des gewaltigen
Aufbruchs, knapp zwei Meter unters Grün
gelagert mit leicht öffentlicher Hand und
allüberall, erleben ihren letzten Frühling
jetzt: blauhändig eins nach dem andern
macht sich berstend auf ans Tageslicht,
die Milch der frommen Denkungsart
einfürallemal zu säuern

Georg Laschen,
Vom Zustand des Rückstands

Spätestens nach zehn Minuten beschleicht Sie ein unheimliches Gefühl. Gewiß, die Häuser – alles Zwei- und Dreispänner – sehen recht neu und schmuck aus, und von einer leichten Anhöhe blickt man über eine unbebaute Wiese auf eine ferne Stadt. Gewiß, der Kern der Siedlung ist eine kleine, sorgsam gestaltete Fußgängerzone mit glänzenden Verbots- und Erlaubnistafeln. Auch die Oma auf dem kleinen Balkon, die ihrem Enkel nachblickt, der wild mit seinem Fahrrad herumkurvt – alles normal. Doch dann fällt Ihnen auf, daß hier und dort die Erde aufgewühlt ist, ja, wenn Sie's genau betrachten, liegen ungewöhnlich viele Erdhaufen herum. Auch einige der Vorgärten sind aus unerklärlichen Gründen ramponiert. Jetzt bemerken Sie, daß neben ein, zwei Baugruben zersplitterte Bautafeln herumliegen; Arbeiter schlagen am Rande einer Wiese Pflöcke in den Boden. Seltsam, Sie gehen an einem Maschendrahtzaun entlang und bleiben abrupt stehen: Alle freien Flächen in dieser Siedlung sind eingezäunt! Auch die Kinderspielplätze sind mit drei Meter hohem Maschendraht umgeben, die Zugänge sind versperrt, und überall stehen die Schilder: Betreten verboten.

Sie gehen auf ein Haus zu. In dem kleinen, verwilderten Vorgarten neben der Eingangstür steht ein handgemachtes Schild mit einem Totenkopf, und auf dem Schild lesen Sie: »Meine Wiege steht im Gift.« Nun wissen Sie, wo Sie sind: Sie sind in Dortmund-Dorstfeld, sind auf der Zeche Dorstfeld, Schacht 213. Das heißt: Wir sind auf dem Gelände der ehemaligen Zeche, genau über der ehemaligen Kokerei; wir stehen nicht auf normaler Erde, sondern auf einem Gemisch von fünfzig giftigen Stoffen, von Benzol, Quecksilber, Arsen, Blei, polyzyklischen aromatischen Kohlenwasserstoffen – und alle diese 216 Eigenheime hier sind auf Gift gebaut.

Wiege im Gift

Familie Hans-Dieter und Monika Kaminski und ihre Kinder Oliver, vier, und Katharina, sieben Monate, leben in einer Mischung aus Furcht und Verzweiflung. 1980 bekamen sie ein Stückchen Grund von der Stadt Dortmund in Erbpacht, die wiederum das gesamte riesige Areal von der Harpener Bergwerksgesellschaft gekauft und in ein Wohngebiet »umgewidmet« hatte. Hans-Dieter Kaminski und die anderen Käufer beziehungsweise Pächter der Grundstücke wußten, daß sie auf ehemaligem Zechengebiet bauten, wußten aber nicht, daß sie sich direkt über ungemein verschmierten, verschmutzten und vergifteten Erdmassen ansiedelten, über einer ehemaligen Kokerei. Die entsprechenden alten Pläne kamen erst später ans Licht.

Die Gifte traten bei Familie Kaminski und ihrem Nachbarn schon 1981 zutage: Da stank es entsetzlich aus einer Baugrube. Aus den Treppenstufen, die zum Keller führen, sickerte eine dickliche braune, scheußlich scharf riechende Flüssigkeit. Im Garten fanden sich schwarze, teerartige Klumpen. Und einige alte Dorstfelder erinnerten sich, daß just an diesem Platz die »Giftküche« der Zeche stand.

Die durch diese Funde alarmierten neuen Siedler, die fast alle mit ihrer eigenen Hände Arbeit ihre Doppelhaushälften hochgezogen hatten, ließen vom Bremer Unweltinstitut Bodenproben analysieren – mit katastrophalen Ergebnissen. Dies hier war keine Neubausiedlung, sondern ein Laboratorium und eine Kläranlage zugleich. Bald gaben sich bei Kaminskis die Meßingenieure die Klinke in die Hand: Die Chemische Untersuchungsanstalt Dortmund sondierte, das Hygieneinstitut Gelsenkirchen, das Bremer Umweltinstitut ein zweitesmal, und am Schluß wurde als Obergutachter der Leiter des Medizinischen-Hygienischen-Instituts in Düsseldorf, Hans-Werner Schlipköter, bestellt. Man fand:

- 621 Milligramm Blei pro Kilogramm Boden,
- 61 Milligramm Quecksilber,
- 394 Milligramm Arsen,

– 4,5 Milligramm Cadmium.
– 710 Milligramm Cyan,
– 10,6–144 Milligramm Benzol,
– 19 Milligramm Toluol,
– 22 Milligramm Xylol,
– 2100 Milligramm polyzyklische aromatische Kohlenwasserstoffe,
– 700 Milligramm Dicoclopentadien (DCP).

Alles wohlgemerkt je Kilogramm Erde!

Zu DCP vermerkt das *Handbuch der gefährlichen Güter* von *Günter Hommel:* Giftiger und brennbarer fester Stoff... Gesundheitsgefährdung: Tränen der Augen, Brennen der Nasen- und Rachenschleimhäute sowie der Haut; Reizhusten, Kopfschmerzen, Unwohlsein, Übelkeit. Bei hohen Dampfkonzentrationen *Schläfrigkeit, Bewußtlosigkeit, Atemstillstand.*

Vergleichen Sie die obigen Mengen der Gifte mit der Tabelle der Richtwerte für die Sanierung von Altlasten *(Tabelle 16),* so sehen Sie, diese Wohnsiedlung hätte unverzüglich von Grund auf saniert werden müssen. Das Hygienische Institut Gelsenkirchen kam denn auch zu dem Schluß, »... daß eine absolute Gefahrenabwendung nur dann möglich ist, wenn die entsprechenden Wohnhäuser aufgegeben werden«. Der nordrhein-westfälische Umweltpapst Hans-Werner Schlipköter meinte: »Eine Kontamination der im Bereich der früheren Kläranlage der Zeche lebenden Personen und eine damit verbundene Gesundheitsgefährdung kann bei Hautkontakt mit Gartenerde oder bei Verzehr von Nahrungsmitteln aus dem Garten nicht ausgeschlossen werden.«

Gummihandschuhe und Gasmasken für Kinder

Die betroffenen Bewohner schlossen sich in einer »Arbeitsgruppe Dortmund-Dorstfeld-Süd« zusammen. Sie wollen von der Stadt Dortmund entschädigt werden, sie wollen neue Häuser, woanders, möglichst weit weg. »Was soll ich hier denn machen«, klagt Monika Kaminski. »Soll ich meine Kinder ins Freie lassen oder nicht? Ich kann ihnen doch nicht immer Gummihandschuhe und Gasmasken anziehen... Mein Kleiner hat soviel Erde gegessen. Wenn er den Brocken Benzol erwischt hätte, wäre er schon platt.«

Altlasten

Familie Kaminski, ihre Kinder und ihre Nachbarn, haben an einer sogenannten *Altlast* zu tragen. »Altlast«, so formuliert der Oberregierungsbaurat *J. Hachen* vom Regierungspräsidium Arnsberg, »ist diejenige Altablagerung oder Bodenverunreinigung, von der nach einer erfolgten Gefährdungsabschätzung mit anschließender Beurteilung feststeht, daß von ihr möglicherweise oder nachgewiesenermaßen eine Gefahr für die öffentliche Sicherheit und Ordnung ausgeht.«

Altlasten sind

– alte Müll- und Giftmülldeponien, aber auch »wilde« Ablagerungen, in denen Giftstoffe beigemengt wurden,

– Halden oder zugeschüttete Gruben voll Bergmaterial, Bauschutt oder Chemieprodukten, die gefährliche Stoffe enthalten,

– die Gebäude stillgelegter Anlagen wie Zechen, Ziegeleien, alte Gaswerke, Güterbahnhöfe, chemische Fabriken, Abwasserreinigungsanlagen,

– Kriegsrelikte in Wald und Flur.

In der Bundesrepublik gibt es rund 50000 Ex-Mülldeponien. In mindestens 1000 von ihnen stecken Zeitbomben in Form von Wasser und Boden verseuchenden Schadstoffen; 6000 brisante Altlastplätze verzeichnet allein Nordrhein-Westfalen, die Gesamtzahl der Altlasten für die Bundesrepublik geht in die *Zehntausende*! »Jedes Jahr werden wir von oben fotografiert. Ein Aufklärungsflugzeug der US-Army liefert gestochen scharfe Fotos von jedem Quadratzentimeter der Bundesrepublik«, schreibt der *stern* 1984, »man kann auf den Luftbildern sogar erkennen, wo Autos falsch geparkt sind, heimlich Schwarzbauten errichtet oder illegal Bäume abgeholzt werden. Mit dem Spion aus der Luft läßt sich auch Gift aufspüren.« Hessen und Rheinland-Pfalz bedienen sich dieser Bilder. Im Frankfurter Battelle-Institut wurden automatische Detektoren entwickelt, mit denen sich verbuddelte Giftfässer, Rohrleitungen und Verschmutzungsfahnen von alten Giftschlämmen aufspüren lassen. Alle Bundesländer haben inzwischen die Gefahren erkannt, die Wasser und Boden und Menschen von dem üblen Erbe der sogenannten »wilden« Aufbaujahre der Bundesrepublik drohen, als Giftproduzenten und Schadstoffverwerter und Giftmüllkutscher rücksichtlos die Erde als Abtritt mißbrauchten. Diese tückische Hypothek ist mittlerweile der Alptraum von Städten und Gemeinden geworden.

Tabelle 16:
Richtwerte für die Sanierung von Altlasten

Vorkommen in	Boden	(mg/kg Ts.)		Grundwasser Mikrog./l		
Komponent/Niveau	A	B	C	A	B	C
I. Metalle						
Cr (Chrom)	100	250	800	20	50	200
Co (Kobalt)	20	50	300	20	50	200
Ni (Nickel)	50	100	500	20	50	200
Cu (Kupfer)	50	100	500	20	50	200
Zn (Zink)	200	500	3000	50	200	800
As (Arsen)	20	30	50	10	30	100
Mo (Molybdän)	10	40	200	5	20	100
Cd (Cadmium)	1	5	20	1	2,5	10
Sn (Zinn)	20	50	300	10	30	150
Ba (Barium)	200	400	2000	50	100	500
Hg (Quecksilber)	0,5	2	10	0,2	0,5	2
Pb (Blei)	50	150	600	20	50	200
II. Anorganische Verunreinigungen						
NH_4 (wie N, Natrium)	–	–	–	200	1000	3000
F (Fluor, gesamt)	200	400	2000	300	1200	4000
CN (Cyan, gesamt-frei)	1	10	100	5	30	100
CN (Cyan, gesamt-komplex)	5	50	500	10	50	200
S (Schwefel, gesamt)	2	20	200	10	100	300
Br (Brom, gesamt)	20	50	300	100	500	2000
PO_4 (wie P, Phosphor)	–	–	–	50	200	700
III. Aromatische Verbindungen						
Benzol	0,01	0,5	5	0,2	1	5
Etylbenzol	0,05	5	50	0,5	20	60
Toluol	0,05	3	30	0,5	15	50
Xylole	0,05	5	50	0,5	20	60
Phenole	0,02	1	10	0,5	15	50
Aromaten (gesamt)	0,1	7	70	1	30	100

Altlasten müssen sofort saniert werden, wenn die Richtwerte von C überschritten werden. Bei Überschreitung von B sind eingehende Untersuchungen notwendig. Unter A sind die Mittelwerte der jeweiligen

Vorkommen in:	Boden	(mg/kg Ts.)		Grundwasser Mikrog./l		
Komponent/Niveau	A	B	C	A	B	D
IV. Polyzyklische Kohlenwasserstoffe						
Naphtalin	0,1	5	50	0,2	7	30
Anthracen	0,1	10	100	0,1	2	10
Phenantren	0,1	10	100	0,1	2	10
Fluoranthen	0,1	10	100	0,02	1	5
Pyren	0,1	10	100	0,02	1	5
3,4-Benzpyren	0,05	1	10	0,01	0,2	1
Polyzyklische Kohlenwasserstoffe (gesamt)	1	20	200	0,2	10	40
V. Chlorierte Kohlenwasserstoffe						
aliphatische Chlor-Kwst (indiv.)	0,1	5	50	1	10	50
aliphatische Chlor-Kwst (gesamt)	0,1	7	70	1	15	70
Chlorbenzole (indiv.)	0,05	1	10	0,02	0,5	2
Chlorbenzole (gesamt)	0,05	2	20	0,02	1	5
Chlorphenole (indiv.)	0,01	0,5	5	0,01	0,3	1,5
Chlorphenole (gesamt)	0,01	1	10	0,01	0,5	2
Chlorpck's (gesamt)	0,05	1	10	0,01	0,2	1
PCB's (gesamt)	0,05	1	10	0,01	0,2	1
EOCL (gesamt)	0,1	8	80	1	15	70
VI. Schädlingsbekämpfungsmittel						
org. Chlor- (indiv.)	0,1	0,5	5	0,05	0,2	1
org. Chlor- (gesamt)	0,1	1	10	0,1	0,5	2
Pestizide (gesamt)	0,1	2	20	0,1	1	5
VII. Übrige Verunreinigungen						
Tetrahydrofuran	0,1	4	40	0,5	20	60
Pyridin	0,1	2	20	0,5	10	30
Tetrahydrothiophen	0,1	5	50	0,5	20	60
Cyclohexanon	0,1	6	60	0,5	15	50
Styrol	0,1	5	50	0,5	20	60
Benzin	20	100	800	10	40	150
Mineralöl	100	1000	5000	20	200	600

Substanz in offenbar nicht kontaminierten Gebieten Hollands genannt (Quelle: Jessberger).

Der Alptraum:
– Oberflächen und Grundwasser werden heute noch Tag für Tag durch diese Giftlasten verunreinigt,
– die Gifte »fließen« in die umliegenden Wälder, Felder und Wohnbezirke,
– der kontaminierte Boden gast aus. Stäube legen sich in die Lungen der manchmal ahnungslosen Hausbewohner,
– die Schadstoffe gelangen vom Boden in die Pflanzen und von dort in die Nahrungskette,
– die Schadstoffe liegen so nah der Oberfläche, daß sich Erwachsene und besonders Kinder vergiften.

Eine Landkarte der Bundesrepublik, auf der die mittlerweile bekannten Giftmülldeponien, Zechen, Ziegeleien und stillgelegten Chemiewerke verzeichnet sind, sieht aus wie eine von Tausenden Schrotkugeln durchlöcherte Landschaft.

Unterirdische Giftströme

– In *Gerolsheim* bei Ludwigshafen lagern auf einem 800000 Quadratmeter großen Gelände fast drei Millionen Kubikmeter giftige Abfälle und Hausmüll, und auch 2000 Tonnen Produktionsrückstände der Chemiefirma Boehringer-Ingelheim – Dioxin mit eingeschlossen.
– In *Rehburg-Loccum* bei Hannover sickern aus einer Giftmülldeponie, die sinnigerweise im schönsten Waldgebiet liegt, chemische Stoffe auf breiter Front Richtung Südwesten und zerstören Bäume und Pflanzen.
– In *Hamburg-Georgswerder* und an fünf weiteren Standorten ticken Dioxin-Zeitbomben.
– Der berühmte, aus Trümmern und Abfällen »erbaute« »Monte Scherbelino« in *Frankfurt* birgt bislang unerforschte Reichtümer, die die Umwelt teuer zu stehen kommen.
– Im pfälzischen *Sprendlingen* bewegen sich die Schadstoffe mäanderförmig – vielfach sich windend – von der Altdeponie in Richtung Ortschaft – unterirdische Giftzungen!
– In *Herne* wurde der Bau von 58 Eigenheimen auf einem ehemaligen Zechengelände gestoppt: Der Boden dünstete Benzol, Toluol, Naphthalin, Xylol und Phenol aus.

In einem Seminar über »Altlasten und kontaminierte Standorte« stellte der Ordinarius für Grundbau und Bodenmechanik von der Universität Bochum, Professor Dr. H. L. Jessberger, eine Liste der übelsten Schadstoffe auf *(Tabelle 16)*. Lesen Sie diese Liste bitte trotz ihres Umfangs genau, und Sie werden nachempfinden können, wie elendig sich Bewohner oder Anwohner von Altlasten fühlen, wie kaputt, wie »platt« sie vielleicht schon sind. Dortmund-Dorstfeld-Süd ist kein Einzelfall.

Das Idyll auf der Kippe

Ich sitze in einem angenehm möblierten Zimmer einem netten Herrn gegenüber; draußen scheint die Sonne auf einen hübsch bepflanzten Garten. Ab und zu donnert ein Tiefflieger über das Haus und die anderen schmucken Einfamilienhäuser ringsum. Dies ist wahrhaft ein Idyll, sofern man in unserer heutigen Zeit überhaupt noch von Idylle reden kann. Doch wenn Sie auf die Toilette dieses Hauses gehen, dann lesen Sie ein Schild: *Vorsicht Explosionsgefahr!* Und wenn Sie sich genauer in der Wohnung umsehen, so entdecken Sie *Gaswarngeräte*. Ich bin in Brake bei Bielefeld. Der Herr, der mir gegenübersitzt, ist der Schulleiter Klaus Plöger, 43. Er und 32 Nachbarn haben ihre Häuser – so unglaublich das auch klingen mag – auf dem Gelände einer ehemaligen Ziegelei und einer Müllkippe gebaut.

Giftschlamm in der Grube

Die Chronologie der Ereignisse ist beispielhaft für Schlamperei von Behörden gegenüber Umweltverschmutzern und Umweltgiften. Ich fasse aus den Originalakten zusammen: Die Stadt Bielefeld pachtete am 13. April 1959 ein ehemaliges Ziegeleigelände in Brake zur »Ablagerung von Industrie- und Gewerbeabfällen, Abraum, Boden, Hausmüll und sonstigem Unrat«. Brisantester Teil des Industriemülls: Hydroxidschlämme von Galvanik- und Klischeebetrieben aus der Stadt und dem Landkreis Bielefeld. Diese Schlämme hätten vor Deponierung eigentlich immer entgiftet sein sollen, waren es aber nicht. Es »besteht der Verdacht, daß die in der Tongrube eingebrachten Galvanikschlämme nicht ausreichend entgiftet und neutralisiert sind«, schrieb am 21. September 1964 das Hygienisch-Bakteriologische Institut der Stadt Bielefeld. Das Institut stellt ein Überschreiten der Grenzwerte für Cyanid und Chromat fest. Drei Jahre später lehnte es der Leiter der Abteilung Stadtentwässerung ab, auch nur einen einzigen Kubikmeter Hydroxidschlamm auf die städtische Kläranlage zu übernehmen. Sollte er hierzu die dienstliche Anweisung erhalten, könne er die Verantwortung für den Bestand und Betrieb der Kläranlage sowie für Leben und Gesundheit der dort Beschäftigten nicht tragen. Ein mutiger Mann!

Inzwischen wurden in der Tongrube der Ziegelei fleißig weiter Gifte gelagert; nachdem ein Begrenzungsdamm beschädigt worden war, kündigte am 13. Januar 1963 die Stadt den Pachtvertrag und stellte gleichzeitig den Deponiebetrieb ein. Die Grube freilich wurde zunächst wild weiter genutzt, und Gifte sickerten in das Grundwasser. Ein in der Nähe der Ziegelei liegender Hausbrunnen wurde so verseucht, daß der Brunneneigentümer gegen die Stadt Bielefeld klagte und gewann: Die Stadt mußte ihn an die Trinkwasser-Versorgung anschließen.

Wir reden wohlgemerkt immer nur von dem Gelände, auf dem später gebaut wurde! Sie sehen, den Behörden war intern die Brisanz der Grube bekannt. Der Eigentümer der Ziegelei hatte zudem noch das um die Ziegelei liegende Gelände für die Ablagerung von Müll, Karbidschlamm und so fort an die Firma Steinkühler und Sohn verpachtet: Auch dort wurden jahrelang Hydroxidschlamm sowie Tankstellenschlamm und möglicherweise hochgiftige Industrieabfälle deponiert. 1977 schließlich wurde diese Deponie mit 30 Zentimeter Bauschutt und 20 Zentimeter kulturfähigem Boden abgedeckt. Ein Jahr später war auch die Tongrube auf dem Ziegeleigelände »verfüllt«. Unser Auge erblickt nun – 1979 – kaum noch etwas von all den vorhergegangenen Schweinereien.

Schlamperei mit Giftschlamm

Parallel zu diesen Ereignissen lief die Bauleitplanung.

Erste Stufe: Das Ziegeleigebäude wird als Gewerbegebiet ausgewiesen, die nicht überbaubaren Flächen sollen Grünanlagen werden (1969).

Zweite Stufe: Als Entschädigung für eine andere, nicht genehmigte Wohnbaufläche erhält der Eigentümer der Tonwerke das Recht einer *massiven* mehrgeschossigen Bebauung; das nördliche Gewerbegebiet der Firma Steinkühler, das »nach der Örtlichkeit nicht bebaut werden kann«, soll Grünzone werden (1969).

Dritte Stufe: Die Firma Steinkühler will ebenfalls ein sechsgeschossiges Wohnhaus bauen, das wird ihr genehmigt, wenn es *neben* Wasserloch und Ablagerungskuhle gebaut wird (1971).

Vierte Stufe: Die Eigentümer haben gewechselt, eine Wohnbaufirma will nun Einfamilienhäuser bauen, weil es keine Nachfrage mehr nach Eigentumswohnungen gebe. Das bedeutete eine Änderung des Bebauungsplanes (1974).

Fünfte Stufe: Das Planverfahren geht in die Ausschüsse; es enthält *keine Hinweise mehr auf die ehemalige Nutzung des Baugeländes als Deponie*. Der Rat der Stadt Bielefeld beschließt, den Bau von Einfamilienhäusern zu genehmigen; der Regierungspräsident stimmt zu (1977).

In Summa: Das Planungsamt der Stadt Bielefeld, das Tiefbauamt, das Garten-, Forst- und Friedhofsamt, das Straßenreinigungs- und das Fuhramt, das Ordnungsamt, das Rechtsamt, das Wasserwirtschaftsamt Minden, das Gewerbeaufsichtsamt und die Bezirksverwaltungsstelle Heepen, sie alle wußten von der Giftmülldeponie. Im Planverfahren war aber nur noch die Rede von einem »ehemaligen Ziegeleigebäude mit Tongrube«. Ahnungslos erwarben dann Bürger »in ländlich ruhiger Stadtrandlage« die Grundstücke und errichteten sich Eigenheime, bauten 32 Häuser, Heimat für 150 Menschen – auf Giftschlamm.

Narkose im Klo

»Merkwürdige Beobachtungen«, sagt Schulleiter Klaus Plöger, »machten wir schon am Anfang. Als ein Kanal gebaut wurde, fielen die Leute in den Kanalschächten um. Ein Bagger wühlte grünschillernde, weißgraue, rote Bodenschichten auf, fand bis auf fünf Meter Tiefe keinen festen Boden. Ein Nachbar bekam einen Erstickungsanfall, als er Pflanzen setzen wollte. Kinder, die um ein Kokelfeuer, ein Osterfeuer, herumtanzten, erkrankten. Meine Frau und meine Kinder konnten nachts nicht schlafen . . .« Klaus Plöger und seine Nachbarn hörten auch immer wieder von Cyanschlämmen munkeln, hörten aber auch, daß alles hervorragend abgedichtet sei. Die Besorgnis wuchs.

Eines Tages wollte Plöger in seiner Gästetoilette ein Rollo anbringen, fiel wie vom Blitz getroffen um, schlug sich die Zähne aus, mußte für vier Wochen ins Krankenhaus. Heute weiß er, daß es Trichloräthylen war. Und wenn Sie das *Handbuch der gefährlichen Güter* von *Günter Hommel* wieder aufschlagen, lesen Sie: »Die Dämpfe haben eine narkotische Wirkung und können Schädigungen der Leber und der Nieren verursachen. Kontakt mit der Flüssigkeit verursacht Reizung der Augen und der Haut. Nachwirkungen auf das Zentralnervensystem auch noch nach Tagen und Wochen. Achtung, bei Brand entsteht giftiges Phosgengas sowie ätzendes Chlorgas und Chlorwasserstoffgas... Symptome: Kopfschmerzen, Brechreiz, Brennen der Augen, der Nasen- und Rachenschleimhäute, Schwindelgefühle, Rauschzustand, Narkose... Es wurde berichtet, daß beim Inhalieren von 3000 ppm (Teile pro Million Teile) nach *kurzer Zeit Bewußtlosigkeit eintrat.*«

Die aufgeschreckten Siedler sammelten Unterschriften, ließen das Institut für Umweltanalyse, Bremen, erste Proben nehmen: Chlorierte Kohlenwasserstoffe, Cyanid, Trichloräthylen, Cadmium, Quecksilber, Kupfer... kamen ans Tagelicht. »Es war so viel Kupfer im Boden, daß sich der Abbau gelohnt hätte«, erzählt Plöger mit bitterer Ironie. »Bei späteren Untersuchungen entdeckte man dann in meinem Haus Methangas! Fünf Prozent der Luft bestanden aus Methangas, das ist ein explosionsfähiges Gemisch! Eßt nicht mit Messer und Gabel, riet der Ingenieur, sonst geht die Bude hoch. Seitdem haben wir ein Gasmeßgerät in jedem Zimmer!«

Den Höhepunkt erlebte Plöger, als in den Gärten das Methan wie auf einer Müllkippe *abgefackelt* wurde. »Da liegen Gasvorkommen für 170000 Mark«, sagte der zuständige Ingenieur zu dem Schulleiter. »Das alles hier ist nicht bewohnbar. Als Mülldeponie ist das Ganze nicht schlecht, nur die Häuser stören.«

Blausäure, Schwermetalle, Krebserreger

Als die Stadt Bielefeld anfänglich zögerte, größere Untersuchungen von Grund und Boden, Leib und Leben in der Siedlung Brake in Auftrag zu geben, gründeten die Bürger eine Unabhängige Wählergemeinschaft; der Skandal wurde bundesweit publik. Am 15. Februar

1984 sollte endlich das *Leichtweiß-Institut für Wasserbau* an der Technischen Universität Braunschweig herausfinden, ob die ehemalige Schlammdeponie langfristig bebaubar und bewohnbar sei. Die Ergebnisse schlagen ein neues, schreckliches Kapitel in der bundesdeutschen Wohnlandschaft auf:

1. Die Ausgasungen (insbesondere von Tri- und Tetrachloräthan) sind für die Wohngrundstücke zu hoch.
2. Die Sicherheit gegen explosive Gasgemische ist nicht ausreichend. Die Methanmenge wechselte an einigen Meßsonden innerhalb von wenigen Wochen von »null« auf explosiv. Das bebaute Gebiet muß deswegen entgast werden. Automatisch anspringende, explosionsgeschützte Entlüftungen sind einzubauen.
3. Die Grundwasserproben enthielten zum Teil zuviel Ammonium und Sulfat; Betonteile in Häusern können zersetzt werden.
4. In sechs von 21 Hausgärten liegt zuviel Schwermetall. Jede vierte Probe gehörte eigentlich auf eine abgedichtete Sondermülldeponie. Diese Proben überschritten die laut Klärschlammverordnung zugelassenen Grenzwerte für Cadmium, Kupfer, Nickel, Chrom und Zink um mehr als das Zehnfache.
5. In den Brunnen wurde Cyanwasserstoff (Blausäure) gefunden.
6. In dem sonst wenig belasteten Bereich der Grube entdeckte man 2,4 Dichlorphenol – der Teufelsstoff, der Leber und Niere sowie das Zentralnervensystem schädigt.
7. Die heimtückischen polychlorierten Biphenyle, die Milz, Leber, Niere, Lymphsystem angreifen und Krebs auslösen, fanden sich zuhauf (bis zu 12 mg/kg).

Dieser letzte Fund veranlaßte die Bodenprüfer zu folgenden Sätzen: »An Staub haftend oder durch Berührung (zum Beispiel spielende Kinder) kann von diesen Stoffen ... eine toxische Wirkung auf die Bewohner ausgehen... Die zur Verpackung der Schlammproben benutzte Aluminiumfolie wurde innerhalb von zwölf Stunden zum Teil zerfressen.«

Eine Reihenuntersuchung von 185 Erwachsenen und Kindern durch die Abteilung Hygiene und Arbeitsmedizin der Rheinisch-Westfälisch-Technischen Hochschule Aachen machte schließlich das Maß voll: 44 der untersuchten Personen hatten Leberschäden, 13 mußten in ärztliche Behandlung. Die Presse zitierte den Leiter der Untersuchung, Professor Dr. H. J. Einbrodt, der sagte: »So etwas habe ich in meiner vieljährigen Praxis in solcher Dichte noch nie gesehen!«

Der Regierungspräsident verkündete, daß der Bebauungsplan nichtig sei. Der Rat der Stadt Bielefeld beschloß, die betroffenen 32 Familien samt Haus und Hof zu entschädigen und ihnen ein Ersatzgelände anzubieten. Der Sachwert wurde nach Ansicht der Stadt großzügig bemessen »ohne Deponiecharakter« – zwischen 300000 und 700000 Mark. Nach Ansicht von Klaus Plöger nur recht und billig: »Niemand weiß, wie krank meine Familie und ich durch diesen Giftmüll schon sind, wie krank wir alle sind. In unser neues Haus zieht die Angst mit ein.«

Heute Brake, morgen das ganze Land

Die Stadt Bielefeld aber steht wie viele Gemeinden und Städte der Bundesrepublik nicht nur vor einer unterirdischen Gifthalde, sondern auch vor einer Kostenlawine. Es genügt nämlich nicht, den Bewohnern der Müllsiedlung neue Häuser zu geben und die alten eventuell abzureißen: Das Sickerwasser der Deponie fließt in südöstlicher Richtung unkontrolliert ab. Mit Regen und Grundwasser bahnt es sich seinen Weg durch die Klüfte des Tonsteines, durch Lockergestein und Sände Richtung Herford, Stadtteil Haltern. Die giftigen Stoffe in der Deponie nehmen wegen der zahlreichen chemischen Reaktionen innerhalb des Mülls von Jahr zu Jahr zu (*Collins,* 1985), das heißt: Heute Brake, morgen Haltern, übermorgen das ganze Land.

Die Bürger von Haltern haben die Gefahr erkannt und nun ihrerseits eine Interessengemeinschaft gebildet. Der Stadt Bielefeld aber bleibt nur eines: *Die Sanierung des gesamten Geländes.* Die beiden ineinanderlaufenden Deponien müssen weiträumig abgedichtet werden, das Sickerwasser muß abgefangen werden oder gereinigt werden. Das wird nach heutigen Schätzungen über *hundert Millionen Mark kosten.*

Wer nun aber zahlt diese hundert Millionen? Der Verursacher. Wer aber nun ist der Verursacher? Die Wohnungsbaugesellschaft, von der die Bürger kauften? Die Firma Steinkühler, die den Müll in die Kuhlen schüttete? Der Ziegeleibesitzer, der eine undichte Deponie verpachtete? Die Stadt und der Landkreis Bielefeld, die ihren Müll dort abluden? Die Industriebetriebe, die den Hydroxidschlamm nicht entgifteten? Oder im Falle Dortmund: Ist dort der Verursacher die Harpener Bergbaugesellschaft, die der Stadt das verseuchte Gelände verkaufte?

Aber die Stadt hat es ja baureif gemacht und für gutes Geld kranke Erde losgeschlagen . . .

Sie sehen: Die Altlast ist eine Bombe mit Zukunft. Die Umweltminister der Länder haben deswegen wohlweislich sogenannte »Altlastsanierungsfonds« gegründet. Die Industrie soll »freiwillig aus ihren heutigen Gewinnen einen Beitrag leisten für die Sanierung der von ihr erzeugten Belastungen«. Falls es an »Freiwilligkeit« fehle, werde die Industrie durch Gesetze in die Pflicht genommen. Das Wehgeschrei ist groß und wird noch eine Zeitlang anhalten: Denn die Sanierung der Altlasten in der BRD wird geschätzt einige hundert *Milliarden* Mark kosten.

Wer wohl zahlt letztendlich die Hunderte Milliarden Mark? Wir. Wir werden die Hunderte Milliarden Mark zahlen müssen, und so wird die Altlast gleichsam zur Doppellast: Denn bezahlt haben wir ja auch schon vorher, als Arbeiter und Angestellte in Ziegeleien, Zechen, Chemiewerken und Metallfabriken. Nun zahlen wir ein zweitesmal, weil wir Bewohner eines Landes sind, dessen Boden nicht nur unter altem und neuem Müll erstickt, sondern auch unter einer Last von Schwermetallen.

Die Katastrophe Boden

Die Altlasten, die punktuellen schweren Schäden in der Bundesrepublik sind nur die schrillsten Signale eines schon lange andauernden Alarms. Der Alarm betrifft den gesamten Boden in der Bundesrepublik, die Mutter Erde, die Vater Staat nicht zu schützen vermag. »Während wir versuchen, mit großen Kosten ungünstige Bodenverhältnisse zu verbessern und bestrebt sind, durch mancherlei künstliche Vorrichtungen den schädlichen Witterungseinflüssen entgegen zu arbeiten, ziehen wir häufig in größter Nähe einen Feind groß, welcher in Form gewinnversprechender industrieller Anlagen zunächst sich der wärmsten Sympathien zu erfreuen vermag.« So stand es vor 111 Jahren in der ersten Ausgabe des *Handbuchs für Pflanzenkrankheiten*. Heute sind die wärmsten Sympathien längst verflogen, sind umgeschlagen in Haß und Trauer und vereinzelt in Resignation. Der »Segen« der Industrie ist zum Fluch geworden. Das Land, die Erde, die Heimat des Menschen wird zugedeckt mit einer Dauerbombardierung von Schadstoffen. Alle die uns schon bekannten Gifte treffen in großer Menge den Boden, treffen ihn oft tödlich: Die Summe der *Schadgase,* wie zum Beispiel Schwefeldioxid, Fluor, Chlorwasserstoff, nitrose Gase, Stickoxide, Ozon und Photooxidantien, alle diese Gesundheitsschädlinge erster Ordnung senken sich auf Wiesen und Felder, machen den Myriaden von Mikroorganismen in den 30 Zentimetern fruchtbarer Ackerkrume den Garaus. Auf Dauer noch brisanter ist die Berieselung des Bodens mit sogenannten persistenten, langlebigen Stoffen, mit Chlorverbindungen wie DDT, PCB, HCB, PCP, HCH und den berüchtigten Dioxinen, die wir dann später in der Muttermilch wiederfinden, und mit Schwermetallen. Pestizide werden nach neuesten Erkenntnissen im Boden *nicht* abgebaut und auch nicht desaktiviert, die Schwermetalle bleiben uns sowieso erhalten: Blei, Cadmium, Chrom, Kupfer, Nickel, Quecksilber, Zink, Zinn und das Halbmetall Arsen. Die Schwermetalle kommen sowohl aus der Luft als auch mit dem Klärschlamm daher, den Schlämmen aus den Kläranlagen, die zum Teil hochbelastet sind. Der hohe Nährstoffgehalt macht den Klärschlamm zwar zu einem nahezu idealen Düngemittel, sein Gehalt an Schwermetallen aber und an vielen organischen Chemikalien hat ihn heute zu einem Transportmittel für alle möglichen Gifte werden lassen. Seit 1. April 1983 gelten für Schwermetalle im Klärschlamm Grenzwerte, die möglicherweise zu hoch angesetzt sind. Wieder einmal sehen wir, wie furchtbar das Fruchtbare verwüstet ist! Die Situation in der Bundesrepublik ist im Augenblick beängstigend, die Aussichten sind erschreckend *(Abb. 9).*

Die Vergiftung ist nicht umkehrbar

Ein Autofahrer kann das Risiko eines Unfalls zumeist herabsetzen, wenn er langsamer fährt; die Belastung der Luft durch Schwefeldioxid sinkt ab, wenn die Quelle verstopft wird. Bei den Schwermetallen haben wir keine Chance, denn Schwermetalle reichern sich im Boden an, die *Vergiftung ist nicht umkehrbar* (*Kloke,* 1983). Halten Sie sich bitte folgenden Ablauf vor Augen:

1. Schwermetalle im Boden werden durch Pflanzen aufgenommen.
2. Je nach Pflanzen ist die aufgenommene Menge unterschiedlich.
3. Ein durch Schwermetalle vergifteter Boden ist nach dem heutigen Stand der Technik *nicht* zu reinigen.

Abb. 9:
Die Belastung des Bodens ist nicht mehr umkehrbar

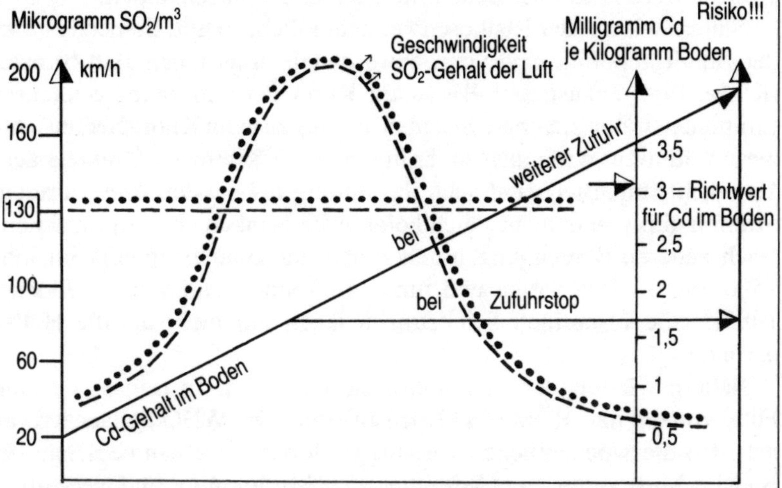

Vergleich: Geschwindigkeit eines Autos, Immission von Schwefeldioxid (SO_2) und Cadmium (Cd). Das Unfallrisiko des Autofahrers ist hoch oder niedrig, je nachdem, wie schnell er fährt. Das Risiko durch Schadstoffe wie Schwefeldioxid geht zurück, wenn die Schadstoffe begrenzt werden (Richtwert 130). Der Schwermetall-Gehalt in Böden bleibt ewig bzw. nimmt auf jeden Fall zu (Quelle: Kloke, 1982).

4. Werden weiter Schwermetalle verstreut, steigt der Gehalt der Schwermetalle im Boden.
5. Je höher der Schwermetallgehalt im Boden ist, desto höher ist auch der Gehalt in den Pflanzen (*Kloke*, 1983).
6. Über die Pflanzen und Tiere geraten die Schwermetalle in die Nahrung für den Menschen. Insbesondere Fische reichern Schwermetalle (Quecksilber!) in vieltausendfacher Konzentration an (»Bioakkumulation«).
7. Blei ist ein Blut- und Nervengift, Cadmium schädigt Lungen und Nieren, ist möglicherweise krebserregend, Quecksilber schädigt Blut, Nerven und Gene, Arsen verursacht Lungen- und Hautkrebs.
8. Irgendwann ist der Risikopunkt überschritten. Dann stecken in

unserer Erde so viele Schwermetalle, daß sie über alle Grenzwerte hinaus unsere Nahrung und somit uns vergiften.

Nur, wann diese Risikoschwelle erreicht ist oder ob sie schon erreicht wurde, darüber gehen die Meinungen auseinander.

Nähern wir uns der Risikoschwelle räumlich, so gilt: Sieben Prozent der Bundesrepublik sind von Schwermetall-Emissionen akut belastet (*Kloke,* 1982). Faustregel: Bis zu drei Kilometer Entfernung von einem Emittenten treten sichtbare Schäden auf, bis zu zehn Kilometer unsichtbare; Cadmium wirkt sich sogar in einem 15-Kilometer-Umkreis aus. Verseucht (mit Blei) sind auch die fünfzig bis hundert Meter breiten Streifen links und rechts dichtbefahrener Straßen und Autobahnen. Nach neueren Berechnungen gehen über die Bundesrepublik im Jahr 7500 Tonnen Blei nieder und rund 150 Tonnen Cadmium (*Schladot,* 1982). Alle bisherigen Schätzungen lagen um mehr als die Hälfte darunter!

Nähern wir uns der Risikoschwelle inhaltlich, so finden wir eine Fülle von Grenz-, Richt- und Höchstwerten. Die WHO hat ausgerechnet, daß die wöchentliche »vorläufig duldbare« Aufnahmemenge für Blei 3,5 Milligramm, für Cadmium 0,525 Milligramm, für Quecksilber 0,35 Milligramm betragen soll. Diese »vorläufig duldbare« Aufnahmemenge ist eine über den Daumen gepeilte Größe. Es gab keine wissenschaftlich abgesicherten Langzeit-Tierversuche, aus denen man ablesen konnte, *welche Dosis welche Wirkung hatte*. Der Wert für Blei wurde deswegen bei 3,5 Milligramm angesiedelt, weil die Bleibelastung der Bevölkerung *sowieso schon so hoch lag*!

Vergiftete Nahrung

Aus diesen fragwürdigen WHO-Werten, die Säuglinge und Kleinkinder überhaupt nicht schützen (siehe auch: »Blei immer dabei«), entwikkelte das Bundesgesundheitsamt in der Bundesrepublik sogenannte Richtwerte für Lebensmittel und Pflanzen. »Diese Richtwerte sollen nach Möglichkeit nicht überschritten werden«, schreibt das baden-württtembergische Ministerium für Erziehung, Landwirtschaft, Umwelt und Forsten. »Werden die Richtwerte um das Doppelte überschritten, so werden pflanzliche Lebensmittel im Rahmen der amtlichen Lebensmittelkontrolle beanstandet und dürfen gewerbsmäßig nicht mehr in den Verkehr gebracht werden.« Würde dieser Satz in die Tat umgesetzt, müßte der Verkauf von mindestens elf Nahrungsmitteln immer wieder gestoppt werden, und zwar von Eiern, Rinderleber, Schweineleber, Kalbsniere, Rinderniere, Schweineniere, von bestimmten Süßwasserfischen und Seefischen, von Blattgemüsen, von Fruchtgemüsen, von Wurzelgemüsen und von Obst und Gemüsesäften *(Tabelle 17)*. In belasteten Gebieten überschritten die Proben der Nahrungsmittel die Richtwerte in 16,4 Prozent der Fälle, bei Futterpflanzen in Belastungsgebieten wurden die Richtwerte in 36,8 Prozent der Fälle überschritten. So das Umweltbundesamt (*UBA*, 1985). Das Bundesgesundheitsamt sieht freilich die Richtwerte nur als Hinweise auf eventuelle möglicherweise vielleicht eintretende Gefährdungen – erkennt momentan weder eine Gefährdung noch eine Beeinträchtigung der Gesundheit des Durchschnittsverbrauchers (*ZEBS-Hefte*, 1984) –, eine makabre Einstellung zur Gesundheit der Bundesbürger, die mitschuldig ist an so manchen Lebensmittel-Skandalen des Jahres 1985.

Altlast Hamburg

»Die Situation der Kinder in den Industriestaaten ist hinsichtlich ihrer Bleibelastung bereits untragbar« (*Friege*, 1985), durch Cadmium sind besonders ältere Menschen gefährdet, durch Quecksilber alle Konsumenten von übermäßig viel Fisch. Während bei Quecksilber sich die durchschnittliche Belastung der Bundesbürger noch in Grenzen hält, nehmen wir in der Bundesrepublik derzeit mehr Cadmium zu uns, »als es nach der Auswertung von Tierversuchen noch vertretbar erscheint« (*Friege*, 1985). Immer noch gelten für die Bundesrepublik die Mitteilungen in den Bundesgesundheitsblättern 1978 und 1980:
- Vorsicht bei Wildpilzen,
- Vorsicht bei Nierengerichten (ausgenommen Kalb),
- höchste Vorsicht bei Leber und Nieren von Hasen (Quecksilber!),
- Vorsicht bei Gemüse und Obst.

Wildpilze und Nieren sollten nur »gelegentlich« gegessen werden, Hasenleber und Hasennieren überhaupt nicht. Für Obst und Gemüse empfiehlt das Bundesgesundheitsamt allen Bundesbürgern:
1. Grundsätzlich sollte nur gewaschenes Obst und Gemüse verzehrt werden. Vom Verzehr ungewaschener Früchte und Beeren (auch wildwachsender), die an Straßenrändern wachsen, wird abgeraten.

Tabelle 17:
Schwermetalle in Lebensmitteln

Lebensmittel	Blei (mg/kg)		Cadmium (mg/kg)		Quecksilber (mg/kg)	
	Richtwert	98%	Richtwert	98%	Richtwert	98%
Milch	0,05	0,025	0,0025	*0,004*	–	–
Eier	0,2	*0,678*	0,05	0,055	0,03	0,005
Rindfleisch	0,3	*0,408*	0,1	0,067	0,02	0,012
Schweinefleisch	0,3	*0,456*	0,1	0,053	0,05	0,038
Rinderleber	0,8	*3,000*	0,5	*0,600*	0,1	*0,228*
Schweineleber	0,8	0,397	0,8	0,580	0,1	0,656
Kalbsniere	–[1]	*0,784*	–[1]	*0,573*	–[1]	*0,025*
Rinderniere	–[1]	*4,350*	–[1]	*2,760*	–[1]	*0,703*
Schweineniere	–[1]	*0,478*	–[1]	*3,700*	–[1]	*2,387*
Süßwasserfische	0,5	0,286	0,05	*0,250*	1,0[3]	*1,500*
Seefische I	0,5	0,860	0,05	0,05	1,0[3]	*1,569*
Seefische II	–	–	–	–	1,0[3]	3,160[2]
Blattgemüse	1,2	*1,232*	0,1	*4,20*	–	–
Fruchtgemüse	0,2	*0,340*	0,1	*0,220*	–	–
Wurzelgemüse	0,5	0,361	0,05	*0,390*	–	–
Kernobst	0,5	0,330	0,05	*0,085*	–	–
Steinobst	0,5	*0,820*	0,05	0,036	–	–
Beerenobst	0,5	*0,810*	0,05	0,037	–	–
Obst- und Gemüsesäfte	0,2	*0,930*	0,05	0,037	–	–
Weizen	0,5	0,118	0,1	*0,189*	0,03	0,117
Kartoffeln	0,2	*0,218*	0,1	*0,170*	0,02	0,019

Die Konzentration von Schwermetallen in Lebensmitteln (98-%-Wert) übersteigt in der Bundesrepublik den Richtwert beziehungsweise die Höchstmenge häufig, oft sogar weit mehr als das Doppelte (98-%-Wert ist die Konzentration, die von 98% der Proben unterschritten wird). Den Zahlen liegen ca. 10000 Proben zugrunde.

[1] Für Nieren vom Rind und Schwein existieren noch keine Richtwerte. Die Belastung ist jedoch so hoch, daß vom Bundesgesundheitsamt empfohlen wird, Schweine- und Rindernieren nur gelegentlich zu verzehren.

[2] Unter Seefische II fallen sogenannte Quecksilber-Problemfische wie Heringshai, Dornhai, Blauleng, Heilbutt, Schwarzer Heilbutt, Steinbutt, Eishai.

[3] Höchstmengen sind bei den in obiger Tabelle aufgeführten Nahrungsmitteln nur für Fische festgelegt (Quelle: UBA).

2. Bei Früchten und Gemüsen, die sowohl gewaschen als auch geschält (geschabt) verzehrt werden können (z. B. Äpfel, Birnen, Karotten), ist auf jeden Fall das Schälen (Schaben) zu empfehlen.
3. Obst und Gemüse mit gekräuselten, behaarten oder rauhen Oberflächen (z. B. Grünkohl, Salat, Stachelbeeren, Erdbeeren, Pfirsiche) müssen intensiver gewaschen beziehungsweise geputzt werden als solche mit glatten Oberflächen wie zum Beispiel Tomaten. Eine Ausnahme bilden kleinbeerige glatte Früchte, zum Beispiel Johannisbeeren, auch hier ist wegen der vergleichsweise großen Oberfläche besonders gründlich zu waschen.
4. Bei geschlossenen gewachsenen Gemüsen (z. B. Kopfkohl) ist darauf zu achten, daß die äußeren Deck- oder Hüllenblätter, die unmittelbar der Sedimentskontamination ausgesetzt sind, vollständig entfernt werden.

Pionierarbeit in punkto Schwermetallbelastung leistete die Hansestadt Hamburg. Sie ließ in einem Bodenanalyseprogramm städtische und ländliche Böden im Raum Hamburg untersuchen und kam zu aufrüttelnden Ergebnissen:
– Der innerstädtische Bereich war durch Blei hoch belastet, was vorauszusehen war. Jedoch Arsen zeigte alarmierende Werte, ganz besonders im Einflußbereich der Norddeutschen Affinerie.
– Arsen fand sich im Spielsand von Kinderspielplätzen in Mengen bis zu 10 Milligramm pro Kilogramm Boden, außerhalb der Sandkisten in Mengen bis zu 64 mg/kg. Das bedeutet, wenn Sie die *Tabelle 16* und die Richtwerte für *Altlasten* zu Rate ziehen: *Einige Kinderspielplätze in Hamburg müßten als Altlast sofort saniert werden!*
– Der höchste gemessene Wert für Blei lag in einer Grünanlage am Öjendorfer See bei 660 mg/kg. Auch hier haben wir es nicht mit einer Grünanlage zu tun, sondern mit einer sanierungsbedürftigen Altlast.

Alle gemessenen Werte von Arsen, Blei, Cadmium und Kupfer sind von der Hamburger Umweltbehörde auf den Stadtplan übertragen worden. Jeder Bürger kann sich so sein eigenes Bild von der Belastung machen – ein erster Schritt in Richtung Informationsfreiheit für Meßdaten. Der Umweltsenator Wolfgang Curilla sagte besorgt: »Wir müssen dringend eine drastische Senkung des Schwermetalleintrags in die Umwelt erreichen.« Bei Erteilung von Emissionsauflagen müsse auch die bereits vorhandene Belastung der Böden berücksichtigt werden. In die TA Luft (Technische Anleitung zur Reinhaltung der Luft) gehörten Grenzwerte für die Immission von Arsen, wobei auch das gasförmige

Arsen berücksichtigt werden müsse. Alle gasförmigen Verbindungen von toxischen Elementen wie Arsen, Cadmium, Quecksilber, Blei und Nickel seien mit Grenzwerten zu belegen.

Eine indirekte Attacke ritt der Hamburger Umweltsenator dann gegen die Bundesregierung und das Bundesgesundheitsamt: Er verlangte *unverzüglich* anstelle von Richtwerten (siehe *Tabelle 17*) Höchstmengen-Werte für Cadmium, Blei, Quecksilber und Arsen in und auf Lebensmitteln. Diese Höchstmengen-Werte sollten sich an den neuesten toxikologischen Erkenntnissen der Wissenschaft orientieren. Sieht man sich die neuesten toxikologischen Erkenntnisse der Wissenschaft an, so können Sie getrost davon ausgehen, daß nach einem Erlaß von Höchstmengen-Werten zwischen 15 und 20 Prozent aller Nahrungsmittel immer wieder vom Markt genommen werden müßten.

Der Vorstoß des Hamburger Umweltsenators hat noch einen tieferliegenden Grund: Der Boden, auf dem der Hamburger Wald steht, ist an einem Punkt *of no return* angelangt, an einem Punkt also, von dem ab es nur noch in den Tod geht. Die Zwischenbilanz einer vierjährigen Erhebung ergab:

– Die Hamburger Waldböden sind stark versauert; in warmen Jahren weisen 92 Prozent der Waldflächen Säurekonzentrationen auf, die zu Wurzelschäden führen.
– Zwei- bis viermal mehr Säure gelangt in den Boden, als neutralisiert werden kann.
– Der Schwermetallfilter »Waldhumus« ist erschöpft; Schwermetalle gelangen mit dem Sickerwasser in tiefere Bodenschichten.
– Bodentiere können nur noch in der obersten Humusschicht existieren; Regenwürmer finden keine geeigneten Lebensbedingungen mehr.
– Kleine Bäume können die versauerte Bodenschicht nicht mehr durchdringen, Waldverjüngungen sterben ab.
– Der Anteil toter Wurzeln hat sich in Buchenbeständen mehr als verdoppelt.
– Fichtennadeln Hamburger Bäume hatten verstopfte Atemöffnungen, eine verätzte Oberfläche, waren von Schwächeparasiten befallen, vorzeitig gealtert und vergilbt, in ihrer Länge verkürzt und zu früh abgefallen.

Ursache der Schäden – so der Göttinger Professor Ulrich: Der jahrzehntelange Säureeintrag und die aktuelle Luftschadstoffbelastung.

Der Boden – zerstückelt, vergiftet, verweht

Die *Umweltprobleme der Landwirtschaft* hat 1985 der Rat für Umweltfragen des Bundesinnenministeriums in einem Sondergutachten aufgelistet, ein Rat, der Rechtswissenschaftler, Mediziner, Volkswirtschaftler, Ingenieure, Toxikologen und Ökologen miteinander vereint. Der Begriff Umwelt*problem* ist mehr als vorsichtig gewählt, denn es handelt sich eigentlich um Umwelt*katastrophen*:

1. Naturbetonte Biotope (Lebensräume und Lebensgemeinschaften von Tieren und Pflanzen) sind verkleinert, zersplittert, beseitigt worden bis auf einen Rest von nur zwei bis drei Prozent der Agrarfläche. Viele wild lebenden Pflanzen- und Tierarten sind ausgestorben, 30 bis 50 Prozent sind bedroht. »Die einzelnen Biotope sind oft so klein, daß sie keine sicheren Lebensräume für viele Tiere mehr darstellen, während die dort wachsenden Pflanzen durch randlichen Eintrag von Düngern und Pflanzenschutzmitteln beeinträchtigt werden können.«
2. Die 1850 Naturschutzgebiete, die nur zirka ein Prozent der Fläche der BRD ausmachen, sind nicht immer Schutz für empfindliche Arten. »Die Naturschutzgebiete sind nämlich oft so klein, daß Schadfaktoren von außen vorrücken.«
3. Die Bekämpfung der Ackerwildkräuter mit Chemikalien greift tief in die Lebensgemeinschaft der Ackerflur ein. Die Pestizide reichern sich im Boden an, erschöpfen ihn und stören seine Selbstregulation. Pestizide sickern weit mehr als bisher angenommen ins Grundwasser – dem Trinkwasser für die kommenden Generationen.

Noch vor einigen Jahren nahm man an, daß die Pestizide im Boden abgebaut werden: Man fand keine Spur mehr von ihnen. In Wirklichkeit bauen sie sich in Ton- und Humuspartikeln ein und bleiben als »verborgene Rückstände« mit noch unbekanntem Verhalten in der Erde, dezimieren auf jeden Fall aber die Kleinlebewesen.

Dieser Fund bestätigt eine langgehegte Befürchtung: Pestizide sind eine Katastrophe für alle Lebensgemeinschaften. Ein beeindruckendes Beispiel bringt *Hans-Joachim Mader* vom Institut für Naturschutz und Tierökologie in Bonn: Er beobachtete zusammen mit zwei Biologen die Wirkung eines Pflanzenbehandlungsmittels der Firma Hoechst (Thiodan 35 flüssig) auf 60 Probequadraten eines Bohnenfeldes. (Thiodan 35 enthält den Wirkstoff Endosulfan, ein chlorierter Kohlenwasserstoff, ein Nervengift.) Ein Landwirt wollte die Bohnen, die zu blühen begannen, gegen die schwarze Bohnenlaus *Aphis fabae* schüt-

zen. Er versprühte auf acht Hektar 9,6 Liter Thiodan 35. Die Folge: Hochgerechnet auf die gesamte Feldgröße starben
- 121 000 Laufkäfer,
- 51 000 Marienkäfer,
- mehrere tausend Bienen,
- mehrere tausend Florfliegen.

Von den getöteten Tieren waren 93,9 Prozent Nützlinge und nur 6,1 Prozent Schädlinge! Die Biologen, die diese Beobachtungen machten, werfen der Firma Hoechst *bewußte Irreführung* vor. In einer Reklameschrift heißt es nämlich: »Das neue Insektizid Thiodan bekämpft mehr als 400 Schädlingsarten und schont dabei die Honigbiene, so daß es auch bei blühenden Kulturen gespritzt werden kann ...« Auch die Biologische Bundesanstalt für Land- und Forstwirtschaft stufte das Gift als »nicht bienengefährlich« ein!

Umweltdesaster Landwirtschaft

Das Gutachten zu den »Umweltproblemen« der Landwirtschaft führt weiter aus:

– »Das Grundwasser wird zunehmend durch Nitrat belastet – vor allem durch unsachgemäße und unzeitige Gülleausbringung.« Das Nitrat wird im Grundwasser *nicht* abgebaut, die technischen Möglichkeiten, es aus dem Grundwasser zu eliminieren, sind gering. Zentrale Trinkwasserversorgungen »verdünnen« die Nitratwerte durch Mischen mit weniger belastetem Wasser. Erinnern Sie sich: Schon heute »konsumieren« sechs Millionen Bundesbürger Trinkwasser mit Nitratkonzentrationen von über 50 Milligramm pro Liter – dem längst überfälligen Grenzwert (siehe auch: »Ein Land erstickt«).

– Die Ackerböden – 29 Prozent der Fläche der Bundesrepublik – sind durch die intensivierte Bodenbearbeitung, durch schwere Maschinen, durch monotone Fruchtfolge ruiniert worden. Der ausgedehnte Anbau von »Reihenfrüchten« wie Mais und Rüben, bei dem der Boden wochenlang ungeschützt liegt und auch unkrautfrei gehalten wird, hat die Erosion durch Wasser und Wind erheblich beschleunigt, ein dem Landwirt oft unsichtbarer Prozeß. Mit verstärkter Mineraldüngung versucht er die Verwehung und Verarmung des Bodens auszugleichen, doch das zermürbt den Boden weiter. Es sollte zu denken geben, daß der Aufwand an Düngemitteln und Pflanzenbehandlungsmitteln seit einigen Jahren stärker steigt als die Erträge! (*Priebe,* 1985). Die »Schadstoffzufuhren« aus der Luft schließlich (Blei, Cadmium, Schwefeldioxid, Stickoxide), aber auch die Belastung durch Klärschlamm, Müllkompost, Fluß- und Hafen- sowie Baggerschlämme (Schwermetalle) sollte weitestmöglich abgebaut werden.

»Der Boden hat noch längst nicht den Rang, der ihm als einem politischen Bereich zukommt«, schreibt Rolf Winter (*Rettet den Boden,* 1985), »in dem nicht nur über unsere Lebensqualität, sondern auch darüber entschieden wird, wie die Welt aussieht, die wir unseren Kindern und Enkeln vererben. Wir alle sind, was die Zerstörung des Bodens angeht, Täter...« Nein, nicht alle, und auch nicht alle Landwirte, meine ich, sondern die Agrarpolitiker in BRD und EG, die Bauernfunktionäre in Land und Gemeinden, die fehlgeleiteten Landwirte, die jahrhundertelange Erfahrungen über Bord geworfen haben. Heute

- fließen jedes Jahr 16 Milliarden Mark in unsere Landwirtschaft – das ist mehr, als sie erwirtschaftet,
- verbrauchen die Landwirte hierzulande mehr Energie, als sie erzeugen,
- zerstören Landwirte mehr, als sie jemals wieder gutmachen können.

Chemische Stoffe in Landwirtschaft und Industrie und Altlasten gefährden Land und Wasser, Leib und Leben. Das erkannte auch der Präsident des Umweltbundesamts, *Heinrich von Lersner,* am 19. April 85: »Eine Gefahrenquelle steht zur Zeit nicht nur hier in Deutschland im Vordergrund des umweltpolitischen Interesses: Das sind die sogenannten Altlasten... Gemeinsam ist diesen Altlasten das Problem, daß niemand mehr genau weiß, was wer wann wo verscharrt hat.«

Giftwüste Dortmund-Dorstfeld

Diese Bemerkung bringt uns nach unserem Ausflug zu den bundesdeutschen Äckern zurück zur Siedlung Dortmund-Dorstfeld-Süd, zu den Altlasten, unter denen Familie Hans-Dieter Kaminski und seine Nachbarn zu leiden haben. In der Zwischenzeit ist einiges geschehen, nur nichts Gutes.

Kein unheimliches Gefühl beschleicht Sie jetzt bei Ihrem Rundgang, sondern eher befällt Sie Zorn. Die Siedlung Dortmund-Dorstfeld-Süd ist eine Ausgrabungsstätte erster Ordnung geworden: Bagger wühlen das Gelände bis auf zwei Meter Tiefe um, die Fundamente der Kinderspielplätze werden herausgerissen, Lärm und Gestank liegen in der Luft. Und inmitten dem allem wohnen immer noch die geplagten und gebeutelten Bürger, Erwachsene und Kinder.

Der Rat der Stadt Dortmund hatte am 19. April 1985 in einem scheinheiligen Beschluß getönt: »Alle Anwohner, die aus Sorge um ihre Gesundheit das Gelände vorübergehend verlassen wollen, können dies tun.« Außerdem werde ein »Bürgerbüro« eingerichtet. Die Bürger freilich, die von diesem Angebot Gebrauch machen wollten, sollten sich verpflichten, auf jeden Fall später in ihre Wohnungen zurückzukehren. Hans-Dieter Kaminski und seine Frau lehnten ab. Die Arbeitsgruppe Dortmund-Dorstfeld-Süd klagt weiterhin auf Entschädigung für ihre Häuser, will ein neues Wohnfeld. »Wenn wir jetzt unterschreiben, daß wir auf jeden Fall in unsere Gifthöhle zurückkehren, unterschreiben wir unser eigenes Todesurteil«, sagen Hans-Dieter Kaminski und seine Frau.

Das Todesurteil ist möglicherweise schon unterschrieben. Die Stadt Dortmund unterschrieb es mit ihrem unseligen Beschluß.

10. Der Plötzliche Kindestod

BOCHUM. Die Dünste
unseres Reichtums
vergiften
die Luft . . .
Aber die
Elektronengehirne
der Produktionskalkulation
werden
unfehlbar
nachweisen,
daß die Verstorbenen
falsch
und vor allem viel
zuviel
geatmet haben.

Hans Kasper,
Bochum

Die Stadt hat 52000 Einwohner, liegt im Nordosten Oberfrankens, in der Gegend der meisten und stärksten Waldschäden Bayerns, gilt als Luftkurort. Im Winter, und hier besonders im Januar und Februar, klettert die SO_2- und Staub-Konzentration auf schwindelerregende Werte: Bis zu 1450 Mikrogramm SO_2 sind in jedem Kubikmeter Luft, den Sie einatmen. Die Luftverschmutzung drückt bei kalten Inversionslagen zum großen Teil aus der Tschechoslowakei und der DDR herüber; nur geschätzt ein Viertel ist hausgemacht. Ich werde an Mannheim erinnert, denn auch hier liegt ein besonderer Duft in der Luft: Katzendreckgestank. Dieser Katzendreckgestank wurde vom Umweltministerium in München analysiert (*Clarmann,* 1983) und wie folgt beschrieben: Es handelt sich »um eine Mischung verschiedener Gifte in unterschiedlichen Konzentrationen . . ., deren gegenseitige Beeinflussung im einzelnen unbekannt ist und für deren Auftreten Schwefeldioxid als leicht meßbare Leitsubstanz anzusehen ist . . . Zwischen den subjektiven Klagen über gesundheitliche Beeinträchtigung und den im nordostbayerischen Grenzgebiet auftretenden und als ›Katzendreckgestank‹ bezeichneten Geruchsbelästigungen besteht ein objektivierbarer medizinischer Zusammenhang«.

Hofer Smogtage

Wir sind in Hof, im März 1984. Die Stadt, der Landkreis und die angrenzenden Landkreise haben die schlimmste Luftverschmutzung seit langem hinter sich. Eine Welle von Erkrankungen der oberen Atemwege war über das Land gezogen, viele Kinder erkrankten an Pseudo-Krupp. Und: Die kleinen und großen Patienten gesundeten nicht, solange die Luft so atemberaubend giftig war. Am 18. Februar 1984, einem Samstag, lag der SO_2-Pegel stundenlang über 1300 Mikrogramm, das hätte – Staub hinzugerechnet – nach der neuen Smog-Verordnung Smog-Alarm-Stufe drei (!) bedeutet. Doch in Bayern gehen die Smoguhren anders. Das Landesamt für Umweltschutz schickte an das Landratsamt Hof ein Telex folgenden Inhalts: Die deutlich erhöhten Schwefeldioxid-Konzentrationen stellen für die Bevölkerung *keine* akute Gefahr dar... Maßnahmen sind erst bei höheren Belastungen notwendig. Kinder und Senioren sollten keinen Leistungssport betreiben... Diese dann in den Zeitungen veröffentlichten Verlautbarungen eines Umwelt*schutz*ministeriums empfanden die Eltern in Hof und Umgebung als schlichtweg infam. Denn einen Tag nach dem Gift-»Rekord« – die Werte lagen immer noch hoch – erlebten, besser erlitten zahlreiche Kinder heftige und lebensbedrohende Pseudo-Krupp-Anfälle.

»Die Luft hat einem den Atem genommen«, erzählt Hanne Hoier. »In der Nacht vom Sonntag auf Montag hatte mein Sohn Alexander einen Krupp-Anfall. Es kam ganz plötzlich. Er war nicht erkältet. Er kam hoch mit ganz hartem bellenden Husten, man merkt, es tut ihm weh, er kommt aber überhaupt nicht zum Schrei'n vor lauter Ringen nach Luft... Wir haben ihn herumgetragen, haben das Fenster aufgemacht, weil das der Kinderarzt immer rät, das Kind anziehen und das Fenster aufmachen oder an die Luft zu gehen – an die gesunde Luft!!!«

Christel Werner berichtet von der gleichen Nacht und ihrem Sohn Christian: »Wir wurden davon wach, daß er ganz furchtbar hustete. Er schrie, das heißt er konnte gar nicht schrei'n. Er wurde schon dunkelrot, fast bläulich. Dann hat er noch zweimal gehustet, und es kam ein Schwall gläsernen Schleims...«

Vier Kinder sterben

Die Eltern in Hof Stadt und Land und auch in den angrenzenden Landkreisen schlossen sich zu Elterninitiativen zusammen. Nicht nur diese eigenen angstmachenden Erfahrungen hatten sie tief aufgerührt, zutiefst getroffen hatte sie die Nachricht vom Tod von vier kleinen Kindern innerhalb von sechs Wochen *(Abb. 10)*.

– Martin-Bernt, drei Monate alt, starb am 15. Januar 1984 14 Kilometer von Hof entfernt, in Rehau.

– Jenny, vier Monate alt, starb ebenfalls am 15. Januar im Stadtzentrum von Hof.

– Stefanie, sechs Monate alt, starb 400 Meter von Jenny entfernt, am 29. Januar.

– Die Atmung von Tobias, zehn Monate alt, versagte am 26. Februar, nicht weit entfernt von Jenny und Stefanie.

Alle vier Kinder starben einen plötzlichen Tod unbekannter Ursache, starben den Plötzlichen Kindestod. Der Tod des kleinen Tobias rief die Staatsanwaltschaft auf den Plan; die »Leichenöffnung des Säuglings« wurde angeordnet.

Das Rätsel Plötzlicher Kindestod

Der Plötzliche Kindestod (*Sudden Infant Death Syndrome* = SIDS) ist in allen Staaten mit hohem ökonomischem Standard beziehungsweise niedriger Säuglingssterblichkeit zur wichtigsten Todesursache nach der frühen Neugeborenenperiode geworden (*Riegel,* 1983). Sein Anteil beträgt mittlerweile – bedingt durch den Rückgang der anderen Todesursachen – 30 bis 50 Prozent. Trotz zahlreicher und intensiver Forschungen (an die 1000 Arbeiten) ist die Ursache des Plötzlichen Kindestodes bis heute nicht eindeutig geklärt. »Man spricht vom plötzlichen Kindestod, weil der Tod innerhalb kürzester Zeit aus scheinbar voller Gesundheit heraus eintritt. Oder man bevorzugt die Benennung plötzlicher, unerwarteter Kindestod, da mitunter aus der Vorgeschichte banale Krankheitssymptome wie ein leichter Schnupfen, Husten, leichte Diarrhöe etc. bekannt sind, die jedoch den plötzlichen Todeseintritt nicht befriedigend zu erklären vermögen« (*Bonte,* 1983).

Abb. 10:
Plötzlicher Säuglingstod in Hof

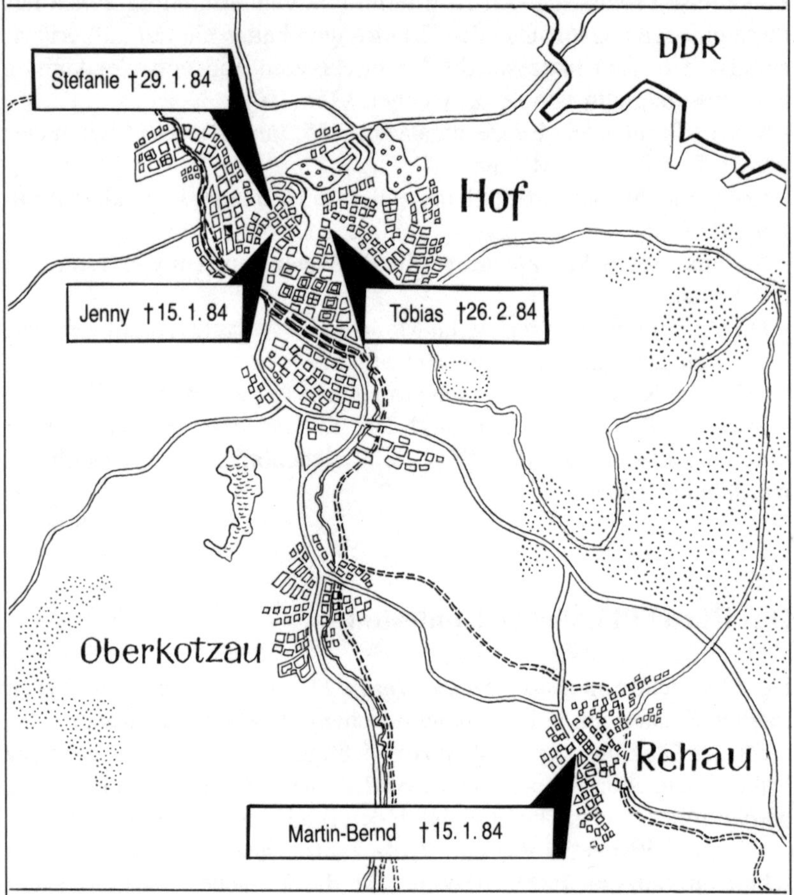

Innerhalb von sechs Wochen starben vier kleine Kinder in Hof den Plötzlichen Tod unbekannter Ursache. Auffällig, wie nah die Todesfälle beieinanderliegen, zeitlich wie örtlich.

In den USA sterben jährlich etwa 10000 bis 20000 Säuglinge und Kleinkinder an SIDS *(Sudden Infant Death Syndrome),* in Großbritannien 1500 bis 5000. Für die Bundesrepublik schätzt Professor *Helmut Althoff* (1980), daß hier jedes Jahr zweitausend bis viertausend Säuglinge und Kleinkinder den Plötzlichen Kindestod sterben (siehe auch ausführlich mein Buch: *Die Erben des Übels*). Die vom Statistischen Bundesamt veröffentlichten Zahlen helfen wegen der hohen Dunkelziffer nicht viel weiter. Jedoch zeigt die *Tendenz* eindeutig nach oben. 1980: 686/1981: 793/1982: 839/1983: 778.

Setzen wir die Anzahl der Todesfälle in Beziehung zu 1000 Lebendgeburten, so finden wir einen Bereich von 1,4 bis 6,25 (USA, DDR, Großbritannien). In der Bundesrepublik werden ein bis drei SIDS-Tote pro 1000 Lebendgeburten »erwartet«. Diese Schätzung hat Tücken, wie wir später in Goslar/Oker/Harlingerode sehen werden.

Tod im Schlaf

Dem Syndrom des Plötzlichen Kindestodes sind folgende Beobachtungen gemeinsam:

– Die meisten Todesfälle ereignen sich zwischen dem *zweiten und vierten* Lebensmonat, und dann in der kalten Jahreszeit, während des Schlafs.

– Die Annahme, daß Säuglinge in der Mehrzahl nachts sterben, ist nicht zutreffend. Der Tod tritt gleichermaßen nachts wie tags ein. Amerikanische Forscher fanden, daß *mehr als ein Viertel* aller Kinder noch kurz vorher – weniger als eine Stunde vorher – kontrolliert worden waren.

– Mechanisches Ersticken ist praktisch auszuschließen. Schluck- und Würgereflexe gehören zu den zuverlässigsten Reflexen überhaupt. Dem Tod vorausgegangen sein muß eine *tiefgreifende zentralnervöse Störung* (*Althof,* 1980).

Nochmals ist festzuhalten: Allen an SIDS verstorbenen Babys ist gemeinsam, daß sie tags zuvor oder Stunden zuvor *keine* Krankheitssymptome zeigten, kein Fieber zum Beispiel.

Leblos dagelegen

Karin und Jürgen Reul in Rehau bei Hof, die Eltern des kleinen Martin-Bernt, der nur knapp vier Monate alt wurde, ist der plötzliche Tod ihres Kindes unbegreiflich. Es schien alles normal. »Das Kind war abends völlig gesund und hat noch regelmäßig und gut gegessen«, berichtet Jürgen Reul. »Wir haben es zwischen sieben und halb acht hingelegt, man hat nichts gemerkt, man hat nur gemerkt, es hat schnell geatmet, wir konnten uns das aber nicht weiter erklären.«

»Wir waren noch kurz vorher mit dem Kind bei der Vorsorgeuntersuchung gewesen«, sagt Karin Reul. »Das hat die Ärztin bescheinigt, es hat nichts gehabt, keine Entzündung, es war nur ein einzigesmal krank gewesen, das heißt nicht ernsthaft, eine Allergie an den Beinen, und das ist gleich wieder vergangen ...«

Ich stutze: Eine Allergie, das Warnzeichen für Immundefekte?

»In der Früh, wie wir aufgestanden sind«, berichtet Jürgen Reul weiter, »da hat es noch gemaunzt. Es schlief mit uns in einem Zimmer. Wir haben gebadet und uns fertig gemacht, haben immer gelauscht, ob's nicht schreit, dann stieg ich aus dem Bad raus, meine Frau ist auch fertig gewesen, da wollten wir's füttern, da hab' ich gemerkt, es war leblos dagelegen, es hat sich nicht mehr gerührt, es hat schon diese Flecke gehabt, es war schon ein bißchen steif. Da hab' ich gesagt: Das Kind, hab ich zur Karin gesagt, das ist nicht mehr.«

Polizei kam und ein Gerichtsarzt, der, wie sich Jürgen Reul erinnert, sagte: »Da kann man nichts machen. Das kommt von einer Stunde auf die andere. Da brechen die Bronchien zusammen. Das erstickt.«

Im Dunkel der Ursachen

Für die Ursachen dieses plötzlichen Todes eines jungen Kindes gibt es zahlreiche Erklärungsversuche. Allergie (!) gegen Kuhmilch, Zugehörigkeit zu einer bestimmten Blutgruppe, Rachitis als entscheidende Basiserkrankung, Störung des Säure-Basen-Gleichgewichtes, mangelhafte Abwehrreaktion des Säuglings: Das neugeborene Kind ist noch mit Immunoglobinen vom Typ IgG ausgerüstet, die von der Mutter stammen, stellt sich im dritten Lebensmonat gerade auf Eigenproduktion um, befindet sich in einem Abwehrtief (siehe auch weiter unten).

Risikofaktoren

Das Risiko des Plötzlichen Kindestodes soll unter anderem erhöht sein, wenn die Mutter jung, unverheiratet, sozial schwach gestellt ist, raucht, beengt wohnt, Drogen nimmt, verspätet oder zu wenig an der Schwangerenvorsorge teilnimmt. Eine Rolle soll auch spielen: viele Schwangerschaften hintereinander, Tod des Fötus, Amnioninfektionssyndrom. Erhöhtes Risiko auch für Frühgeborene und Kinder mit niedrigem Geburtsgewicht, Kinder, denen um die Geburt herum der Atem versagte (Asphyxie) und die wiederbelebt werden mußten, Zweit- und Drittgeborene, Mehrlinge, Säuglinge mit immer wiederkehrendem Atemstillstand, das heißt Apnoeanfällen (*Riegel,* 1983).

Ein Kind ist kein kleiner Erwachsener

Wir müssen uns an dieser Stelle noch einmal eindringlich klarmachen, wie *verletzlich* ein Säugling ist. Ein Kind ist kein kleiner Erwachsener, sondern ein Wesen, das mit einem dicken Kopf und einem kleinen Herzen auf die Welt kommt und in einem ständigen Zustand von Atemschwäche und in einem sich wiederholenden Zustand von Abwehrschwäche lebt (siehe auch: *Die Erben des Übels*).

– Das Gesamtgewicht des Kopfes macht etwa ein Viertel des Körpergewichts aus (beim Erwachsenen: ein Vierzigstel).

– Das noch unreife Gehirn hat einen sehr hohen Wassergehalt, eine noch nicht ausreichend funktionstüchtige Bluthirnschranke und eine vom Erwachsenen sich unterscheidende chemische Zusammensetzung des nervösen Zentralorgans. Es besteht die Gefahr eines schnell entstehenden Hirnödems (Hirnschwellung, die zum Tode führt) bei relativ geringen Anlässen.

– Das Gehirn des Säuglings und auch des Kindes hat einen wesentlich höheren Bedarf an Sauerstoff als Erwachsene – und ist andererseits weitaus empfindlicher gegenüber Sauerstoffmangel. Insbesondere die Hypoxie, die Störung der Gewebsatmung, ist hier ein gefährlicher Faktor.

– Die Herzarbeit pro Gramm Herzmuskel ist um etwa ein Drittel geringer als bei einem dreijährigen Kind. Das Schlagvolumen des Herzens ist sehr klein. Auch die biologischen Daten des Bluts unterscheiden sich von denen der Kleinkinder, der Schulkinder, der Jugendlichen und der Erwachsenen. Das Hämoglobin (Farbstoff der roten Blutkörperchen) läßt sich leicht zu Methämoglobin oxidieren, das heißt, der Sauerstoff wird nicht mehr an die Körperzellen abgegeben, sondern verbindet sich fest mit dem Eisen des Blutfarbstoffes; Gefahr des inneren Erstickungstodes.

– Der Säugling verfügt zudem über keine ausreichende immunologische Reaktion gegenüber Infekten. Das Neugeborene erhält zu seinem Schutz vor Ansteckungen von der Mutter Immunoglobine »geliehen«. Diese werden erst bis zum Ende des dritten Lebensmonats abgebaut und nach und nach durch eigene Immunstoffe ersetzt. Möglicher Mangel auch an anderen Antikörpern macht die ersten Lebensmonate zu einem Kampf auf Leben und Tod gegen fremde Eindringlinge.

– Der Kehlkopf befindet sich noch in einer mundwärts genäherten Position. Erst am Ende des ersten Lebensjahres rückt er bis zum unteren Rand des Ringknorpels in Höhe des vierten Halswirbelkörpers. Das ist der Grund, warum Entzündungen und anschwellendes Gewebe hier so gefährlich sind (Krupp, Pseudo-Krupp, Entzündung des Kehldeckels usw.).

– Die Luftröhre ist trotz ihrer relativen Dicke gegen Schäden wenig geschützt. Sie wächst bis zur Pubertät um 50 Prozent und erreicht im Erwachsenenalter die dreifache Länge der Luftröhre des Neugeborenen. Die Ausstattung der Wände der Luftröhre und der Bronchien mit Drüsen, die für die Schleimabsonderung zuständig sind, ist noch nicht vollständig abgeschlossen. Eine »Überreizung« dieser Drüsen kann zu »Schleimballungen« führen.

– Die Belastung von Magen und Darm ist im Säuglingsalter ungleich stärker als in anderen Lebensperioden: Denken Sie zum Beispiel an die Umstellung von der mütterlichen Nabelschnur auf Ernährung per Mund. Magen-Darm-Kanal ist mit dem Atem-Trakt insofern vergleichbar, weil beide Systeme zuerst und am stärksten mit einer Vielzahl von Fremdkörpern und Schadstoffen aus der Umwelt konfrontiert werden. Klinische Erfahrung: Säuglinge und Kleinkinder leiden bei schweren Infekten der oberen Atemwege auch an Erbrechen und Durchfall.

– Der Atemtrakt des Babys hat erst recht seine Besonderheiten. Behinderte man bewußt die Nasenatmung bei Neugeborenen, so atmet es weniger und kürzer. In der Traumphase (REM-Phase) trat fast Atemstillstand ein! Nur zwei von 200 Babys waren in der Lage, über den Mund zu atmen. Die Nase ist also wichtiges Atemorgan. Über Nase und Mund gerät der Säugling in Kontakt mit allen möglichen schädigenden Einflüssen der Umwelt (Viren, Bakterien, sonstige Fremdstoffe).

Zerstörte Lungen

Die Frage, ob nun Viren und Bakterien oder auch Schadstoffe den plötzlichen Tod eines Säuglings bewirken oder/und auslösen, ist in den beiden vergangenen Jahren verstärkt in den Mittelpunkt der öffentlichen und wissenschaftlichen Diskussion gerückt. Aus den zahlreichen Obduktionen von verstorbenen Säuglingen lassen sich heute zumindest Hinweise ablesen auf die Brisanz der chemischen Invasoren, auf ihre zerstörerische Wirkung im Lebenskreislauf eines Kindes. Die Obduktionsbefunde zeigen in der Mehrzahl, daß *Atemzentrum und Gewebsatmung* im Mittelpunkt der Vorgänge stehen, die zum Tod des Kindes führen. Ich beschränke mich im folgenden auf diese Befunde:

1. In der Mehrzahl der Fälle war die Nase – aufgrund ihrer geweblichen, humoralen und immunologischen Fähigkeit die Barriere des Körpers gegen Fremd- und Feindstoffe – entzündet. Das reichte von einer leichten Entzündung bis zum eiternden Nasenkatarrh mit Rachenentzündung. Diese Erkrankungen waren vor dem Tod des Kindes zumeist nicht erkannt worden (*Althoff,* 1980).
2. Auch amerikanische Forscher fanden in 25 Prozent aller Fälle Entzündungen im oberen Atemtrakt als Auslöser für SIDS (*Francini,* 1983).
3. In der Luftröhre und an den Bronchien entdeckten die Pathologen Epithelschäden (Gewebsschäden). Die Schleimhäute an den Verzweigungen der Lungenbläschen waren verändert, die Gewebe an den Drüsenausgängen zerstört (*Althoff,* 1980).
4. In der Lunge wurden auch erhebliche Verdickungen der Gefäßwände in den kleineren Arterienästen gefunden (*Bonte,* 1983).
5. Die chromaffinen Zellen der Nebenniere waren vermehrt, das heißt der Körper war möglicherweise durch eine erhöhte Adrenalinausschüttung stark belastet.
6. Besonders auffallend: Wucherungen im Hirnstamm, Erweichungsherde und Zerstörungen an den Nervenleitbahnen, wie sie auch bei

wiederholten Hypoxien und zyanotischen Anfällen oder bei Sauerstoffmangel der Früh- und Neugeborenen zu finden sind (*Bonte,* 1983).

Zentrale Atemlähmung, Tod

Kehren wir zurück zum lebenden kindlichen Organismus und versuchen uns mit Professor *Althoff* (1980) vorzustellen, welche Kettenreaktion im Körper abläuft:

1. Durch Verstopfung der Nase wird die Atmung des Babys behindert.
2. Die Entzündung steigt mit dem Atem die Luftröhre hinab in die Lungen und in die Bronchien.
3. Der Schleim aus dem Rachenraum verschließt die kleinen Ästchen und Blättchen des Bronchialbaums.
4. Das Reinigungsprogramm der Bronchien (Flimmerepithel) versagt. Schleimballen und Gewebsfetzen werden Richtung Lungenbläschen und Lunge transportiert. *Zwischen* den Lungenbläschen und *an* den Lungenbläschen bilden sich akute, teils diffuse, teils herdförmige Wasseransammlungen.
5. Die Luft in den Lungen wird knapp, besonders wenn schon von früher zerstörte Zonen existieren.
6. Im Hirn des Babys entsteht wegen des knapper und knapper werdenden Sauerstoffs ein rasch sich ausbreitendes Hirnödem (Hirnschwellung). Die Folge: Zentrale Atemlähmung, Tod.

Es gibt noch zahlreiche ungeklärte Fragen, was den Säugling so plötzlich und radikal ums Leben kommen läßt. Professor *Klaus Riegel* (1983) hält für wahrscheinlich, daß zusätzliche akute Auslöser mitspielen; die Bedeutung der Nebennierenhormone auf die Streßfaktoren beim Plötzlichen Kindestod wird erst jetzt deutlich. Das kleine, verletzliche Wesen, das später den Säuglingstod stirbt, hat einen wackligen, instabilen Organismus, eine verminderte »Durchlüftung« der Lungen im Schlaf. Doch es gibt weitaus mehr Kinder – so Riegel –, die instabil und gefährdet sind. »Der plötzliche Kindstod ist in ›Allerweltsprobleme‹ eingebettet. Das Gewöhnliche, Banale im Vorfeld des plötzlichen Kindstodes macht ihn nach wie vor unbegreiflich, unvorhersehbar/unheimlich und erschwert Versuche, ihm irgendwie beizukommen.«

SIDS und Schadstoffe

So unheimlich und unvorhersehbar der Plötzliche Säuglingstod auch erscheint, offensichtlich sind unsere Kinder in eine ganze Menge Umweltprobleme eingebettet, die da heißen Schwefeldioxid, Stickoxid, Staub, Ozon, Blei, Cadmium und vieles andere mehr. Aus den Beobachtungen nun, was diese Schadstoffe anrichten, aus vergleichenden Untersuchungen von Todesfällen und Luftgiften sowie aus Sektionen, die Schwermetalle in den Geweben von SIDS-Kindern aufspürten, läßt sich ablesen: Der dramatische plötzliche Tod eines Kindes hat auch mit dem dramatischen, schleichenden Sterben der Wälder und Pflanzen eines gemeinsam: Inneres Ersticken. Und so wie lange Zeit und zum Teil sogar heute noch über die Ursachen des Waldsterbens diskutiert wird, um von den Ursachen abzulenken, so wird jetzt der Plötzliche Kindestod aus der ökologischen Debatte herausgenommen und in die klinische Ecke gestellt. Folgenden Hinweisen sollte jedoch nachgegangen werden:

– *Hinweis eins* aus dem Institut für Toxikologie und Biochemie in München (siehe auch: »Die Enge im Kehlkopf«): Schwefeldioxid ist weitaus gefährlicher als bisher angenommen: In Verein mit Stickoxiden läßt es den Energie-Stoffwechsel in Lungenzellen rasch und völlig zusammenbrechen. Entgiftungsenzyme vermögen in den großen Lungenbläschen gegen Schwefeldioxid nichts auszurichten. Schwefeldioxid vermag sich bis zum Fünfzigfachen in den lebenden Zellen anzureichern: Unerwartete toxische Effekte sind die Folge (*Holzer,* 1983).

– *Hinweis zwei* aus dem Institut für Waldernährungslehre der Universität Freiburg. Dort stellte man sich die Frage, wieso das Waldsterben fortschreite, obwohl die Emission von Schwefeldioxid und Staub in der Bundesrepublik in den letzten Jahren reduziert worden sei. Die Antwort: Der Einbau von Filteranlagen in die Kamine hat den Flugstaub bis auf kleine Korngrößen vollständig ausgefiltert. Die Verlängerung der Schornsteine macht den Transport dieser feinen Teilchen über weite Entfernungen möglich. Auf diesen feinen Teilchen reisen die Schwefelsäuren direkt in die feinen Verästelungen der Lunge. Der Tod ist »lungengängig« (*Zoettl,* 1983).

– *Hinweis drei* aus dem Institut für biophysikalische Strahlenforschung in München. Dort berechnete man, daß innerhalb von 20 Minuten eine Milliarde Teilchen in der menschlichen Lunge abgelagert werden, nach außen oder innen abgeschieden oder vernichtet werden. Je enger die

Atemwege in einer menschlichen Lunge sind, desto größer ist die Wahrscheinlichkeit, daß Teilchen dort abgelagert werden, desto größer ist die Belastung dieser Person mit Schadstoffen (*Beyder,* 1983).

– *Hinweis Nummer vier* aus Los Angeles, aus dem südkalifornischen Medical Center. Die Wissenschaftler dort verglichen die Immissionen von Schwefeldioxid, Kohlenmonoxid, Stickstoffdioxid, Kohlenwasserstoffen und Blei mit der Häufigkeit des Plötzlichen Kindestodes. Ihr Ergebnis: Zeitversetzt um sieben Wochen nach den Peaks, den Spitzen der Luftverschmutzung, starben vermehrt Kinder den Plötzlichen Säuglingstod (*Hoppenbrouwers,* 1981). Diese Arbeit aus Los Angeles wird freilich vom Institut für Umwelthygiene Düsseldorf als nicht schlüssig verworfen.

– *Hinweis Nummer fünf* von den Medizinischen Hochschulen in St. Louis und Washington. Die Forscher dort beschäftigen sich mit den Schwermetallen im Gewebe von an SIDS gestorbenen Kindern und aufgrund anderer Ursachen verstorbener Babys.

Die Ergebnisse:

Je älter die Babys waren, desto mehr Blei und Cadmium fand sich in den untersuchten Geweben von Lunge, Leber, Niere und Rippe.

Signifikant mehr Blei fand man in den Rippen- und Leber-Geweben der SIDS-Kinder.

Die Menge von Blei in den Lungen der SIDS-Babys nahm mit dem Lebensalter signifikant mehr zu als bei Non-SIDS. Daraus folgern die Autoren der Studie:

Babys, die den Plötzlichen Kindestod starben, waren vor oder/und nach ihrer Geburt verstärkt dem Blei ausgesetzt – sei es durch Zigarettenrauchen der Mutter oder durch verseuchte Umwelt. Zitat:

»Es scheint möglich, daß dies vorgeburtliche oder/und nachgeburtliche Ausgesetztsein dem Blei die neurologische Entwicklung des Kindes so beeinträchtigen kann, daß das Risiko eines plötzlichen Todes erhöht ist.«

Diese fünf Hinweise sind deutliche Signale, sind Indizien in einem Prozeß gegen die Umweltverschmutzer. Viele Faktoren sind des Kindes Tod, nicht nur Viren und Bakterien, nicht nur Infektionskrankheiten greifen unsere Kinder an, sondern auch Umweltgifte – Invasoren, die den Boden bereiten für Infekte.

Schall und Rauch

In Hof und den angrenzenden Landkreisen geht auch heute noch die Angst um – und es herrscht Wut. Die betroffenen Eltern und Ärzte aus Hof und Wunsiedel richten unermüdlich Appelle an die verantwortlichen Politiker in München: Wir brauchen eine Smogverordnung! Die Grenzwerte der Muster-Smogverordnung sind zu hoch angesetzt! Untersucht die Gesundheitsschäden! Helft uns und unseren Kindern! Doch von der bayerischen Landesregierung, aus der Staatskanzlei und dem Umweltministerium kommt seit Jahr und Tag ein Schwall von Phrasen, die sogar manch beamtetem Umweltschützer zuwider sind, kommt im wahrsten Sinne des Wortes nur Schall und Rauch:

– Mütter und Kinder aus Hof, die zur Erholung nach St. Peter-Ording »verschickt« wurden, müssen monatelang um Staatszuschüsse betteln.

– Die Universität Gießen, die sich jeweils 200 Kinder in Wiesbaden und Freiburg für eine Langzeitstudie zur Luftverschmutzung vornimmt, bekam als Untersuchungsort in Bayern ausgerechnet Starnberg (!) empfohlen.

– Meßapparaturen, die in der Größe von zwei Kühlschränken in den Wohnungen von 24 Hofer Familien plaziert worden waren, notierten alles vom SO_2 bis zum Blei, also die gesamte Innenverschmutzung. Doch die Bewohner blieben außen vor. Um ihre Blut- und Urinwerte kümmerte sich niemand.

– Das von den besorgten Eltern immer wieder attackierte Braunkohlenkraftwerk Arzberg arbeitet nach seinen eigenen Smoggesetzen. Erst wenn 1200 Mikrogramm Schwefeldioxid *drei Tage lang* in der Luft sind, wird auf Gas umgestellt.

Lauheiten, Laschheiten, Liederlichkeiten: In Hof bündeln sich wie in zahlreichen anderen Orten der Bundesrepublik die Versäumnisse einer ignoranten Luftreinhaltepolitik. Und so verwundert auch nicht, wie die Autopsie von Tobias ausfiel, der auf Anordnung der Staatsanwaltschaft im Februar/März 1984 obduziert wurde: »Es konnte objektiv keine sichere Todesursache festgestellt werden. Der Befund deckt sich mit den Befunden, die bei den Lungen anderer an SIDS verstorbenen Kindern gemacht wurden. Es muß sich um eine rasche Infektion gehandelt haben . . .«

Damit sind die leidigen Kindstode allesamt vom Tisch. Der »Infektionszug« hat sie mitgenommen. Und ein Infektionszug kommt ohne

Voranmeldung, kommt von irgendwoher, kommt aus China vielleicht, vollbesetzt mit Viren und Bakterien, da kann man nichts machen. Schuld hat niemand, gsund samma. Anfang Mai 1984 starb 40 Kilometer von Hof entfernt in Marktredwitz ein fünftes Kind, starb der kleine Robert, zehn Monate alt. Todesursache: Plötzlicher Tod unbekannter Ursache. Die Mutter wollte ihr Kind obduzieren lassen, doch sie bekam zur Antwort: Das müssen Sie selber zahlen. Das liegt nicht im öffentlichen Interesse.

So stirbt der Wald in Nordostbayern, und so sterben die Kinder. Erst sterben die Wälder, und dann sterben die Kinder.

40 Schadstoffe, Schädigung ausgeschlossen

Unweit der alten Kaiserstadt Goslar liegt das Zentrum der Metallverhüttung im Harz, liegen Oker/Harlingerode und legen sich rund 40 Schadstoffe auf Körper und Seele der hier lebenden Menschen. Blei, Cadmium, Arsen, Quecksilber, Schwefeldioxid, Kohlenmonoxid, Kohlenwasserstoffe, Fluoride, Chloride, nitrose Gase, aber auch Kobalt und Nickel. Das bestätigte laut Bericht der Braunschweigischen Zeitung vom 26. Januar 1984 der leitende Gewerbedirektor bei der Bezirksregierung Braunschweig, Gerhard Blumhoff. Die vor allem durch Industriebetriebe ausgestoßenen Mengen seien jedoch so gering, daß eine Schädigung der Umwelt ausgeschlossen werden kann.

Ich frage mich, um Gottes willen, woher weiß Herr Blumhoff dies? Oder schärfer: Was berechtigt ihn oder was bewegt ihn, eine solche trügerische und betrügerische Behauptung in die Welt zu setzen? Im Nordharzraum herrschen nämlich immer wieder Smogperioden mit Spitzen von 3000 Mikrogramm SO_2/m^3 – über Tage hinweg.

Nur wenige Kilometer von Oker/Harlingerode entfernt wohnt der praktische Arzt Dr. Wolfgang Baur. Er hat in jahrelanger Arbeit die Diagnosen in seiner Allgemeinpraxis erfaßt und mit Praxen aus unbelasteten Gebieten verglichen (*Baur,* 1984):

Es häuften sich bei ihm seelische und Nervenkrankheiten, Herz- und Kreislaufkrankheiten, Skelett- und Muskulaturkrankheiten. Dann kurzfristig: Stenokardische Anfälle (Brustenge), Wirbelsäulensyndrom, Müdigkeit, Benommenheit, Schwindel, Reizungen der oberen Luftwege, Brechdurchfall. Und Dr. Baur fand Hinweise, daß in diesem

Belastungsgebiet Oker/Harlingerode, Goslar, westlicher Harzrand häufig Kinder den Plötzlichen Säuglingstod starben (*Baur,* 1984), häufiger als anderswo. Der Verdacht, daß Plötzlicher Kindstod im Harzgebiet unverhältnismäßig oft auf den Totenscheinen stand, hatte schon 1981 die Bürgerinitiative Oker/Harlingerode zu einem spektakulären Schritt veranlaßt: Sie stellte Strafanzeige gegen Unbekannt wegen fahrlässiger Tötung, wurde aber von der Staatsanwaltschaft abgeschmettert.

Dr. Baur wurde nun erneut stutzig, als er beim SIDS-Symposium in Goslar 1983 von dem Göttinger Rechtsmediziner *Dr. Bonte* in einem Vortrag hörte: »Ende Juni 1974 wurden nach einer Pause von eineinhalb Monaten innerhalb einer Woche in Goslar vier Fälle von Plötzlichem Kindstod obduziert, in den darauffolgenden Wochen folgten sieben weitere Fälle im westlichen Harzrandbereich . . . Diese ortsgebundene Häufung wurde als fraglicher Hinweis für einen allgemeinen Infektionszug gewertet« (*Bonte,* 1983). Der Rechtsmediziner Bonte bezog sich dabei auf eine Veröffentlichung seines Amtskollegen Professor Dr. Steffen Berg, des Leiters des Rechtsmedizinischen Instituts Göttingen (*Berg,* 1978).

Mindestens elf Kinder also starben hier im Harz innerhalb weniger Wochen den Plötzlichen Kindestod, *mindestens* elf, denn nicht alle Kinder wurden seinerzeit obduziert. Die Presse griff die Nachricht auf, die SPD-Landtagsfraktion machte mobil, attackierte den uns schon aus dem Kapitel »Hilflos im Strom« bekannten niedersächsischen Sozial- und Umweltminister Schnipkoweit wegen seiner Untätigkeit. Da verschwanden plötzlich und unerwartet zehn tote Kinder aus der Statistik.

Tote Kinder verschwinden

Ja, Sie lesen recht: Eine neue Tabelle, die der Rechtsmediziner Berg jetzt vorlegte, nennt für das Harzgebiet für 1974 nur *einen* SIDS-Fall. Von der »Braunschweigischen Zeitung« befragt, meinte Berg, *versehentlich* seien Fälle aus Peine-Salzgitter mitgezählt worden; auch habe seine Mitarbeiterin den Begriff Harzrandgebiet zu großzügig ausgelegt. Sie sehen, was wir von mancher wissenschaftlichen Veröffentlichung zu halten haben! So oder so.

Dieses Verschwinden von Kindern aus der Statistik hatte für Dr.

Wolfgang Baur Folgen: Baurs Besorgnisse und Befürchtungen wurden vom Tisch gebügelt, seine Zahlen als Panikmache abgetan. Außerdem rechnete man ihm in der schon öfter genannten Anhörung in Bonn vor, daß

– pro 1000 Lebendgeburten ein bis drei SIDS-Tode zu erwarten seien; in Goslar (500 bis 600 Geburten) folglich 0,5 bis 1,5. Wegen dieser kleinen Zahl könne man jedoch davon ausgehen, daß auch einmal ausnahmsweise in einem Jahr bis zu sieben Plötzliche Kindestode vorkommen könnten (*Wichmann*, 1984).

Wolfgang Baur gab nicht klein bei. Er entdeckte, daß im Landkreis Goslar über Jahre hinweg vier Kinder jährlich den Plötzlichen Säuglingstod unbekannter Ursache gestorben waren. Er notierte, daß im Landkreis aber nur 400 Kinder im Jahr geboren werden, folglich der »Erwartungwert« kleiner war, als in der Bonner Anhörung zugrunde gelegt worden war. Vier Todesfälle im Jahr waren also außerordentlich auffällig! Baur schlug Alarm, und er verlangte:

1. Eine SIDS-Karte ähnlich einer Unfallverteilungskarte zur Beurteilung der regionalen Häufung.
2. Eine Zuordnung der vorhandenen Meßwerte der Umweltverschmutzung zu dem Zeitpunkt des Todes der Kinder und vorher.
3. Exakte Untersuchung der Todesfälle (Obduktion) und Meldepflicht.

Plötzlicher Kindestod in Berlin

Ein neues Licht auf die Brisanz von Schadstoffen aus der Luft beim Plötzlichen Kindestod wirft eine Arbeit aus Berlin. Bei Todesfällen von Säuglingen ordnet hier auf Antrag der Staatsanwaltschaft der zuständige Richter fast immer Obduktionen an. So konnte der Arzt Dr. *Ulrich Roessel* für seine staatsärztliche Prüfung 1983 über 600 SIDS-Fälle sondieren: Obduktionsnummer, Geburts- und Sterbedatum, Körpergewicht und Körpergröße, Ernährungs- und Pflegezustand und für die Jahre 1977 bis 1981 den Wohnbereich.

1. Die SIDS-Säuglinge waren fast alle gut beziehungsweise ausreichend gepflegt (90,9%).
2. Luftwegsinfektionen (Bronchitis, Pneumonie) fanden sich bei 84,3 Prozent aller Säuglinge (56,3%/28%).

3. Die SIDS-»Rate«, also die Sterblichkeit pro 1000 Lebendgeborene, lag zwischen 2,1 und 4‰.
4. Unverhältnismäßig mehr Kinder starben im Zeitraum 1977 bis 1981 in Kreuzberg, Tiergarten und Neukölln *(Tabelle 18)*.

Betrachten Sie sich die Tabelle genau, so sehen Sie gewaltige Unterschiede in der Häufigkeit des SIDS in Berlin. Für Zehlendorf sehen Sie zum Beispiel eine SIDS-Rate von 0,88, für Kreuzberg von 4,6, das heißt *fünfmal so hoch*. Dr. Ulrich Roessel erklärt sich dies aus den *sozialen Verhältnissen*. Die Bezirke Kreuzberg, Tiergarten und Neukölln seien dichtbesiedelte Gebiete mit großen sozialen Problemen (Altbauwohnungen mit mangelhaften sanitären Einrichtungen oder moderne Satellitenstädte). Roessel schlägt deswegen eine epidemiologische Studie vor, die diese Zusammenhänge genauer klären soll.

Kindersterben in Kreuzberg

Ziehe ich jedoch eine Statistik von *Peter Haushalter* von der »Interessengemeinschaft für gesunde Luft Berlin e. V.« aus dem Jahre 1984 heran, so wird offenkundig: *Alle diejenigen Bezirke Berlins, die hohe Sterberaten von Plötzlichem Säuglingstod melden, sind auch die am meisten vergifteten!* Haushalter hat für die Jahre 1976 bis 1983 an den 31 Meßpunkten der Stadt die Tage aufgezeichnet, an denen der Schwefeldioxid-Gehalt der Luft über 300 Mikrogramm lag (Tagesmittelwert).
– In Kreuzberg herrschten diese smogähnlichen Zustände an 201 Tagen. Im Vergleich dazu in Zehlendorf an 45 Tagen.
– In Tiergarten waren über 300 Mikrogramm SO_2 in einem Kubikmeter Luft an 122 Tagen, in Charlottenburg an 114 Tagen, in Wedding (gemittelt) an 233 Tagen.
– Nur Neukölln macht eine Ausnahme. Hier war nur an (gemittelt) 46 Tagen dicke Luft. Doch sehe ich die Meßstationen 10, 11, 14, 15, 16, 19, 20 (Kreuzberg, Tiergarten, Neukölln, Charlottenburg) als ein großes Areal an, dann ging hier im Durchschnitt an 150 Tagen der Atem schwer; im umliegenden Berliner Gebiet nur an 63 Tagen. *Der Plötzliche Kindestod ist folglich in Berlin dort häufiger, wo es am meisten giftet.*

Es ist unbestritten, daß in diesen Gebieten sogenannte sozial Schwä-

Tabelle 18:
Plötzlicher Kindestod in Berlin 1977–1981

Bezirk	Geburten	SIDS-Fälle absolut	Rate	Rangfolge
Kreuzberg	9312	43	4,62	1.
Tiergarten	4317	15	3,47	2.
Neukölln	13084	45	3,44	3.
Charlottenburg	7572	24	3,17	4.
Wedding	7432	22	2,96	5.
Schöneberg	8043	20	2,49	6.
Spandau	7744	18	2,32	7.
Steglitz	7093	15	2,11	8.
Wilmersdorf	5406	11	2,03	9.
Reinickendorf	8317	14	1,68	10.
Tempelhof	6212	8	1,29	11.
Zehlendorf	3419	3	0,88	12.

In Kreuzberg sterben relativ fünfmal so viele Kinder den Plötzlichen Säuglingstod als in Zehlendorf. Die Rate bezieht sich auf 1000 Lebendgeborene. Kreuzberg, Tiergarten, Wedding, Charlottenburg und Neukölln sind Berlins hauptvergiftete Gebiete (Quelle: Rössel, 1983).

chere wohnen, sogenannte kleine Leute, auch viele alte Leute, viele kranke Leute. Doch die Kinder in diesen Gebieten sterben nicht, weil sie von Haus aus kränker, unterernährter, ungepflegter sind, sondern weil ihre Gesundheit in diesen Gegenden systematisch ruiniert wird. Weil die Giftmischer und Luftverschmutzer auf die kleinen, die armen, die kranken Leute am wenigsten Rücksicht nehmen. Weil die Kleinen, die Armen, die Kranken in Wohnungen leben müssen, die billig sind oder nahe einer Fabrik. Weil sich der reiche, große Emittent zu Lasten der Kleinen und Armen gesundstößt und sich schon seit Jahrzehnten gesundgestoßen hat. So gesehen ist der Plötzliche Säuglingstod wahrhaftig ein soziales Problem, das Problem einer Klassengesellschaft.

Selbstmord nach dem Tod

Der Plötzliche Säuglingstod ist ein Kapitel, von dem erst die ersten Seiten geschrieben sind. Die Eltern, Großeltern, Freunde oder Bekannte (»Babysitter«) erleiden den Tod des Kindes als fast unerträglichen Schock. Der Vater versucht in seinem Berufsalltag weiter zu funktionieren, die Mutter oder Bezugsperson macht sich Schuldvorwürfe. Zahlreiche Frauen, die ihr Kind durch den Plötzlichen Säuglingstod verloren haben, werden erst nach ein, zwei Jahren »psychiatrisch auffällig« – wie es im Mediziner-Deutsch heißt. Ehekrisen sind vorprogrammiert. Trauriger noch: Manch eine Mutter hat sich nach dem Tod des Kindes selbst das Leben genommen. Eine *Gesellschaft zur Erforschung des Plötzlichen Säuglingstodes* (GEPS) e. V. in Stuttgart/München nimmt sich in der Bundesrepublik der betroffenen Eltern an, hilft ihnen in Gruppentherapien und Gruppengesprächen das schreckliche Geschehen zu überwinden, die Trauer »aufzuarbeiten«. Und gibt allen Eltern von Kleinkindern Ratschläge zur Früherkennung und Vorsorge. Ratschläge freilich, die Stückwerk bleiben müssen, denn noch rätselt ja die Schulmedizin an den Ursachen des SIDS herum. Ein Rätsel, dessen Lösung vielleicht in der Luft liegt. In der erstickenden Luft, die wir atmen.

11. Weiße Westen – schmutzige Hände

Ich wende mich ab
von den Kaufherren
zur Rechten und zur Linken
und lese die Handschrift
der Bäche und Flüsse
unter mir
und begreife:

dies alles,
meine Heimat, mein Land,
ist tausendmal zu schön, es
ihnen auch nur eine Stunde länger
zu überlassen.

Peter Schütt,
Kein schöner Land

Viele Monate lief vor ausverkauftem Haus in den Münchner Kammerspielen 1984/85 die böse Gesellschaftsposse »München leuchtet«. In einer Parodie der Fernsehsendung »x-y« wurden da auch die bekannten »Umweltverbrecher« gesucht, schaltete man ins Studio Wien um. Und siehe – die österreichische x-y-Gehilfin wußte zu berichten: Alle Umweltverbrecher sind gerade in Wien gesichtet worden – auf dem Wiener Opernball.

Wie jede gute Satire, so hat auch diese einen wahren Kern: Umweltstraftäter sind oft leitende Angestellte und Ingenieure mittlerer und großer Unternehmen. Umweltfrevler sitzen im gehobenen Management der großen Emittenten. Umweltverschmutzer wirken in den Kommunen – als Bürgermeister zum Beispiel oder Regierungspräsidialbeamte in Genehmigungsverfahren. Kurz: Umweltkriminalität ist ähnlich wie die Wirtschaftskriminalität ein Delikt, bei dem Krawatte und weißer Kragen Usus sind.

Die Umweltkriminalität, diese Kriminalität der weißen Westen mit den schmutzigen Händen, steigt an. Das Bundeskriminalamt, das nach Angaben der Landeskriminalämter seit 1973 die Umweltschutzdelikte summiert, verzeichnete
– 1973 genau 2231 Fälle,
– 1982 genau 6750 Fälle,

– 1983 genau 7507 Fälle.

In den 80er Jahren betrug der Anstieg jedes Jahr etwa 30 Prozent!

Unkontrollierbare Gier

»Umweltdelikte sind aus der polizeilichen Kriminalstatistik nicht zu erklären«, schreibt das Umweltbundesamt in seinen *Daten zur Umwelt 1984* (Uba, 1985). »Die Ursachen werden in einem zur Zeit laufenden ... Forschungsvorhaben untersucht.«

Die technischen Tricks der »Umweltkriminellen«, die oft in einer Führungsposition sitzen und aus »unkontrollierbarer Gier nach materiellem Gewinn handeln« – so der Nürnberger Rechtsanwalt Matthias Krusche –, sind an Einfallsreichtum kaum zu überbieten. Tauchen Ermittlungsbeamte in verdächtigen Betrieben auf, so werden sie oft schon beim Pförtner abgefangen, bis im Betrieb eingeweihte Arbeiter Schieber und Hebel bedient haben, um Umweltverstöße zu vertuschen, bis Rohre und Kanäle zum illegalen Ableiten giftiger Chemikalien spurlos hinter raffinierten Attrappen verschwunden sind.

Ja, wir schreiben 1985. Wir sind nicht im Zeitalter des Rokoko, im Zeitalter der Geheimfächer und der Tapetentüren. Der *Dritte Mann* ist ein Einfaltspinsel im Vergleich zu den heutigen Giftschiebern!

Günter Schulze, der Leiter der Arbeitsgemeinschaft Umweltkriminalität im Bund Deutscher Kriminalbeamter (ADK) warnt, die Umweltkriminalität zu bagatellisieren. Seiner Erfahrung nach gibt es »mehr gravierende Fälle als allgemein angenommen«. 40 Prozent aller Delikte sind große Umwelt-Untaten; besonders bei den Altschäden geht es nicht selten um Beträge von mehreren hundert Millionen Mark. Es gibt Umweltstraftäter, »die es hervorragend verstehen, ihre umweltrelevanten Straftaten geschickt zu planen, auszuführen und den Tatablauf von der Planung bis zur Vollendung raffiniert zu tarnen«. Auf Kapitaldelikte übertragen heißt das: Wir haben es nicht mit Affekttätern, mit Totschlägern zu tun, sondern mit Mördern. Dieser neue Typ des Umweltkriminellen – so die Erkenntnisse des BDK – spart durch »unerlaubte Abfallbeseitigung, vermeidbare Luftverschmutzung oder unbefugtes Betreiben umweltgefährdender Anlagen Kosten in Millionenhöhe« – auf Kosten der Gesundheit von uns allen.

Große Straftaten – kleine Bußen

Die Crux: Selbst gravierende Straftaten werden nur gering geahndet. Zumeist kommt auch der große Umweltverbrecher mit einer kleinen Geldbuße davon. Die Berliner Kriminalpolizei ermittelte zum Beispiel von 1980 bis 1984 in 2756 Fällen, davon wurde in nur 202 Verfahren Anklage erhoben. 147 »Umweltstraftäter« wurden verurteilt, die meisten zu Geldbußen um 5000 Mark; nur einer bekam eine Freiheitsstrafe von neun Monaten – auf Bewährung.

Bei Großemittenten steht die Kriminalpolizei erst recht auf verlorenem Posten. »Kein einziger Großemittent wurde bisher strafrechtlich erfaßt«, bemerkt der Nürnberger Anwalt Krusche. »Die Großbetriebe bauen einen Organisationsschutzwall auf und verhindern den strafrechtlichen Zugriff.« Auch der Oberstaatsanwalt Ulrich Leistner, Chef der Umweltschutzabteilung bei der Frankfurter Staatsanwaltschaft, kapituliert: »Den Großen kann man so gut wie nie nachweisen, daß sie vorsätzlich gehandelt haben.«

Sie sehen, so wie sich der Smog über eine Stadt legt, so liegt dichter Nebel über den Umweltfreveln der Großindustrie, und weil dichter Nebel über den Umweltfreveln der Großindustrie hängt, liegt Smog über der Stadt. Die Umweltkriminalität gedeiht in diesem Land auch deswegen besonders gut, weil

1. Firmen mit allen erlaubten und unerlaubten Tricks die Menge der Schadstoffe, die sie unter die Leute bringen, geheimhalten,
2. eine arrogante und menschenferne Bürokratie in Ordnungs- und Gewerbeämtern und besonders in Ministerien den besorgten Bürgern keinen reinen Wein einschenkt,
3. die Richter speziell in den höheren Instanzen den absoluten Vorrang des Umweltschutzes nicht begreifen (wollen) und ihre Paragraphen bewußt zugunsten des Kapitals, der Macht und der Herrschaft auslegen,
4. die Gesetze selbst dem gesunden Bundesbürger weder ausreichend Schutz vor Umweltverschmutzern bieten noch dem kranken Bürger die Möglichkeit, Schaden ersetzt zu bekommen oder eine Schadensquelle schließen zu lassen,
5. die Politiker der Mitte/Rechts-Koalition in der Bundesrepublik die Rechtswege verkürzen wollen und somit die Rechte der Bürger weiter einschränken.

Halten Sie inne und betrachten Sie noch einmal diese fünf Punkte, dann fällt es Ihnen wie Schuppen von den Augen: Der Umweltverbrecher ist kein finsterer Geselle, kein *outlaw,* der isoliert in einem Hotelzimmer seine kriminellen Pläne schmiedet, nein, er befindet sich in bester Gesellschaft mit Politikern, Richtern, Ministern, Ministerialbeamten und Bürokraten des gehobenen Dienstes – er ist mitten unter uns. Alle sind sie mitten unter uns. Es sei denn, sie befinden sich gerade auf dem Opernball in Wien!

Verheimlichung von krebserregenden Stoffen

»Die Emissionsfaktoren für zwölf ausgewählte Substanzen mit mutmaßlich krebserzeugendem Potential« sollte 1982/83 die Firma KTI (Kinetics Technology International GmbH) Hamburg ermitteln, also herausfinden, welche Mengen an *»mußmaßlich«* krebserzeugenden Stoffen in der Bundesrepublik bei der Produktion, beim Transport und bei der Weiterverarbeitung in die Luft geblasen werden. Es geht um die Stoffe Epichlorhydrin, Hydrazin, 3,3 Dichlorbenzidin, Dimethylsulfat, Aziridin, 2-Methylaziridin, 1,2-Dichlorethan, Tetrachlormethan, Propylenoxid, Vinylidenchlorid, Benzylchlorid, 1,4-Dioxan. Ich muß diese Stoffe einzeln aufführen, denn einige von ihnen werden sicherlich die Umweltdebatte der nächsten Jahre mitbestimmen. Was passierte nun den KTI-Forschern? Sie erlebten, welche Steine in der Bundesrepublik demjenigen in den Weg geworfen werden, der Emissionen von Schadstoffen ausfindig machen will.

1. Bei der Mehrzahl der untersuchten »mutmaßlichen« Krebsstoffe handelt es sich um Spezialchemikalien. Sie sind im Emissionskataster oder Luftreinhalteplan *eines Belastungsgebietes nicht aufgeführt.* Anderswo natürlich erst recht nicht.

2. Der Auswurf »luftfremder« Stoffe muß bei Neubau oder Umbau eines Betriebes genehmigt werden (§ 4 Bundes-Immissionsschutz-Gesetz). Diese Genehmigungsunterlagen sind jedoch nur *zeitweise* öffentlich zugänglich – und zwar nur zwei *Monate* lang. Diese Unterlagen sind zudem über das gesamte Bundesgebiet verstreut. »Eine Sammlung oder zentrale Auswertung dieser Unterlagen wird nicht vorgenommen und ist nach der gegenwärtigen Rechtslage auch ausgeschlossen« – so die KTI.

3. »Die regelmäßig fortgeschriebenen Daten über den Ausstoß von

Schadstoffen, die jährlich von den Firmen abgegeben werden müssen, sind öffentlich *nicht* zugänglich« – da mußte wie so mancher Umweltschützer auch das KTI passen. »Eine Erfassung und Auswertung auf Bundesebene ist wie bei den Antragsunterlagen und Genehmigungsbescheiden nach geltender Rechtslage nicht möglich.«

Ich fasse mir an den Kopf und frage mich: In welchem Land lebe ich eigentlich. Wir untersuchen ja nicht den Produktionsausstoß von Schokoladeplätzchen oder grünen Heringen. Es geht um – laut KTI – *»mutmaßlich«* krebserregende Substanzen, die unsere Atemluft vergiften und für die es keine Wirkungsschwelle gibt, das heißt die in jeder Dosis Krebs auslösen können (siehe auch: »Gottes Geißel Krebs«). Doch es kommt noch toller:

4. Die gefährlichen Stoffe, von denen hier die Rede ist, sind zum Teil auch in Produktions- und Außenhandelsstatistiken erfaßt. Deswegen baten die Forscher des KTI die Statistischen Landesämter um Mithilfe. Fehlanzeige! »Aufgrund der Vorschriften zur Geheimhaltung werden diese Zahlen nicht genannt, wenn in einem Bundesland für diese Substanz *weniger als drei* Produzenten bekannt sind. Dies trifft auf sämtliche hier untersuchten Stoffe zu, so daß aus dieser Quelle keine weiteren Informationen erhalten werden konnten.« Der Großproduzent also, der Marktbeherrscher, ist besonders gut geschützt!

5. Bis auf zwei Unternehmen lehnten später alle anderen eine Stellungnahme oder ein Gespräch ab und verwiesen auf den Dachverband der Chemischen Industrie (VCI). Der Dachverband verweigerte 1982 eine weitere Unterstützung mit dem Hinweis auf »grundsätzliche Bedenken gegen die Konzeption des Vorhabens«.

Krebserreger chemische Industrie

Es ist an der Zeit, die Firmen zu nennen, um die es hier geht. »Mutmaßlich« krebserregende Stoffe werden bei den Produktionsvorgängen und der Weiterverwendung frei, vergiften also in kleineren und größeren Mengen die Atemluft innerhalb oder außerhalb eines Werkes bei

- Bakelite GmbH, Duisburg-Meiderich
- Bayer AG, Krefeld-Uerdingen und Leverkusen
- BASF AG, Ludwigshafen

– CIBA-GEIGY GmbH, Wehr (Baden)
– Chemische Werke Hüls AG, Marl
– Deutsche ICI-GmbH, Wilhelmshaven
– Deutsche Solvay-Werke GmbH, Rheinberg
– Dynamit Nobel AG, Lülsdorf und Troisdorf
– Dow Chemical GmbH, Rheinmünster und Stade
– EC Erdöl-Chemie GmbH, Köln-Worringen
– Farbwerke Hoechst AG, Frankfurt, Gendorf (Obb.), Hamburg, Hürth-Knapsack
– Kali-Chemie AG, Hannover
– Kali-Chemie Fluor GmbH, Bad Wimpfen
– ROW Rheinische Olefinwerke GmbH, Wesseling (Vertrieb über Deutsche Shell Chemie GmbH, Frankfurt)
– Schering AG, Bergkamen
– Thiokol GmbH, Mannheim
– Wacker-Chemie GmbH, Burghausen.

Viele dieser Firmen gehören zum »Hochadel« der chemischen Industrie und stellen sich selber als honorig, umwelt- und menschenfreundlich dar. Sie alle (bis auf die Bakelite GmbH und eine inzwischen gelöschte Firma) sperrten sich gegen das Forschungsvorhaben der KTI: »Emissionsfaktoren für zwölf ausgewählte Substanzen mit mutmaßlich krebserregendem Potential.« Wobei dieser Titel irreführend ist, denn fünf der aufgeführten Stoffe sind *nicht mutmaßlich* krebserregend, *sondern als krebserzeugend bekannt*! Nämlich Epichlorhydrin, Aziridin, Hydrazin, 3,3-Dichlorbenzidin, Dimethylsulfat (*Roth,* 1983). Von diesen Stoffen werden zum Teil nur wenige, zum Teil aber auch Tausende von Kilogramm pro Jahr (Epichlorhydrin: 55 308 kg!) emittiert. Von den anderen »mutmaßlich« krebserzeugenden Substanzen gehen insgesamt mehrere tausend Tonnen in die Luft. Die KTI-Forscher beteuern zwar, daß die Emissionsfaktoren – also der Anteil des gefährlichen Auswurfs an der Produktion – niedriger anzusetzen seien, als bisher geschehen, doch ist festzuhalten:
– Großfirmen weigern sich, Auskünfte zu geben über ihre giftigen Ausdünstungen.
– Eine Offenlegung der Emissionsdaten in *allen* Gebieten der Bundesrepublik und von allen Unternehmen, die gefährliche Substanzen emittieren, ist das erste Gebot eines erfolgreichen Umweltschutzes.

Bürgerferne Umweltbehörden

Der bayerische Landtagsabgeordnete Dr. Martin Mayer (CSU) wollte – angeregt durch eine Podiumsdiskussion – mal genaue »Auskünfte über Emissionswerte von Kraftwerken, Industrieanlagen und Gewerbegebiete« und fragte Bayerns Umweltminister Alfred Dick. Dieser schrieb am 4. Juni 84 einen Brief, der wie kein anderer die Haltung einer Umweltbehörde offenbart:

1. »Werden für gewerbliche und industrielle Anlagen immissionsschutzrechtliche Genehmigungen ... benötigt, so werden die vom Antragsteller gemachten Angaben über die Emission seiner Anlage mit den übrigen Antragsunterlagen zu jedermanns Einsicht ausgelegt, die Auslegung wird öffentlich bekannt gemacht. *Diese vom Antragsteller gemachten Angaben müssen aber nicht übereinstimmen mit den Emissionswerten, die im immissionsschutzrechtlichen Genehmigungsbescheid festgesetzt werden.*«

2. »Für eine Reihe von gewerblichen und industriellen Vorhaben wird die immissionsschutzrechtliche Genehmigung in einem sogenannten vereinfachten Verfahren erteilt, *in dem keine öffentliche Bekanntmachung erfolgt, die Unterlagen nicht ausgelegt werden* ...«

3. Die Messung der Schadstoff-Emissionen »erfolgt entweder durch den Anlagenbetreiber oder eine von ihm zu beauftragende Meßstelle oder ausnahmsweise im Wege der Überwachung durch die Behörde. Mißt der Anlagenbesitzer bzw. die von ihm beauftragte Stelle, bleiben die Meßergebnisse zunächst beim Anlagenbetreiber...«

4. »Eine ständige öffentliche Auslegung der erteilten Genehmigungsbescheide und der Meßergebnisse beim Anlagenbetreiber ist *vom Gesetz nicht vorgesehen*. Die Information der Bürger über die ... Emissionswerte richtet sich nach allgemeinen Grundsätzen des Verwaltungsrechts.«

5. »Die Behörde wird regelmäßig Information geben, wenn ein berechtigtes Interesse glaubhaft gemacht wird ... der Anfragende also tatsächlich ein möglicherweise Betroffener ist. Im Einzelfall kann auch das Recht der Behörde, Auskünfte und Akteneinsicht abzulehnen, wenn sie eine Beeinträchtigung des Dienstbetriebs befürchtet oder wenn Geschäfts- und Betriebsgeheimnisse betroffen sein könnten, eine Rolle spielen.«

Sie sehen: Der betroffene Bürger rechtlos im »Strom der Emissionen«! Bayerns Umweltminister, der gerne die Dioxine im Höhlenfeuer der Urmenschen zitiert, meint dann noch, und jetzt wird's satirisch:

»Da jede Erweiterung der öffentlichen Dienstleistungen vom Bürger bezahlt werden muß, ist auch in seinem Interesse zu fragen, welchen Nutzen erweiterte Informationen über festgesetzte und gemessene Emissionen dem Bürger bringen und ob die *Arbeitskraft der Umweltschutzbehörden stärker als bisher und zu Lasten anderer Aufgaben für solche Aufgaben beansprucht werden kann.*«

So spricht ein Minister des bayerischen Staatsministeriums für Landesentwicklung und Umweltfragen, der Minister, der sich um unsere Umwelt zu sorgen hat und dessen Behörde den hustenden und schweratmenden Kindern und Alten von Hof rät, möglichst bei hohen Schwefeldioxid-Werten keinen Leistungssport zu treiben! Zynisch fährt Herr Dick fort: Falls solche Informationen über Gewerbe- und Industrieanlagen herausgegeben werden, fragt sich, »ob nicht dem Bürger auch ein Anspruch eingeräumt werden müßte, über die Emissionswerte des Ofens und des Kraftwagens seines Nachbarn informiert zu werden«.

Diese bürgerferne Haltung des Herrn Dick ist kein Einzelfall. Ob Emissions- oder Immissionswerte, alle Einzelinformationen, die individuell über die Schmutzlage Auskunft geben, werden gehütet wie ein Drachenschatz.

Vom Grundrecht zum Standrecht

Äußerungen, wie sie Herr Dick tut, menschenverachtende Verlautbarungen von Umweltbehörden, Abwiegelung besorgter Bürger, all dies kann sich nur ausbilden vor entsprechendem politischem Hintergrund. Diesen Hintergrund beleuchtete im Frühjahr 1985 ein führender Politiker selbst. Bundesjustizminister A. Engelhard (FDP) verkündete: *Prozesse über technische Großprojekte sollen beschleunigt werden. Oberverwaltungsgericht anstelle des Verwaltungsgerichts als erste Instanz zuständig!* Engelhard und die Rechtspolitiker der FDP sowie der CDU/CSU hatten sich geeinigt, daß »Verwaltungsstreitigkeiten über die Zulässigkeit der Errichtung und des Betriebs von technischen Großprojekten wie Kernkraftwerken, konventionellen Kraftwerken, Stromleitungen (Freilandleitungen), Müllverbrennungsanlagen, Flughäfen, Bundesbahnstrecken, Bundesautobahnen und Bundeswasserstraßen künftig nicht mehr von den Verwaltungsgerichten, sondern in erster Instanz von den Oberverwaltungsgerichten entschieden werden« – so die Pressemeldung vom 29. März 85. Das bedeutet im Klartext: Gegen alle diejenigen Großprojekte, die Leib und Leben in Stadt und Land bedrohen *können,* soll der betroffene Bürger, soll die betroffene Gemeinde, soll die betroffene Initiative nicht mehr in erster Instanz vor den Verwaltungsgerichten klagen können. Der Bundesjustizminister erwartet dadurch eine Prozeßbeschleunigung; solche Prozesse würden sowieso durch alle Instanzen geführt, und da könne man gleich weiter oben anfangen.

Beim genaueren Hinschauen entlarvt sich Engelhards Vorstoß freilich als geschickter Anschlag auf die Grundrechte eines jeden Bundesbürgers. Das Grundgesetz nämlich sichert *jedem Bürger das Recht,* gegen technische Großprojekte zu klagen und eventuell auch eine aufschiebende Wirkung zu erreichen, den Prozeß also vorläufig bis zum endgültigen Rechtsentscheid in der Hauptsache zu stoppen. So haben denn auch in der Bundesrepublik häufig Verwaltungsrichter technische Großvorhaben auf Eis gelegt (Kernkraftwerk OHU II, Flughafen München-Erding, Kraftwerk Buschhaus, Batteriefabrik Sonnenschein). Eine Verkürzung des Rechtsweges aber bedeutet – wie das Berliner Rechtsanwaltsbüro Schily/Becker/Geulen ausführt – einen jahrelangen Stau der Verfahren vor den sowieso überlasteten Oberverwaltungsgerichten. Währenddessen könnten die umstrittenen Projekte gebaut werden, ohne Rücksicht auf die Rechte der betroffenen Bürger. Engelhards Entwurf sei folglich nach Artikel 19 IV des Grundgesetzes verfassungswidrig. Der Artikel lautet: »Wird jemand durch die öffentliche Gewalt in seinen Rechten verletzt, so steht ihm der Rechtsweg offen . . .«

In einer Anhörung in Bonn sprachen sich denn auch *alle* »Anhörpersonen« – Vertreter von Staatsorganisationen, Gerichten, Gemeinden und Industrie – *gegen* eine Verkürzung des Rechtsweges aus. Der Präsident des Bundesverwaltungsgerichts in Berlin, Professor Horst Sendler, formulierte freiweg: Die Verfahren, die bei uns am Bundesverwaltungsgericht ankommen, enden doch sowieso 100 Prozent erfolgreich für die Betreiber der Großprojekte . . . Lassen wir dem Bürger doch wenigstens das *Gefühl,* er könne Recht bekommen . . . Dem allen ungeachtet bleibt Herr Engelhard dabei: »Auch für technische Großprojekte gilt, nur schnelles Recht ist letztlich gutes Recht.«

Das schnellste Recht ist das Standrecht.

Umweltfeinde

Es ist eine beklagenswerte Tatsache, die zu ändern ist, daß Menschen, die bestellt und bestallt sind, für Lebewesen Verantwortung zu tragen, oft deren größte Feinde sind. Ein Sozialministerium ist Feind der sozial Schwachen, ein Arbeitsministerium Feind der Arbeiter und Rentner, ein Gesundheitsministerium Feind der Gesunden, ein Umweltministerium Feind der Tier- und Pflanzenwelt. Dies verstärkt sich, wenn die Gesamtpolitik nach Sachwerten orientiert ist, nach »Stand der Technik«, nach »wirtschaftlicher Vertretbarkeit«. Dies verstärkt sich auch, je höher die verantwortlichen Personen in den jeweiligen Ämtern und Ministerien, in der Verwaltungsbürokratie angesiedelt sind, dort geht es zu wie einst am Hofe des Sonnenkönigs Ludwig XIV. – mit dem einzigen Unterschied, daß jeder Amtsleiter vermeint, der Sonnenkönig höchstpersönlich zu sein. Der Fisch stinkt vom Kopf an, dieser bekannte Satz von Bert Brecht hat im Umweltschutz erst recht seine Bedeutung und es ist zu fragen, ob wir die Rolle, die Beamte, insbesondere Beamte in Führungspositionen spielen, nicht überdenken sollten, ob wir nicht von neuem wie einst die Anarchisten die Frage nach dem Sinn und Unsinn der Hierarchie stellen sollten. In den letzten Jahrzehnten haben sich die Erkenntnisse der Wissenschaft gewaltig fortentwickelt, wir nähern uns dem Punkt, da Mikrokosmos und Makrokosmos zusammenfallen, wir könnten fast von der anderen Seite der Zeit, von hinten das Paradies sehen, doch verwaltet wird dieser Erkenntnisberg von einer Bürokratie, die sich geistig zwischen 17. und 19. Jahrhundert bewegt, falls sie sich bewegt. Es kann nicht nachhaltig genug ins Gedächtnis zurückgerufen werden, daß es die *Verwaltung* war, die den Massenmord an den jüdischen Mitbürgern in Anordnungen und Ausführungserlasse faßte, *perfekt* organisierte und bürokratisierte. Mir wird angst und bange, wenn ich die heute schon existierenden Verwaltungsvorschriften und Ausführungsbestimmungen für den Fall eines Atomkrieges – Verteidigungsfall genannt – lese. Diese Verwaltung, die alles organisiert und nichts bedenkt, ist bis heute in der BRD nicht fähig, den Schutz der Umwelt als Richtschnur allen Handelns anzuerkennen. In bester Gesellschaft befindet sie sich da mit dem Richterstand, insbesondere dessen Vertreter in Oberverwaltungs-, Bundesverwaltungsgerichten sowie Bundesverfassungsgericht. Von letzterem ist bekannt, daß die Mehrzahl der Verfassungsrichter im Umgang mit den Grundrechten der Bürger nicht gerade pingelig sind und wie im Falle des Ersatzdienstes für Wehrdienstverweigerer rabenschwarze Rabulistik betreiben (Rabulistik = Rechtsverdreherei, Haarspalterei).

Urteil gegen Umweltschutz

Ernüchternde Erfahrungen mit hochrichterlicher Rechtsprechung machten in der Bundesrepublik zwei Menschen, die sich mit Leib und Seele dem Umweltschutz verschrieben haben: Burkhardt Krems, Fachhochschulprofessor für Verwaltungsorganisation in Köln, und seine Frau Bettina Krems-Hemesath, Expertin im Umweltschutzrecht. Da alle Appelle und Schreckensmeldungen zum Thema »Deutscher Wald« die Politiker nicht zum Handeln brachten, sondern nur zu abgehackten Hand- und Schulter- oder Lippenzuckungen, klagte die Familie Krems-Hemesath auch im Namen ihrer Kinder beim Bundesverfassungsgericht und begehrte, das Gericht möge zum Schutze unserer Grundrechte alle Landesregierungen zu Sofortmaßnahmen verpflichten, die die Schadstoffbelastung der Luft schnell und wirksam senken (*Krems-Hemesath, Dokumentation* 1984). Bettina Krems-Hemesath pointierte das Vorgehen ihrer Familie auf einer Bundespressekonferenz:
– Am Waldsterben dokumentiert sich das Versagen des Staates bei Gefahrenabwehr als elementare staatliche Aufgabe ...
– Wir können nicht hinnehmen, daß der Staat ohne berechtigtes Interesse und vor allem ohne gesetzliche Grundlagen unsere Lebensplanung zerstört, unser Grundstück durch die Vernichtung des umgebenden Waldes entwertet und uns unabsehbaren Gefahren durch die Auswirkungen des Waldsterbens auf Klima, Atemluft und Trinkwasser aussetzt.
– Vorsorge auch im Sinne des Immissionsschutzrechtes heißt, über das zur Gefahrenabwehr erforderliche Maß hinaus Emissionen zu begrenzen.
– Die Abwehr innerer Gefahren, die unsere Existenzgrundlagen bedrohen, darf nicht an den Kosten scheitern ... Das Waldsterben kostet ein Vielfaches von dem, was zur Verhinderung der Schäden aufgewendet werden müßte.

Die Kläger Burkhardt Krems und Bettina Krems-Hemesath begründeten auch, warum sie *vor* Beschreiten des Verwaltungs-Rechtsweges das Verfassungsgericht anrufen,

– weil sie sich andernfalls vor einer Vielzahl von Gerichten jahrelang bis zur höchstrichterlichen Instanz durchquälen müßten;
– weil dann in der Zwischenzeit die fortschreitenden gravierenden Umweltschäden Wälder und Pflanzen vernichten und Menschen nachhaltig schädigen würden.

Eile tat also not, tut not. Die Verfassungsrichter des Vorprüfungsausschusses des 1. Senats sahen das ganz anders:
– Man möge doch den Rechtsweg durch die Instanzen beschreiten...
– Verläßliche, auf amtlichen (!) Untersuchungen beruhende Erkenntnisse über die Auswirkungen der Luftverunreinigungen auf Menschen und Natur lägen noch nicht vor...

Dies ist, und ich schreibe dies ganz bewußt und ich bitte Sie, die Anfangskapitel dieses Buches noch einmal durchzublättern und auch die Worte von Hans-Werner Schlipköter 1971 (!) zu lesen, dies ist eine glatte Unwahrheit der Herren Richter Benda, Hesse und Niedermaier. Die Verfassungsrichter fabulierten weiter:
– Die staatlichen Organe hätten schon genug für den Umweltschutz getan und täten auch genug; der Gesetzgeber hätte seine Schutzpflicht nicht verletzt.
– Im übrigen bekunde die Bundesregierung in jüngster Zeit (September 83) ihre Absicht, ab 1986 nur noch mit bleifreiem Benzin zu betreibende Fahrzeuge zuzulassen.
– Die Annahme der Verfassungsbeschwerde werde aus den obigen und anderen Gründen abgelehnt, weil sie keine hinreichende Aussicht auf Erfolg habe.

Dies war am 14. September 1983. Was Sie von den Absichtserklärungen der Bundesregierung, ab 1986 nur noch bleifrei zu fahren, zu halten haben, können Sie im Kapitel »Blei immer dabei« sehen: Der Katalysator, der allein garantiert hätte, daß alle Bundesbürger bleifrei tanken, bleifrei fahren *müssen*, ist Makulatur; die bundesdeutsche Zukunft bleibt schadstoffreich. Was Sie von dem Senat unseres Bundesverfassungsgerichts zu halten haben, der auf bloße Absichtserklärungen einer Bundesregierung hin seine Entscheidungen fällt, das müssen Sie selbst entscheiden.

Umweltschutz – ein Grundrecht

Der juristische Kampf gegen die anrollende ökologische Katastrophe (»Vor uns die Sintflut!« – wie es Bettina Krems-Hemesath formuliert) geht inzwischen in zahlreichen Prozessen vor Verwaltungsgerichten weiter. Heftig diskutiert wird die Frage, ob Umweltschutz zum Grundrecht erhoben werden soll. Zu unterscheiden ist, ob

– Umweltschutz in die Verfassung aufgenommen wird als Staatsziel (objektives Recht),

– Umweltschutz als eines der Grundrechte verankert wird, die einklagbar sind (subjektives, personelles Recht).

Diese Forderungen nach dem Umweltschutz als Grundrecht sind wie so vieles in der Umweltdebatte nicht neu (*Steiger,* 1975):

– Das Umweltprogramm der Bundesregierung vom 14. Oktober 1971 (!) notiert unter der Überschrift »Recht auf menschenwürdige Umwelt«: »Maßstab jeder Umweltpolitik ist der Schutz der Würde des Menschen, die bedroht ist, wenn seine Gesundheit und sein Wohlbefinden jetzt oder in Zukunft gefährdet werden. Unser Grundgesetz gewährt weder ein ausdrücklich festgelegtes Grundrecht auf eine menschenwürdige Umwelt noch enthält der Grundrechtskatalog einen Anspruch auf Erhaltung der Gesundheit. Daher gilt es, auch anhand ausländischer Vorbilder zu prüfen, wie dem Bürger ein Anspruch gegenüber dem Staat gewährt werden kann, der diesen verpflichtet, gegen die Verursacher schwerer Umweltschäden vorzugehen ...«

– In der Regierungserklärung des Bundeskanzlers Willy Brandt vom 18. Januar 1971 heißt es: »Die Menschen insgesamt haben ein elementares Recht auf eine menschenwürdige Umwelt, dem Verfassungsrang zukommen sollte.«

– Der damalige Bundesinnenminister Hans-Dietrich Genscher formulierte am 26. März 1973: »Dem Recht auf ungestörten Schlaf, auf sauberes Wasser und auf reine Luft muß Verfassungsrang eingeräumt werden ...«

– Vor dem Europarat rühmte sich Genscher am 28. September 1973: »Die Regierung der Bundesrepublik Deutschland hat bereits Anfang dieses Jahres erklärt, daß Menschen insgesamt ein elementares Recht auf eine menschenwürdige Umwelt haben, dem Verfassungsrang zukommen sollte. Demgemäß wird zur Zeit ein Gesetz zur Ergänzung unserer Verfassung – das Grundgesetz – vorbereitet. Es soll die

Grundrechte in dem Sinne erweitern, daß die natürlichen Lebensgrundlagen unter den besonderen Schutz der staatlichen Ordnung gestellt werden. Damit wird der neue Maßstab für Gesetzgebung und Verwaltung geschaffen, der endlich den ökologischen Erfordernissen den ihnen gebührenden Rang in der Wertordnung unserer Gesellschaft einräumen soll.«

– Zur Eröffnung des 3. Internationalen Kongresses »Reinhaltung Luft« am 8. Oktober 1973 bestätigte Genscher: »Die Bundesregierung hat sich ... entschlossen, dem Recht auf eine Umwelt in bestmöglichem Zustand Verfassungsrang zu verleihen. Sie wird einen entsprechenden Gesetzesvorschlag einbringen ...«

– Der Genscher folgende Innenminister Werner Maihofer tönte zum »Tag der Umwelt 1974« am 5. Juni 1974: »Das Recht auf menschenwürdige Umwelt ist nach unserem liberalen Verständnis ein Grundrecht... Achten wir auf unser Recht, frei atmen zu können, ohne befürchten zu müssen, mit jedem Atemzug Giftstoffe aufzunehmen. Achten wir auf unser Recht, Wasser trinken zu können, uns mit sauberem Wasser waschen zu können. Beanspruchen wir unser Recht, unseren Schlaf nicht durch Motoren und Maschinen stören zu lassen. Bestehen wir darauf, daß ein Leben in Wüsten aus Stein und Stahl zwischen wachsenden Müllbergen unser nicht würdig ist.«

Das sind nicht die Worte des Vertreters der Fraktion der Grünen, sondern eines Innenministers der FDP im Jahr 1974! Ich frage mich, ob deswegen die Umweltdebatte in der Öffentlichkeit einige Jahre weg vom Tisch war, weil sich die Politiker dem Schutz der Umwelt vorgeblich so annahmen?

– Die Konferenz der Umweltminister des Bundes und der Länder am 27. Januar 1975 beschloß: »Die Umweltkonferenz ist der Auffassung, daß der Schutz der natürlichen Lebensgrundlagen vor Umweltgefahren von existentieller Bedeutung für die Menschheit geworden ist. Sie begrüßt es daher, daß der Bundesminister des Inneren baldmöglichst einen Vorschlag für die Verankerung des Umweltschutzes im Grundgesetz unterbreiten wird.«

In der Zwischenzeit – am 11. März 1974 – schlug ein Arbeitskreis für Umweltrecht (*Steiger,* 1975) vor, der Artikel 2, Absatz 2 des Grundgesetzes wird wie folgt geändert:

– »Jeder hat das Recht auf Leben und körperliche Unversehrtheit in *einer menschenwürdigen Umwelt, deren natürliche Grundlagen unter dem besonderen Schutz der staatlichen Ordnung stehen.* Die Freiheit der Person ist unverletzlich. In diese Rechte darf nur aufgrund eines Gesetzes eingegriffen werden.«

Und ebenfalls schon am 6. November 1971 formulierte die Arbeitsgemeinschaft Sozialdemokratischer Juristen einen Diskussionsentwurf, der radikal die Ergänzung des Artikels 2 durch ein soziales Grundrecht verlangte:

– *»Jeder hat ein Recht auf ein Leben in menschenwürdiger Umwelt. Die natürlichen Grundlagen stehen unter dem besonderen Schutz des sozialen Rechtsstaates. Die Grenze der zulässigen Umweltbelastung wird durch Gesetz oder aufgrund eines Gesetzes geregelt. Die gesetzlichen Grenzwertfestlegungen richtet sich nach dem Gemeinwohl.«*

Was glauben Sie, in welch schönem Land wir heute leben würden, wenn dieser Diskussionsentwurf nicht von der SPD verworfen worden wäre!

Es ist noch einmal zu unterscheiden, daß es zwei Typen von Vorschlägen gibt: Vorschläge zur Ergänzung des Grundrechtsteils der Verfassung, also der Artikel 1 bis 19, oder Vorschläge, die den Umweltschutz als Staatsziel definieren.

– *Typ eins:* Die individuelle Lösung hat auch individuelle, subjektiv-öffentliche Rechtsansprüche zur Folge. Der Bürger kann auf Abwehr von Schäden oder auf Leistung von Schadenersatz bei Schäden klagen.

Dabei gibt es eine sogenannte »große« Lösung, wie sie der Arbeitskreis Sozialdemokratischer Juristen vorschlug, und eine »kleine«, wie sie der Arbeitskreis für Umweltrecht formulierte: In der kleinen Lösung wird das Recht auf menschenwürdige Umwelt nur besonders hervorgehoben.

– *Typ zwei* – Umweltschutz als Staatsziel: begründet keine individuellen Rechte, sondern verpflichtet objektivrechtlich alle staatlichen Organe – Gesetzgeber, Exekutive, Gerichte –, ihr Handeln auf die (umfassende) Verwirklichung einer »menschenwürdigen« Umwelt auszurichten.

Das Land Bayern und, schärfer gefaßt, das Land Hessen haben inzwischen den Umweltschutz zum Staatsziel erklärt. Die SPD hat auch durch das Land Hessen beim Bundesrat die Aufnahme des Umweltschutzes in die Verfassung der Bundesrepublik Deutschland beantragt. Doch der Bundesrat, die Vertretung der Länder, ist in Mehrheit dagegen – inklusive Bayern. Die Fraktion der Grünen verlangt Aufnahme des Umweltschutzes als Grundrecht, und zwar ähnlich formu-

liert wie die Petition der »Interessengemeinschaft für gesunde Luft Berlin e. V.«: Der Artikel 2 des Grundgesetzes soll ergänzt werden und fortan folgendermaßen lauten:
(1) »Jeder hat das Recht auf die freie Entfaltung seiner Persönlichkeit, soweit er nicht die Rechte anderer verletzt und nicht gegen die verfassungsmäßige Ordnung oder das Sittengesetz verstößt.«
(2) »Jeder hat das Recht auf Leben und körperliche Unversehrtheit. Die Freiheit der Person ist unverletzlich. In diese Rechte darf nur auf Grund eines Gesetzes eingegriffen werden.«
(3) *neu: »Jeder hat das Recht auf eine gesunde Umwelt. Der Schutz der Gesundheit der Bevölkerung hat Vorrang bei der Gestaltung der Umwelt.«*

Die Chancen, daß der Petition oder den Grünen – also der uralten radikalen Lösung – gefolgt wird, sind im Augenblick gering. Umweltschutz als Grundrecht hätte so revolutionäre Folgen und ein so verändertes Lebensgefühl zur Folge wie die Französische Revolution und die Erklärung der Menschenrechte: Freiheit, Gleichheit, Brüderlichkeit (persönliche Freiheit, Rechtsgleichheit, Weltbürgertum). Wobei Freiheit und Gleichheit bisher nur unvollkommen durchgesetzt sind, Brüderlichkeit überhaupt nicht erreicht ist. Diese Brüderlichkeit, diese Bruderschaft aller Menschen und diese Bruderschaft der Menschen mit der Erde, diese Tatsache, daß wir alle ein Volk und gemeinsam mit Tieren und Pflanzen *ein Land bewohnen, das Erde heißt und das es zu schützen gilt,* ist selbst ein Grundgesetz, dessen Verwirklichung notwendiger denn je ist.

Nach diesem Gedankenflug möchte ich Sie mitnehmen nach Japan, einem Land, das einmal zu den schadstoffreichsten der Erde zählte und in dem eine pragmatische, umweltfreundliche Rechtsprechung die Umweltverschmutzer das Fürchten gelehrt hat.

Japan – die Niederlage der Umweltverbrecher

Vier große Umweltprozesse in dem Zeitraum von 1967 bis 1973, *die für die Opfer entschieden* wurden, brachten in Japan die Wende. In zwei Prozessen ging es um Quecksilber-Vergiftungen, in einem um Cadmium-Vergiftungen und im vierten um die Luftbelastung durch Schwefeldioxid.
– In Minamata, einer Kleinstadt mit rund 50000 Einwohnern, starben

Ende der 50er Jahre 45 Menschen qualvoll, die meisten von ihnen arme Fischer. Mindestens 80 von ihnen erlitten schwere Schäden des Zentralnervensystems. Die Ursache: Methylquecksilber in Fischen und Muscheln, das aus den Abwässern eines Chemiebetriebes stammte.
– In einem Gebiet am Jintsu-Fluß siechten ebenfalls Ende der 50er Jahre jahrzehntelang besonders Mütter an der sogenannten Itai-Itai-Krankheit (Au-Au-Krankheit) dahin. Die Hauptsymptome der Erkrankung waren quälende Schmerzen vor allem im Beckenbereich, war eine hohe Auffälligkeit für Knochenbrüche. Ursache: Cadmiumverseuchte Abwässer einer Zinkhütte am Oberlauf des Flusses.
– In Zentraljapan, in Yokkaichi, traten Anfang der 60er Jahre ungewöhnlich viele Asthmaanfälle auf, die Sterberate bei älteren Frauen stieg an. Ursache: Ein petrochemischer Komplex und die Zusammenballung von Industrieanlagen jeder Art.

In allen vier Verfahren ging es vordergründig um Schadenersatz – wie Helmut Weidner beschreibt (*Tsuru, Weidner,* 1985) –, im tieferen jedoch um den Stop umwelt- und gesundheitsgefährdender Emissionen sowie um ein öffentliches Schuldbekenntnis durch die beklagten Firmenleitungen. Die Kläger stützten sich – was anfangs aussichtslos erschien – auf den § 709 des Zivilrechts: Wer die Rechte eines anderen vorsätzlich oder fahrlässig verletzt, ist verpflichtet, für den entstandenen Schaden Ersatz zu leisten. *Die Richter legten diesen Paragraphen so umwelt- und menschenfreundlich aus, daß die industriellen Großverschmutzer klein beigeben mußten!*

Die Beweisnot der Opfer

Die Richter hatten zu prüfen:
– Sind Schäden entstanden?
– Was waren ihre Ursachen?
– Wer ist Verursacher?
– Sind die Verursacher rechtlich verantwortlich?

Bei den Cadmium- und Quecksilbervergiftungen waren die Gesundheitsschäden so offensichtlich, daß hier kein weiterer Nachweis erbracht werden mußte. Schwieriger war es bei den Atemwegserkrankungen. Hier halfen die kommunalen Gesundheitsämter, die lange Untersuchungsketten hatten und nachwiesen, daß besonders Kinder und ältere Menschen von der Luftbelastung krank wurden. Die Richter ließen sich auch nicht auf die auch in der Bundesrepublik sattsam bekannten Taschenspielertricks der Beklagten ein, die hohe Spitzenwerte auf eine geringere Durchschnittsbelastung herunterzumitteln: Die kurzfristig auftretenden Spitzenkonzentrationen wurden vom Gericht als besonders gesundheitsgefährdend eingestuft!

Die Crux nun der Verfahren war und ist – und das gilt auch für die Bundesrepublik –, daß der Geschädigte *beweisen muß,* wie und durch wen der Schaden verursacht wurde, und zwar in exakter, wissenschaftlicher Weise. *Die japanischen Richter ersetzten den naturwissenschaftlichen Dosis-Wirkung-Nachweis durch den rechtlichen Plausibilitätsnachweis,* das heißt: Wenn es statistische, zum Beispiel durch epidemiologische Untersuchungen gewonnene Informationen, plausibel erscheinen lassen, daß ein Zusammenhang zwischen bestimmten Krankheiten und dem Vorkommen bestimmter Schadstoffe besteht, dann reicht das nach Meinung des Gerichts aus, um hierauf Gegenmaßnahmen zu unternehmen oder/und Entschädigungssummen zu zahlen. Der naturwissenschaftlich-experimentelle Kausalbeweis wurde *nicht gefordert, weil er die Kläger in unüberwindliche Beweisnot gebracht hätte.* Im Fall der Atemwegserkrankungen genügten dem Gericht als Nachweis statistische Unterlagen der Korrelation von SO_2 in der Luft und Atemwegserkrankungen, die aussagten: Je höher die Luftbelastung mit SO_2, desto höher die Zahl der Infekte im Atemtrakt. Keine andere Hypothese könne das Ansteigen der Gesundheitsschäden besser erklären, sagten die Richter, folglich seien *die Emittenten verpflichtet, Schadenersatz zu leisten, auch dann, wenn sich herausstellen sollte, daß noch weitere Faktoren die Menschen krank machten.*

Würde diese rechtliche Würdigung auf die Bundesrepublik übertragen, so könnten von heute auf morgen Tausende von Bürgern, insbesondere Schwangere, Kinder, Asthmatiker, Allergiker und Alte mit Erfolg vor Gericht ziehen. Die »Anlagenbetreiber« hätten hohe Entschädigungssummen zu zahlen und müßten endlich wohl oder übel ihre Giftquellen schließen. Dies würde zwangsläufig zu einer veränderten Umweltlage führen. Die Unternehmen würden von vornherein stärker auf die möglichen Folgen ihrer Auswürfe achten und sie begrenzen, aus *Vorsorge.*

Dem Täter auf der Spur

Es gab also Verursacher für die Gesundheitsschäden in Japan, aber *wer war der Verursacher*? Das Gericht, so beschreibt Helmut Weidner weiter (*Tsuru/Weidner*, 1985) entwickelte hier für die Schwermetallbelastungen den sogenannten *Türschwellenbeweis*: »Die Produktionsprozesse in den Firmen, so das Gericht, spielen sich hinter verschlossenen Türen ab. *Es reicht deswegen aus, wenn gezeigt werden kann, daß die Gifte mit hoher Wahrscheinlichkeit aus der beklagten Firma stammen.*« Im Gegensatz zu den Opfern hat in vielen Fällen ausschließlich der emittierende Betrieb die technischen Kenntnisse über Entstehungsprozeß und Ableitung der Schadstoffe. Deshalb sind die firmeneigenen Techniker am besten in der Lage, den Sachverhalt wirksam aufzuklären (...). *Solange das beklagte Unternehmen nicht nachweist, daß sein Betrieb nicht die Emissionsquelle sein kann, wird faktisch davon ausgegangen, daß er die Emissionsquelle ist.*«

Damit war die Beweislast umgedreht. Nicht das Opfer muß beweisen, daß es vom Schützen getroffen wurde, sondern der Schütze, daß er nicht geschossen hat.

Im Falle Yokkaichi, der Asthma-City, standen sechs Unternehmen wegen ihrer SO_2-Emissionen vor Gericht. Sie versuchten sich nun mit dem Argument aus der Verantwortung zu stehlen, daß ja jedes von ihnen unterschiedliche Mengen an Schwefeldioxid emittiere, folglich nicht festzustellen sei, wie hoch der jeweilige Beitrag zur Gesundheitsschädigung ist. Das Gericht folgte dem nicht, sondern sah die sechs Umweltverschmutzer aus der Chemie – der Petrochemie – und der Energieversorgungsbranche als eine *zusammenarbeitende Schadensquelle* an, machte die Betriebe für die Atemwegserkrankungen *kollektiv verantwortlich*. Das bedeutet: Auch dann, wenn der Einzelemittent nur geringe Mengen Schadstoffe ausstößt, muß er Schadenersatz leisten, *weil sich seine Gifte mit denen der Nachbarbetriebe gesundheitssschädigend potenzieren*.

Schuld und Sühne

Bleibt noch der Schuldnachweis. Nach dem japanischen Haftpflichtrecht muß ähnlich wie in der Bundesrepublik eine *vorsätzliche oder fahrlässige schuldhafte* Handlung nachgewiesen werden, bevor Schadenersatz geleistet wird. Die beklagten Emittenten brachten die ganze Latte von Ausreden vor, die auch hier sattsam bekannt sind:

– Die Emissionen gäbe es schon seit langem, man hätte aufgrund des wissenschaftlichen Kenntnisstandes nichts über mögliche Schäden wissen können.

– Die technischen Möglichkeiten zur Abgasreinigung seien nur begrenzt oder gar nicht da gewesen oder zu teuer.

– Die Höhe der Emissionen hätte nicht gegen gesetzliche Auflagen oder Verwaltungsvorschriften verstoßen.

Dies alles erkannten die Richter nicht an: »Industrielle Aktivitäten sind nur dann erlaubt, wenn sie in *Harmonie mit der Erhaltung der lebendigen Umwelt für die Bevölkerung stattfinden. Es gibt keinen Grund, die Profite der Industrie zu Lasten dessen zu schützen, was fundamentales Menschenrecht genannt werden muß: Das Recht auf Leben und Gesundheit.«*

Und, setzte das Gericht hinzu: Menschen seien keine Versuchstiere für Umweltverschmutzer. Das Einhalten von Emissionsgrenzwerten schütze nur gegen die Sanktionen der Verwaltung. *»Wir können nicht sagen, nur weil die Grenzwerte eingehalten würden, hätten die Opfer ihr Schicksal erdulden müssen.«*

In allen Verfahren urteilten die Richter zugunsten der Opfer. Folge dieser damals sensationellen Entscheidungen war eine radikale Umkehr der japanischen Umweltpolitik. Umweltopfer werden heute entschädigt, Emittenten müssen je nach Höhe des Schwefeldioxid-Ausstoßes (oder/und anderer Gifte) und je nach Standort Abgaben zahlen. Das sind Millionenbeträge, besser gesagt, das *waren* Millionenbeträge: Denn bis 1983 hatten – was SO_2 angeht – die Firmen in 1360 Anlageblöcken Rauchgasentschwefelungsanlagen eingebaut, in der Bundesrepublik waren es bis Ende 83 erst zehn ... Das Kraftwerk Buschhaus zum Beispiel müßte bei einem Ausstoß von 112000 Tonnen SO_2 pro Jahr mindestens 84,5 Millionen Mark Abgaben jährlich zahlen. Bei einem Standort in einem Luftbelastungsgebiet sogar 1,44 Milliarden Mark!

Die verantwortlichen Leiter der Unternehmen, die wegen ihrer Umweltverbrechen verurteilt worden waren, legten ein öffentliches Schuldbekenntnis über ihre Vergehen ab und baten um Verzeihung. Ich habe in der Bundesrepublik noch keinen Manager oder Unternehmer getroffen, der ein pseudokrupp-krankes Kind oder eine asthma-kranke alte Frau nach einem Smog-Alarm um Verzeihung gebeten hätte.

12. Eltern machen mobil

wir bitten Euch
denkt nicht so
wie wir damals
wir bitten Euch
lehnt Euch auf
gegen unsere eingefahrenen
Lebensgewohnheiten
lehnt Euch auf
gegen die Kriegsmaschinerie
gegen die Umweltvernichtung
lehnt Euch auf – und denkt –
denkt Ihr *an morgen.*

Gertraud Unterweger,
An Euch

Weit mehr als hundert Elterninitiativen kämpfen in der Bundesrepublik gegen den Umweltschmutz und die Umweltverschmutzer, gegen Umweltgifte und Giftmischer, gegen Umweltbehörden und Umweltschädlinge – »Aktion Eltern gegen Umweltgifte«, »Elterninitiativen Pseudokrupp«, »Aktion Muttermilch ein Menschenrecht« und so fort. Die Arbeitsgemeinschaft Allergiekrankes Kind hat ebenfalls den Kampf gegen die Emittenten in Stadt und Land auf seine Fahnen geschrieben. Eine Gesellschaft zur Erforschung des Plötzlichen Säuglingstodes nimmt sich der betroffenen Eltern an (Adressen im Anhang). Auch der Allergiker- und Asthmatiker-Bund weist verstärkt auf die krankmachende Umweltbelastung hin. Die Grauen Panther, eine energische Organisation alter Menschen, will besonders in München die Umweltfrevel attackieren. Darüber hinaus gibt es Tausende von Bürgerinitiativen, die sich vor Ort für eine natürliche Umwelt stark machen. Beim derzeit bröckelnden Bundesverband Bürgerinitiativen Umwelt (BBU) und beim Bund Umwelt und Naturschutz (BUND), bei »Greenpeace«, in der »Schutzgemeinschaft Deutscher Wald« und anderen sind geschätzt sechs Millionen Bundesbürger ökologisch engagiert. Die zaghaften, zaudernden Schritte der bundesdeutschen Innenpolitik in Richtung auf eine bessere Umwelt sind nicht zuletzt auf den Druck dieser Basis zurückzuführen, auf die unermüdlichen Anfragen der Grünen im Bundestag und auf die Forderungen der ergrünten SPD.

Dennoch ist im Vergleich zu dem, was geschehen muß, um Gefahr für Leib und Leben abzuwenden, um den Wald und den Boden zu retten oder zu sanieren, praktisch nichts geschehen. *»Passiert ist gar nichts«,* schreibt der Vorsitzende vom BUND, *Hubert Weinzierl,* 1985, *»es herrscht lähmende Hektik.«* So richten die Elterninitiativen stets neue leidenschaftliche Appelle an alle, die in Politik, Wirtschaft und Verwaltung Verantwortung tragen, Bettina Krems-Hemesath und ihr Mann, der den Immissionsschutzrechtsdschungel – ja, lesen Sie's noch einmal! –, den Immissionsschutzrechtsdschungel der Bundesrepublik durchforstet, haben einen Forderungskatalog zum Bereich »Gesundheitsschäden durch Umweltgifte, insbesondere Luftschadstoffe«, aufgestellt, den die SPD dankbar abgeschrieben hat. Die Berliner, Hofer, Münchner, Nürnberger, Weinheimer Initiativen, die AG Allergiekrankes Kind, um nur einige zu nennen, haben Petitionen und Programme zur Luftverbesserung entworfen. Professor Dr. Otmar Wassermann, der Leiter der Abteilung Toxikologie vom Klinikum der Christian-Albrechts-Universität, hat dem Ausschuß für Jugend, Familie und Gesundheit einen ganzen Katalog von umweltschützenden Maßnahmen vorgeschlagen *(Wassermann, Stellungnahme 1984).*

Die neun Umwelt-Gebote

Aus all diesen und anderen Aufrufen und Artikeln und aus eigenen Quellen lassen sich neun Forderungen formulieren:
1. Umweltschutz ein Grundrecht!
2. Förderung alternativer Energien!
3. Neuorientierung der Landwirtschaft!
4. Senkung der Emissionen und Immissionen!
5. Ausbau eines ökologischen Transportsystems!
6. Produktions- und Anwendungsverbote!
7. Kontrolle der Krankheiten!
8. Mehr Information!
9. Veränderte Forschungsziele!

1. Umweltschutz ein Grundrecht!
Der Umweltschutz muß als personelles Recht im Grundgesetz verankert werden. Zumindest aber ist der Schutz der Umwelt als Staatsziel in

die Verfassung der BRD aufzunehmen. Die Beweislast bei Schadensersatzprozessen muß umgekehrt werden. Der Verursacher hat fortan zu beweisen, daß er nicht der Verursacher war oder ist. Die japanische Rechtsprechung ist hier zum Vorbild zu nehmen: Menschen, die wegen der Schadstoffe in der Luft, im Wasser oder im Boden erkranken, erhalten vom Emittenten Schadenersatz. Außerdem muß ein Entschädigungsfonds aus Abgaben gebildet werden, die der Anlagenbesitzer für Schadstoffausstoß per Kilogramm und Stunde zu zahlen hat. Emittenten haften kollektiv. Zudem ist das Umweltstrafrecht zu verschärfen, Polizeibehörden erhalten Mobile Umweltkommandos, Gerichte Umweltstrafkammern. Oberste Leitlinie allen Handelns soll das Grundrecht auf »ökologische Selbstbestimmung« sein (*Krems-Hemesath,* 1984).

2. Förderung alternativer Energien!

Das Energiewirtschaftsgesetz ist im Sinne einer umweltfreundlichen, energiesparenden Technik zu ändern. Vorrang haben Wind-, Wasser-, Sonnen- und Biogasenergie sowie die Kraft-Wärmekoppelung. Die großen Energieversorger sind zugunsten selbständiger Kommunaler Netze zu entflechten, auf Atomenergie ist zu verzichten. Die Banken sind, was ihre umweltbezogene Geschäftspolitik angeht, schärfer zu beaufsichtigen.

Recycling ist auf allen nur möglichen Gebieten durchzusetzen, Hausmüll ist nach organischen, Kunststoff- und Metallabfällen zu sortieren. Müllverbrennung der herkömmlichen Art ist einzuschränken, neuartige Technologien zur Wiederverwendung von Abfällen sind zu erforschen, Abfälle müssen vermieden werden. Das Verpackungsunwesen ist zu stoppen.

3. Neuorientierung der Landwirtschaft!

Die Subventionen für die Landwirtschaft sind zu vermindern, und die verbleibenden Subventionen sind neu zu verteilen. Kleinbäuerliche Betriebe und insbesondere biologischer Landbau sind zu fördern, Großunternehmen, insbesondere Massentierhaltung und Monokulturen sind zu beschneiden. Pestizide, Insektizide und so fort sind zu verbieten, auf künstlichen Stickstoff kommt eine »Nitrat«-Steuer, der Auftrag von Gülle muß begrenzt werden. Durchgreifende Einschränkungen der chemischen Land- und Gartenbauwirtschaft sind unerläßliches Gebot einer umweltorientierten Politik! Die Europäische Gemeinschaft muß reformiert werden. Die landwirtschaftlichen Genossenschaften sind zu entmachten, da sie in ihren Ratgeberfunktionen versagt haben und mitschuldig an der Bodenzerstörung sind. Die Banken, die (zur »Ertragssicherung«) den Landwirten nur dann Kredite geben, wenn diese stark düngen, sind schärfer zu beaufsichtigen. Die Agrarprojekte in Ländern der Dritten Welt sind zugunsten der dort lebenden Menschen zu überdenken, Altkredite und Altzinsen sollten erlassen werden, die menschenverachtende Geschäftspolitik der Banken und des Internationalen Währungsfonds darf nicht mehr geduldet werden.

4. Senkung der Emissionen und Immissionen!

Die Grenzwerte für Emissionen und Immissionen von »Luftverunreinigungen« (TA Luft) sind drastisch zu senken. Für Schwermetalle und krebserregende Stoffe sind, so noch nicht geschehen, neue Grenzwerte festzusetzen. Die Smog-Alarm-Werte der neuen Smogverordnung (Muster-Smog-Verordnung der Länder) sind zu halbieren. Die Zahl der Meßstellen ist zu erhöhen, Spitzenbelastungen sind gesondert auszuwerfen, die Mittelwertbildung sollte ein 100-Prozent-Wert sein. Die Emissionen und Immissionen sind künftig von unabhängigen Instituten zu messen. Die betriebsbezogenen Daten mit Namen (auch die Rohdaten) sollten von jedermann jederzeit abgerufen werden können. Ein bundeseinheitlicher Informationsdienst über Schadstoffbelastung ist einzurichten. Ein Index aus der Summe von Schwefeldioxid, Stickoxiden, Kohlenwasserstoffen, Kohlenmonoxid und Ozon ist zu bilden und gesondert auszuwerfen. Ein ähnlicher Index sollte für die krebserregenden Stoffe sowie für Fasern entwickelt werden. Die Summe der Immissionen verschiedener Schadstoffe ist gesondert abzubilden. Die Bundesrepublik ist zum Belastungsgebiet zu erklären, Emissionskataster müssen neu erhoben oder fortgeschrieben, zusätzliche Smog-Warn-Gebiete ausgewiesen werden bei Überschreiten der oben geforderten Smog-Alarm-Werte. Ein Altlasten-Kataster ist für das gesamte Bundesgebiet zu erstellen und öffentlich zugänglich zu machen. Eine Sanierung der Altlasten ist unabdingbar. Die Schwermetallbelastung des Bodens in Ballungsgebieten oder in der Nähe entsprechender Anlagebetriebe muß ähnlich wie in Hamburg aufgelistet und ausgehängt werden.

5. Ausbau eines ökologischen Transportsystems!

Die Kfz-Abgase müssen sofort wirkungsvoll entgiftet werden, die Umrüstung auf Katalysator ist beschleunigt vorzunehmen, Bleizusätze im Benzin sind zu verbieten, beziehungsweise verbleites Benzin muß ungleich teurer werden als bleifreies Benzin. Außerdem: Geschwindigkeitsbegrenzung auf Autobahnen, Herabsetzung der jetzigen

Geschwindigkeitsbegrenzungen auf Landstraßen und in Ortschaften. Der Gütertransport ist stärker auf die Schiene zu verlagern, die Tarife im Schienen- und im Nahverkehr sollten gesenkt werden. Nationale und internationale Transporte gefährlicher Güter müssen schärfer reglementiert und genauer überwacht werden. Die Vorschriften, die für die Seeschiffahrt gelten, sind zum Vorbild zu nehmen.

6. Produktions- und Anwendungsverbote!

Langlebige chlorierte Kohlenwasserstoffe (Lindan, Vinylchlorid etc.) dürfen nicht mehr produziert oder verwendet werden. Für alle halogenierten Kohlenwasserstoffe sind Alternativprodukte zu entwickeln. Krebserzeugende Stoffe sind soweit als möglich aus den Arbeits- und Lebensprozessen zu eliminieren. Grundsätzlich soll ein Produktions- und Anwendungsverbot, ein Export- und ein Importverbot für alle Stoffe gelten, die sich heute in der Muttermilch, in den Fettgeweben sowie Nieren des Menschen anreichern.

Die Büros und Wohnungen – die Innenräume – sowie die Gegenstände des täglichen Bedarfs müssen zuverlässig entgiftet werden. Keine versteckten Gifte in Möbelimprägnierungen, Teppichböden, Holzverkleidungen, Lacken, Farben, Lösungsmitteln, Pflegemitteln, Putzmitteln, Waschmitteln, Weichspülern, Kosmetika, Kinderspielzeug, Windeln sowie Geräten und Arbeitsstoffen für Garten und Hobby.

7. Kontrolle der Krankheiten!

Dringend notwendig ist die Einführung eines bundesweiten, einheitlichen, regional gegliederten Krebsregisters. Dazu laufende Erfassung der Neuerkrankungen, Intensivierung der Dokumentation zum Kinderkrebs, Meldepflicht für Pseudo-Krupp, generelle Obduktionspflicht bei Kindern, die den Plötzlichen Säuglingstod unbekannter Ursache gestorben sind. Ausdehnung der Untersuchung hier auf Schadstoffe wie Blei, Cadmium und chlorierte und polychlorierte Kohlenwasserstoffe, geographische und zeitliche Zuordnung der Fälle. Totenscheine sollten grundsätzlich detaillierter ausgefüllt sein, die Todesursache genauer beschrieben, die Begleitumstände (Schadstoff-Index!) ausführlicher notiert. Totenscheine aller in der BRD verstorbenen Menschen müssen der Wissenschaft und Forschung zugänglich sein.

8. Mehr Information!

Alle Daten von Emissionen und Immissionen (auch Rohdaten) müssen mit Namen der Anlagenbetreiber offenliegen, in Genehmigungsunterlagen ist jederzeit Einsicht zu gewähren, Neuvorhaben und Umbauten schadstoffträchtiger Anlagen sind mehrfach und deutlich, regional wie überregional zu veröffentlichen.

Die Gesundheitsämter sind aufzuwerten und zu öffnen. Gesundheitsämter sollten autonome Sammelstellen von Informationen über Schadstoffe und Erkrankungszüge sein sowie Pseudo-Krupp und Plötzlichen Kindestod geographisch und zeitlich abbilden. Internationale Arbeitsgruppen sollten übergreifende Informationen erarbeiten, Informationen und Fortbildung für Eltern anbieten (»Umweltberatung«). Mehr Aufklärung der medizinischen Fachöffentlichkeit im Bereich Umwelt und Gesundheit ist notwendig.

9. Veränderte Forschungsziele!

Die Freiheit von Forschung und Lehre ist als absolutes Richtmaß zu nehmen. Die Ministerialbürokratie besonders in Kultus- und Sozialministerien ist zu entmachten. Autonome Forschungsinstitute sind zu fördern. Die Struktur der Krankenkassen und Kassenärztlichen Vereinigungen muß aufgebrochen werden; ärztliche Leistungen, also längere Gespräche mit Patienten, sollten in Zukunft höher bewertet werden; technische Leistungen sind niedriger anzusetzen. Die Stellung des Hausarztes ist zu stärken, Krankheitsstatistiken für den Einzugsbereich jeweils einer Praxis sind zu empfehlen. Arzneimittel sollten gezielt und kostengünstig und dann in Form von Wirkstoffen verschrieben werden, die Rote Liste der Arzneimittel ist dementsprechend zu kennzeichnen. Mortalitätsstudien und epidemiologische Forschungen sind zu fördern, Schwerpunkt sollte auf Untersuchungen von Wirkungsmechanismen (Krebs/Strukturenwirkungsbeziehungen!) gelegt werden. Der gesamte Bereich Umweltmedizin muß entscheidend entwickelt werden: Umweltmedizinische Zentren, Ausbau der Umwelt-Toxikologie, Erforschung und Sanierung der Altlasten, Lehrstühle für Öko-Soziale Medizin, Ökologische Kliniken. Darüber hinaus sollten die Forschungs- und Wissensgebiete durch interdisziplinäre Studien miteinander vernetzt werden, so daß wieder eine Gesamtschau des Menschen und seiner Umwelt entsteht, eine humanistische Medizin.

Es sind Forderungen, die meiner Meinung nach schnellstens in die Tat umgesetzt werden müssen *(Abb. 11)*. Denn die Bundesrepublik ist ein Baum, und dieser Baum Bundesrepublik stirbt mit allen seinen Bewohnern, wenn wir ihm weiter die Luft, das Licht und die Liebe nehmen.

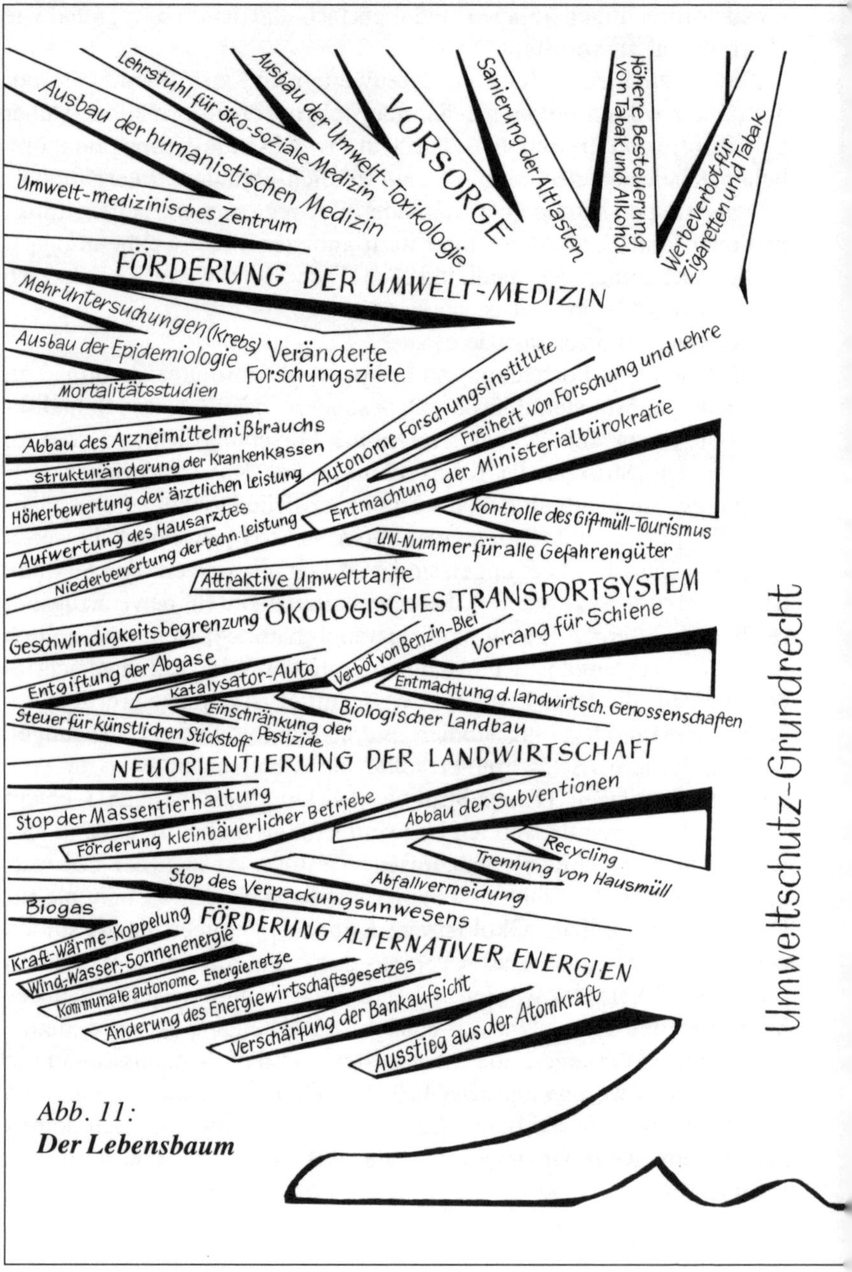

Abb. 11:
Der Lebensbaum

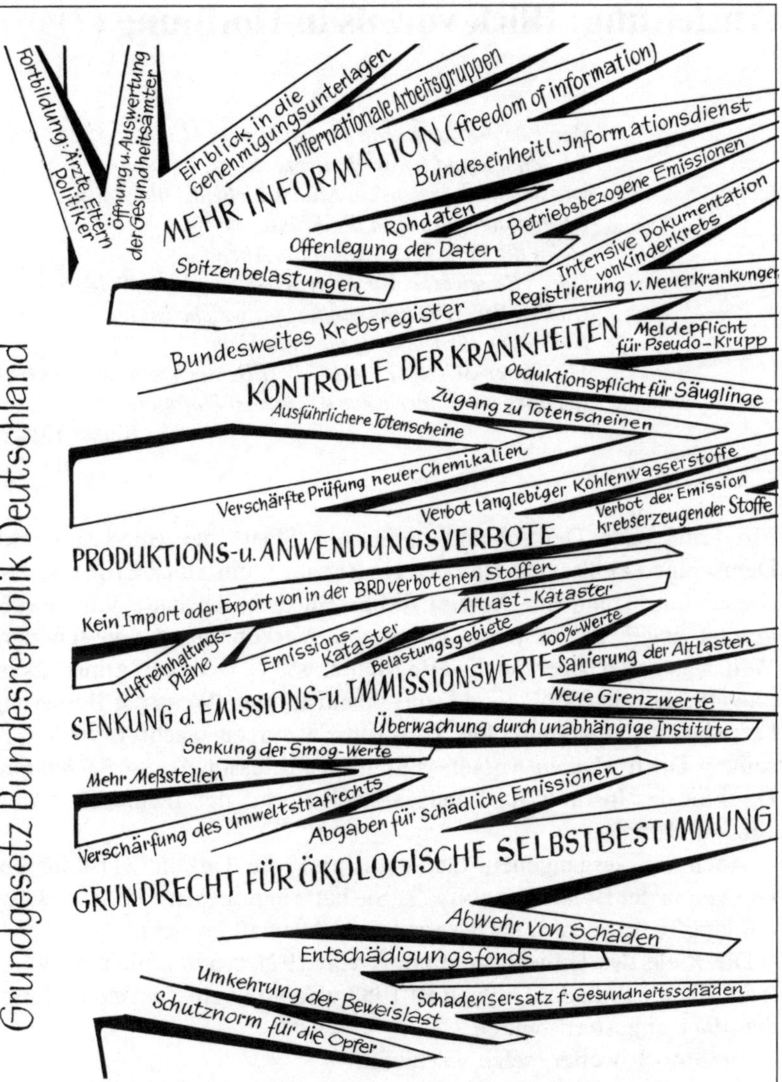

Aus verschiedenen Quellen zusammengestellt: Die Vorschläge umweltbewußter Ärzte, Juristen, Ökologen und Eltern für eine durchgreifende Verbesserung der Umweltqualität, für eine Entlastung des Landes von Schadstoffen – damit der Baum Bundesrepublik wieder Luft und Licht bekommt.

Ausleitung: Blick voraus in Hoffnung (?)

Wie Filz die Tage kratzen. Gelb mein Mund
Ich schlafe und ich weiß nichts. Sehn, nur sehn
Die Schnur hängt hoch. Man schießt. In lila Bächen
Fahren die Laugen in die Flüsse, eisern
Stehn die Politiker. Ich geh am Abend
Durch Sägewerke, die schwarz stehn gleich Wäldern
Und zu Papiermühlen hinführen, welche Rollen
Herstellen für Plakate, die man klebt
Mit Texten SCHÜTZT DEN WALD; noch wächst das Gras
Ich hörs nicht aber riech es, das ist Hoffnung.

Rainer Kirsch,
Protokoll

Ein Land, das Deutschland heißt, ein Staat, der Bundesrepublik Deutschland heißt, eine Heimat, ein Zuhause, ein Stück Erde erstickt. Dieser Satz stand am Anfang dieses Buches. Ich hatte ihn bewußt gesetzt gegen die in Bonn so beliebte Verkündigung von schönem Wetter, gegen das personalisierte Mainz, wie es lacht und grinst. Es ist unwahr, daß sich der Patient Deutschland auf dem Wege der Besserung befindet, im Gegenteil: Die Umweltbelastungen wachsen weiter. In seinem Buch *»Leben wollen«* summiert Professor *Arnim Bechmann,* Direktor des Instituts für Landschaftsökonomie der Technischen Universität Berlin:

– Auch im vergangenen Jahrzehnt stieg die Gesamtbelastung der Umwelt in der Bundesrepublik . . . Sie hatte bereits Mitte der 60er Jahre ein langfristig nicht mehr tolerierbares Ausmaß erreicht.

– Die Ziele des Umweltprogramms von 1971 wurden nicht verwirklicht; die Qualität der Umwelt ist 1983 weit von dem Zustand entfernt, der 1971 angestrebt wurde . . .

1985 noch weiter, setze ich hinzu.

– Umweltfreundliche Technologien sind immer noch Mangelware.

– Die Landwirtschaft erfüllt keines ihrer umweltbezogenen Ziele.

– Industrie, Verkehr, Tourismus und Militär belasten und zerstören nach wie vor die Umwelt.

– Das technologisch bedingte Risikopotential wächst weiter.

»Das Gefährdungspotential einer langsam fortschreitenden Belastung durch komplexe Schadstoffgemische wird offensichtlich weder wahr- noch ernstgenommen, leider auch nicht von denjenigen Toxikologen, die bei ihrer Verschmutzer-freundlichen Bewertung von toxischen Einzelchemikalien leichtfertig die komplexen Gesetzmäßigkeiten der Kombinationswirkungen der stets vorliegenden Schadstoff*gemische* ignorieren«, referiert Professor Otmar Wassermann, Leiter der Abteilung Toxikologie des Klinikums der Christian-Albrechts-Universität Kiel 1985. »Sind wir Europäer wirklich widerstandsfähiger oder trägt unsere beklagenswerte Umweltpolitik Züge eines menschenverachtenden Industriedarwinismus?«

Wir befinden uns auf der raschen Fahrt in den Abgrund, die im Augenblick nicht gestoppt wird. Die Gründe zählt Professor Bechmann auf:

– Dem Staat fehlt die Macht für die Durchsetzung des Vorsorgeprinzips auf breiter Linie. Er müßte dafür tief verändernd in die heutige gängigen Nutzungsmuster eingreifen.

– Das »Verursacherprinzip« ist eine Worthülse, Verursacher von Umweltverschmutzung werden hierzulande nicht zur Kasse gebeten.

– Die Wirtschaft stemmt sich trotz anderslautender Bekundungen energisch gegen den Umweltschutz.

– Die Wissenschaft, so setze ich hinzu, liefert eine Flut von umweltrelevanten Arbeiten, kann aber oder will aus ihrem Selbstverständnis heraus keine hundertprozentigen Beweise auf den Tisch legen.

– Die Politik mißbraucht die Wissenschaftler, um nicht zu handeln. Immer neue Forschungsaufträge werden erteilt, bis der Bürger im wahrsten Sinne des Wortes »totgemessen« ist.

Das oben Gesagte gilt sowohl für die kapitalistische wie die sozialistische Industriegesellschaft, wie sie heute existieren. Es scheint nur so, als ob der Staat hier wie dort die Macht habe, das Umweltblatt zu wenden. Der Angelpunkt sitzt jedoch tiefer, und wenn Sie mit mir einen Moment abheben und sich die Erde von weiter weg und von einem festen Punkt anschauen, so erkennen Sie: Zwei gleich funktionierende, von den USA und der UdSSR beherrschte Systeme haben die Erde unter sich aufgeteilt und verunstalten sie nach dem gleichen finsteren Bilde:

– In Ost und West bestimmt die Wirtschaft, was mit dem Menschen und der Natur geschieht.

– In Ost und West wird die Produktion ohne Rücksicht auf Verluste ausgeweitet.

– In Ost und West wird dem goldenen Kalb Wachstum geopfert.
– In Ost und West werden die Bedürfnisse des Menschen von außen gelenkt (Politbüro bzw. Partei/Wirtschaft).
– In Ost und West wird die Arbeit zerteilt und entwertet.
– In Ost und West wird der Mensch sich selbst entfremdet und seiner Natur.
– In Ost wird West und in West wird Ost verteufelt.

Das herrschende kapitalistische und das herrschende sozialistische System arbeiten somit gemeinsam an der Vernichtung des Menschen, der Vernichtung des Menschen durch den Menschen, an der Vernichtung der Erde durch den Menschen.

Diese schreckliche und schrecklich banal klingende Einsicht können Sie mühelos gewinnen beim Studium bekannter und weniger bekannter Bücher von *John Kenneth Galbraith: Die Gesellschaft im Überfluß* über *Joachim Steffens Strukturelle Revolution* bis hin zu *Besthushew-Ladas Die Welt im Jahr 2000 – eine sowjetische Prognose für die Zukunft*. Diese Vernichtung des Menschen und des Menschlichen fand und findet seit vielen Jahrzehnten in den Industrienationen im verborgenen statt, dem Betroffenen nicht sichtbar oder einsehbar. Selbst der gewaltige Blutrausch, in dem Menschen andere Menschen zu Millionen im Ersten und Zweiten Weltkrieg getötet haben, wurde und wird nicht als das erkannt, was es wirklich war: Das Aufeinanderschlagen von vorher mundtot und hirnlos gemachten Wesen. George Orwell beschrieb einen Bürger im Industriezeitalter, der angesichts der aufgehäuften Sach»werte« und Freizeit»werte« zu der Einsicht kam: Jetzt weiß ich es, was sie mit uns gemacht haben. Sie haben uns die Seele herausgeschnitten.

Die Art, wie wir heute schleichend unseren Planeten ruinieren, die Art, wie wir hochrüsten, um auf Anhieb alles Leben auszulöschen, läßt nur einen Schluß zu: Wir sind weit stärker, als wir selbst ahnen, gestört, geteilt, gequält, ent-seelt. Wenn dies so ist, und ich befürchte, daß es so ist, dann nützen in der Tat nicht mehr die kosmetischen Operationen, die die Führer der westlichen und östlichen Welt vornehmen, dann ist eine schnelle, tiefgreifende Veränderung des Gesellschaftssystems notwendig. Damit sind wir beim eigentlichen Knackpunkt der herrschenden Umweltkrise und Kriegstreiberei – und ich folge hier Professor Arnim Beckmann:
– Tiefgreifende gesellschaftliche Änderungen sind notwendig.
– Der Staat, der ja als Institution »von oben« die bestehenden Gesell-

schaftsstrukturen stabilisieren soll, wird sich nicht zum systemverändernden Reformer wandeln.
– Die von den Politikern betriebenen Umweltprogramme bleiben Stückwerk.

In den letzten zehn Jahren, seit *Dennis Meadows* Bericht des Club of Rome erschien und die *Grenzen des Wachstums* aufzeigte, sind eine Fülle von Vorschlägen gemacht worden, wie diese tiefgreifende Änderung auszusehen habe. Sie reichten von dem Wunsch nach einem weltweiten Gleichgewichtszustand (*Forrester,* 1972) über die Selbstbegrenzung (*Illich,* 1975) bis hin zu der Forderung des damaligen SPD-Spitzenpolitikers Joachim Steffen nach Kontrolle und Lenkung der Investitionen sowie Verstaatlichung der Banken und verschärfter Staatsaufsicht über das gesamte Kreditsystem (*Steffen,* 1976): »Die Menschen haben zu bestimmen, was mit der Wirtschaft und der Natur geschieht.«

So führt uns die Erfahrung der sterbenden Wälder, die Angst um kranke Kinder und die Sorge um alte Menschen, die Furcht um die Verfassung des Planeten unversehens zur Frage nach unserer Verfassung, nach der Verfassung unseres Staatswesens. Stimmt die Voraussetzung von vorhin, daß dieser Staat Bundesrepublik Deutschland die Umwelt, die Menschen, Tiere und Pflanzen nicht zu schützen vermag – und dies allein legitimiert seine Herrschaft –, dann wird es notwendig, gegen den Staat Widerstand zu leisten. Im Grundgesetz der Bundesrepublik Deutschland heißt es: »Gegen jeden, der es unternimmt, diese Ordnung zu beseitigen (also diese Ordnung, die wir uns gegeben haben), haben alle Deutschen Recht zum Widerstand, wenn andere Abhilfe nicht möglich ist.«

Diese unsere Ordnung wird zur Zeit »in viel elementarerer Weise gefährdet, als sich die Väter des Grundgesetzes auch nur hätten träumen lassen«, schreibt der Politikwissenschaftler *Peter Cornelius Mayer-Tasch* (1984). »Da man bei der Fortsetzung der gegenwärtigen sozioökonomischen und soziopolitischen Entwicklung davon ausgehen muß, daß sich die ökologische Situation in absehbarer Zeit eher verschlechtern als verbessern und der Widerstand der ökologisch Gesinnten gegen diese Entwicklung sich daher auch eher verstärken als abschwächen wird«, schreibt Mayer-Tasch, »bleiben dem Staat im Grunde nur zwei Möglichkeiten, den ökologischen Protest in stärkerem Maße als bisher zu unterdrücken oder aber in stärkerem Maße als bisher an der Beseitigung seiner politischen Voraussetzungen mitzuarbeiten.«

Ich fürchte, es gibt noch eine dritte Möglichkeit: Der ökologische Protest wird in umweltschonende Wisch-Weg-Tücher gewickelt und vermarktet. Dem Bürger werden so lange Schönheitswässer in die Augen geträufelt, bis er vor lauter Brennen nicht mehr weiß, ob er angezogen im kahlen Wald oder nackt in einem dichten Maisfeld steht. Die Kinder kriegen kostenlos Umweltfibeln, in denen die Sauber- und Strahlemänner versammelt unter einem künstlichen Weihnachtsbaum sitzen und die chemische Industrie loben, wie echt sie das doch hingezaubert habe. Ich übertreibe nicht. Schauen Sie sich um, und Sie sehen, daß eine gewaltige Propagandamaschinerie in Gang gekommen ist, die jedweden und jedwedes als umweltfreundlich preist. Behalten Sie den Durchblick und ziehen Sie mit mir folgende Schlüsse:

1. Die Umweltbelastung wächst – was die Luft angeht, was den Boden angeht, was das Wasser angeht, was Sie angeht.
2. Die Gefahr eines atomaren Weltbrandes wächst – was Sie angeht, was alle Menschen angeht, was die Erde angeht.
3. Das industrielle Dauerfeuer aus nutzlosen Sachen, sinnlosen Verrichtungen hat uns zwar nach außen hin reicher gemacht, uns in Wahrheit aber unsere Seele abgekauft. Nicht der Wohlstand ist in Gefahr, sondern der Wohlstand ist die Gefahr.
4. Der Stop des Wachstumswahns, der Stop der Schad- und Giftstoffe oder gar deren Reduzierung und die Rückkehr zu Gleichgewicht und Harmonie kann weder von dem kapitalistischen noch dem sozialistischen Herrschaftssystem geleistet werden.
5. Ein dritter Weg zwischen den uns beherrschenden Ideologien sollte gefunden werden, ein Weg und keine Autobahn.

Dieser dritte Weg kann nicht zurückführen in einen Agrarstaat, aber er kann uns wegführen aus Industriehörigkeit, Käuflichkeit, Knechtschaft in Natürlichkeit, Wahrhaftigkeit, Selbstbestimmung.

Das alles wird jedoch nur geschehen durch eine grundlegende Reform. Und so wie einst Martin Luther an der Schloßkirche zu Wittenberg seine 95 Thesen anschlug und die Kirche reformierte, so können wir unsere Thesen an die Bürotürme der Banken, Betriebe, der AGs, der KGs, der GmbHs und GmbH und Co. KGs anschlagen, an die Fahrstühle der kleinen und großen Bürokraten, an die Tafeln der Labors und Hörsäle, an die Türen der Konferenzräume, hinter denen die Profs sitzen und die Politprofis und die Apparatschiks . . . Die ökologische Bewegung – sie sei Reformation und Revolution!

Ich habe Hoffnung.

Kleines Beispiel

Auch ungelebtes Leben
geht zu Ende
zwar vielleicht langsamer
wie eine Batterie
in einer Taschenlampe
die keiner benutzt

Aber das hilft nicht viel:
Wenn man
(sagen wir einmal)
diese Taschenlampe
nach so- und soviel Jahren
anknipsen will
kommt kein Atemzug Licht mehr heraus
und wenn du sie aufmachst
findest du nur deine Knochen
und falls du Pech hast
auch diese
schon ganz zerfressen

Da hättest du
genau so gut
leuchten können

Erich Fried

Literatur

Die Motti des Buches finden sich in:

Flurbereinigung, Naturgedichte. Hrsg. v. Manfred Kluge, München 1985 (Jokostra: *Eifellandschaft;* Brechtbühl: *Chemische Fabrik im Frühlingswind;* Thenior: *Naturgedicht;* Schreiber: *Landschaft bei Dormagen;* Schütt: *Kein schöner Land*).

Erich Fried: *100 Gedichte ohne Vorbehalt*. Berlin 1978 *(In der Hauptstadt)*.

Erich Fried: *Das Nahe suchen*. Berlin 1984 *(Kleines Beispiel)*.

Im Gewitter der Geraden, Deutsche Ökolyrik. Hrsg. v. Peter Cornelius-Mayer-Tasch (Nick: *Wir;* Laschen: *Vom Zustand des Rückstands;* Kasper: *Bochum*).

Rainer Kirsch: *Auszog, das Fürchten zu lernen*. Reinbek bei Hamburg 1978 *(Protokoll)*.

Günter Kunert: *Unterwegs nach Utopia*. München/Wien 1977 *(Lagebericht)*.

Umwelt literarisch, Gaukés Jahrbuch 1985. Hann.-Münden 1985 (Güntner: *Skulptur IV;* Draheim: *Selbsthilfeprogramm;* Unterweger: *An Euch*).

Das *Schnüfflerlied* von Franz Hohler abgedruckt mit freundlicher Genehmigung der Münchner Lach- und Schießgesellschaft.

Alphabetisches Verzeichnis der Quellen:

AG (Arbeitsgemeinschaft) Allergiekrankes Kind e. V.: *Über den Zusammenhang Luftverschmutzung und Gesundheit*. IX. Informationsblatt, Herborn, Februar 1985.

AG (Arbeitsgemeinschaft) Atomindustrie: *Der Stromfilz in NRW;* ein Handbuch, Berlin–Köln 1985.

– *RWE – ein Riese mit Ausstrahlung*. Köln 1984.

Aktion Muttermilch ein Menschenrecht: *Presseerklärung* Margit Fiedler, Gunhild Preuß-Bayer, Koordinationsstelle, 7800 Freiburg, Reichsgrafenstr. 4, 11. 1. 1985 München.

Allergie, Anlage und Umwelt sind im Spiel. In: *selecta* Nr. 48, S. 4008–4016, 26. 11. 1984.

Althoff, Helmut: *Sudden Infant Death Syndrome*, Stuttgart, New York 1980.

Andersen, I./L. Seedorf/A. Skov: *Reduction of Toxic Indoor Emissions*. In: *Luftqualität in Innenräumen*, Stuttgart–New York 1982.

Andrew G. u. a.: *Health Effects of Formaldehyd*. In: *Indoor Air*, Nr. 3, S. 63 bis 67, Swedish Council for Building Research, Stockholm 1984.

Angerpointner, Thomas A./Elfriede Mrozik: *Kindersterblichkeit, kindliche Tumor- und Fehlbildungshäufigkeit in Bayern unter besonderer Berücksichtigung kerntechnischer Anlagen*. Bayerisches Statsministerium für Landesentwicklung und Umweltfragen (I A 9 – 5/72644), September 1984.

Annest, Joseph L. u. a.: *Chronological Trend in Blood Lead Levels between 1976 and 1980*. In: *The New England Journal of Medicine*, Nr. 23, S. 1374 bis 1377, 1983.

Arbeitskreis Verkehr: *Auswirkungen von Blei auf die geistige Gesundheit von Kindern*, dt. Übers. des Artikels: *Mental Health Effects of Lead on Children*, aus *Ambio*, Bd. 7, Nr. 5–6, S. 192–203, 1979.

Baur, Wolfgang: *Krankheitshäufigkeiten und Umweltbelastung, Beobachtungen in einer Allgemeinpraxis*. In: *Der Praktische Arzt*, 4, S. 17, 1984, und 5, S. 257ff., 1985.

– *Zusätzliche Gefährdung durch Luftverschmutzung*. In: *Weltgesundheit* 2/3, S. 27–29, 1984.

Bechmann, Arnim: *Leben wollen*. Köln 1984.

Beck, Ernst-Gerhard/Pavel Schmidt: *Aktuelle hygienische Probleme der Innenraum-Umwelt*. In: *Forum Städte-Hygiene*, 34, März/April, S. 98–101, 1983.

Becker, K.: *Reduzierung der Schadstoffe im Abgas von Kraftfahrzeugen*, Umweltbundesamt Berlin, März 1985.

Becker, K. H./J. Löbel/U. Schurath: *Bildung, Transport und Kontrolle von Photooxidantien*. In: *Luftqualitätskriterien für photochemische Oxidantien*. Berichte des Umweltbundesamtes 5, 1983.

Bender, Steffen W./Reinhold Hans Jaklin/Heide Emmerich/F. Becker: *Umwelteinflüsse beim Krupp-Syndrom*. In: *Deutsches Ärzteblatt*, H. 48, 1972.

Berelson, Bernard/Georg A. Steiner: *Menschliches Verhalten*. Bd. 1, S. 64/65, Weinheim, Berlin, Basel 1971.

Berg, Steffen: *Histologische Befunde an 224 Fällen von plötzlichem Säuglingstod in norddeutschem Raum*. In: *Beiträge zur Gerichtlichen Medizin*, Bd. XXXVI, S. 153–160, 1978.

Bericht über das kooperative Dokumentationsvorhaben für Malignome im Kindesalter. Institut für Medizinische Statistik und Dokumentation der Johannes-Gutenberg-Universität Mainz, März 1982, Mai 1983, April 1984, Mai 1985.

Bertell, Rosalie: *Umwelteinflüsse auf das Überleben unreifer Neugeborener*. Jesuit Centre, Toronto, und Ministry of Cancer in Public Health, Buffalo, New York, USA. (Übers. vom Ärztebund für Umwelt- und Lebensschutz e. V., Göttingen 1981.)

Bestushew-Lada, Igor: *Die Welt im Jahr 2000. Ein sowjetisches Programm für die Zukunft*. Freiburg 1984.

Beyder, J.: *Transport der Aerosolteilchen in der Lunge des Menschen*. Gesellschaft für Strahlen- und Umweltforschung mbH. Forschungszentrum Neuherberg [München], Abteilung für biophysikalische Strahlenforschung, Vortrag im Februar 1983.

Black, Douglas (Chairman): *Investigation of the Possible Increased Incidence of Cancer in West Cumbria*. Her Majesty's Stationery Office, London 1984.

Bonte, W.: *Morphologische Befunde bei unerwarteten Todesfällen im Kindesalter*. Vortrag beim SIDS-Symposium, Goslar 1983.

Bonshey, Homer A.: *Determinants of Airway Responses to Sulfur Dioxide*. In: *Indoor Air*, Bd. 3, S. 203–209, Swedish Council for Building Research, Stockholm 1984.

Breysse, Peter A.: *The Office Environment – How Dangerous*. In: *Indoor Air*, Bd. 3, S. 315–321, Swedish Council for Building Research, Stockholm 1984.

Brocker, I. u. a.: *Health Status of Residents in Homes Insulated with Urea Formaldehyd Foam Compared with Controls*. In: *Indoor Air*, Bd. 3, S. 23 bis 27, Swedish Council for Building Research, Stockholm 1984.

Bryce-Smith, D. u. a.: *Lead and Cadmium Levels in Stillbirth*. In: *The Lancet*, May 28, S. 1159, 1977.

Buck, Manfred: *Immissions- und Emissionsmessung karzinogener Stoffe*. In: *Staub – Reinhaltung der Luft*, 44, S. 128–131, 1984.

Bundesgesundheitsamt: *bg-Pressedienst* 05/24. 5. 1983.

Calatin, Anne: *Was ist klinische Ökologie?* In: C. Grefe: *Allergien*, Hamburg 1985.

Clark, R. P.: *Formaldehyd in Pathology Departements*. In: *Journal of Clinical Pathology*, 36, S. 839–846, 1983.

Clarmann, Max v.: *Medizinische Untersuchungen über die Zusammenhänge von Luftverschmutzungen und belästigenden Immissionen im nordostbayerischen Grenzgebiet und gesundheitliche Beeinträchtigung der Bevölkerung*. In: *Materialien des Bayerischen Staatsministeriums für Landesentwicklung und Umweltfragen*, München, Febr. 1983.

Cohn, Murray S.: *Carcinogenic Risk Assessment for Formaldehyd: Risk from Exposure to Low Levels Such as Found in Indoor Air*. In: *Indoor Air*, Bd. 3, S. 69–74, Swedish Council for Building Research, Stockholm 1984.

Collins, H. J./P. Spillmann (Hrsg.): *Wasser- und Stoffhaushalt in Abfalldeponien und deren Wirkung auf Gewässer*. Deutsche Forschungsgemeinschaft Bonn 1983.

Colucci, Anthony V./Robert P. Striete: *Dose Consideration in the SO_2-Exposal Exercising Asthma*. In: *Environmental Health Perspectives,* Vol. 52, S. 229–232, 1983.

David, O. J.: *Association Between Lower Lead Poisoning and Hyperactivity in Children*. In: *Environmental Health Perspectives* 17, 7 (1974).

Deimel, Maria: *Erfahrungen über Formaldehyd und Raumluftkonzentration in Schulneubauten*. In: *Organische Verunreinigungen der Umwelt,* Berlin 1978.

Deutsche Forschungsgemeinschaft, Senatskommission zur Prüfung von Rückständen in Lebensmitteln: *Rückstände und Verunreinigungen in Frauenmilch*. In: *Ernährungs-Umschau* 31, H. 6, 1984.

Deutscher Bundestag, 10. Wahlperiode, Ausschuß für Jugend, Familie und Gesundheit, 13. Ausschuß, Protokoll Nr. 15 vom 22. 2. 1984, *Öffentliche Anhörung: Auswirkungen der Luftverschmutzung auf die menschliche Gesundheit*.

Deutscher Bundestag, *Antworten der Sachverständigen* zum Thema *»Auswirkungen der Luftverschmutzung auf die menschliche Gesundheit«,* betreffend die Vorlagen »Waldsterben und Luftverunreinigung«, Drucksachen 10/35, 10/67, 10/113, 22. 2. 1984.

Deutscher Bundestag, 10. Wahlperiode, Drucksache 10/2107, Antwort der Bundesregierung auf die Große Anfrage der Abgeordneten Frau Schoppe, Dr. Ehmke (Ettlingen) und der Fraktion DIE GRÜNEN: *Kranke Umwelt – Kranke Kinder, Gesundheitsgefährdung durch Umwelt-, speziell Luftverschmutzung,* 11. 10. 1984.

– 10. Wahlperiode, Drucksache 10/2138. Antrag der SPD: *Saubere Luft und Gesundheitsvorsorge,* 17. 10. 1984.

Dörre, H. W./P. J. Grosser/K. Haminge/A. Knauer/H. Theodor/K. Wettig: *Lufthygienische Forschung und Praxis in der DDR*. In: *Zeitschrift für die gesamte Hygiene und ihre Grenzgebiete,* Jg. 24, S. 1–12, Jan. 1978.

Dost, Bernd: *Die Erben des Übels. Kranke Umwelt, kranke Kinder,* München [3]1983.

– *Hilflos im Strom,* TV-Dokumentation BR, Drittes Programm, 5. 9. 1984.

Drasch, Gustav A.: *Lead Burden in Prehistorical, Historical and Modern Bones*. In: *The Science of the Total Environment,* 24, S. 199–231, 1982.

Dritter Immissionsschutzbericht der Bundesregierung, Deutscher Bundestag, 10. Wahlperiode, Drucksache 10/1354, 25. 4. 1984.

EG (Europäische Gemeinschaft): *Official Journal of the European Communities,* 197, 19 (1978).

Einbrodt, H. J./Danuta Prajsnar: *Untersuchungen über die Belastung des Menschen durch Formaldehyd in Schul- und Wohnräumen*. In: *Organische Verunreinigungen der Umwelt,* Berlin 1978.

Elsasser, Ulrich/Otto Huber/Gerhard Hinz: *Untersuchung der Leukämiesterblichkeit in Bayern unter dem Aspekte der natürlichen und künstlichen*

Umweltradioaktivität. In: *STH-Berichte*, Schriftenreihe des Instituts für Strahlenhygiene des Bundesgesundheitsamtes Berlin, 10, 1981.

Emissionsfaktoren für 12 ausgewählte Substanzen mit mutmaßlich krebserregendem Potential. KTI, Kinetics Technology International GmbH, Hamburg, Umweltforschungsplan des Bundesministeriums des Inneren, Forschungsbericht 10404344, 1983.

Emissionskataster Mannheim–Karlsruhe. Ministerium für Arbeit, Gesundheit und Sozialordnung, Stuttgart 1981.

EPA (United States Environmental Protection Agency): *Press release: EPA Proposes Controls on Lead in Gasoline, Lead Facts*. Washington, 30. 7. 1984.

Erickson, Marilyn u. a.: *Tissue Mineral Levels in Victims of Sudden Infant Death Syndrome, I. Toxic Metals Lead and Cadmium*. In: *Pediatric Research*, Vol. 17, No. 10, S. 779–784, 1983.

Faulstich, Heinz/C. Stournaras u. a.: *The Molecular Mechanism of Interaction of Et_3Pb^+ with tubulin*. In: *Federation of European Biochemical Societies* (FEBS) 1723, Vol. 174, No. 1, Aug. 1984.

Faulstich, Heinz/C. Stournaras: *Verursacht Triäthylblei unsere Waldschäden?* In: *Naturwissenschaftliche Rundschau*, Jg. 37, H. 10, 1984.

Faulstich, Heinz: *Triäthylblei als mögliche Ursache von Waldschäden?* Heidelberg 1985 (Manuskript).

Fegeler, Ulrich/R. Moyzes/E. Wedler/K. Eberhard: *Immissions- und Wettereinflüsse auf Erkrankungen der oberen und unteren Luftwege von Kindern in Berlin (West)*. Berlin 1985.

Fein, Greta G.: *Prenatal Exposure to Polychlorinated Biphenyls: Effects on Birth Size and Gestational Age*. In: *The Journal of Pedriatics* (im Druck).

Forrester, Jay W.: *Der teufliche Regelkreis*. Stuttgart 1972.

Franciosi, Ralph A.: *Laryngotracheobronchitis, Tissue Marker of a SIDS-Subgroup*. In: *Minnesota Medicine*, Vol. 66, No. 10, S. 617–618, 1983.

Franke, Jürgen/Dieter Viefhues: *Das Ende des billigen Atomstroms*, Öko-Institut Freiburg, 1984.

Frentzel-Beyme, Rainer: *Epidemiologische Studien und Luftverunreinigung: Eine Kritik am Beispiel einer Mortalitätsstudie für den Rhein-Neckar-Raum*. *VDI-Berichte* Nr. 358, S. 199–209, 1980.

– *Untersuchungen der Mortalität und Umweltbelastungen im Rhein-Neckar-Raum (Teilvorhaben)*. UBA-Bericht 10606017, 1982.

Friedrich, K. H.: *Ergebnisse von nicht quellenbezogenen Immissionsmessungen von Fasern in der BR Deutschland*. In: *VDI-Berichte* Nr. 475, S. 113 bis 116, 1983.

Friege, Henning/Ulrich Kost/Frank Claus (Hrsg.): *Die tückische Hypothek*. Karlsruhe 1985.

Galbraith, John Kenneth: *Gesellschaft im Überfluß*. München/Zürich 1963.

Garaudy, Roger: *Das Prinzip Hoffnung*. Wien 1977.

Gillwald, Katrin: *Psychische und soziale Auswirkungen mäßiger Umweltqualität.* In: *Aus Politik und Zeitgeschichte*, Beilage der Wochenzeitung *Das Parlament*, 22. 10. 1983.
– *Umweltqualität als sozialer Faktor.* Frankfurt 1983.
Grefe, Christiane: *Das Leiden an der Umwelt.* In »*natur*« 4, 1984.
– *Allergien. Leiden an der Umwelt.* Hamburg 1985.
Guderian R./D. T. Tingey/R. Rabe: *Wirkungen von Photooxidantien auf Pflanzen.* In: *Luftqualitätskriterien für photochemische Oxidantien*, Berichte des Umweltbundesamtes 5, 1983.
Hachen, J.: *Erfassung, Untersuchung und Gefährdungsabschätzung von Altlasten.* Referat beim Seminar *Altlasten und kontaminierte Standorte, Erkundung und Sanierung*, Ruhruniversität Bochum 10. 4. 1985.
Hansen, J. C. u. a.: *Hair Lead Concentration in Children With Minimal Cerebral Dysfunctions.* In: *Danish Medical Bulletin*, Vol. 27, No. 6, S. 259–262, 1980.
Hapke, H.-J.: *Rückstände und Verunreinigungen in Frauenmilch.* Kurzmitteilung über die Ergebnisse eines Kolloquiums vom 11. u. 12. 11. 1982 in Gießen, Deutsche Forschungsgemeinschaft Bonn.
Hardt, H. von der/J. Wenner: *Schadstoffe in der Luft und Erkrankung des Respirationstraktes im Kindesalter.* In: *Deutsche Medizinische Wochenschrift*, 103, Nr. 37, S. 1419–1422, 1978.
Haschke, F./I. Steffen: *Die Bleibelastung des jungen Säuglings mit der Nahrung in den Jahren 1980/81.* In: *Wiener Klinische Wochenschrift* 93, H. 19 (1981).
Haushalter, Peter: *Anzahl der Tage starker Luftverschmutzung in Berlin von 1976–1983.* In *Stattbuch* 3, Berlin 1984.
Höhr, D./K. H. Friedrichs/Y. P. Grover: *Ergebnisse nicht quellenbezogener Immissionsmessungen von Fasern in der BR Deutschland.* In: *VDI-Bericht* 475, S. 113–116, 1983.
Holzer, Helmut/H. Hinze/I. Beck/K. Maier: *Stoffwechselwirkung von SO_2 und Nitrit.* Und: *Wirkung von SO_2 auf den Energiestoffwechsel in Säugetiergeweben.* Vorträge beim Workshop »*SO_2 und die Folgen*«. Gesellschaft für Strahlen- und Umweltforschung mbH. (GSF) Forschungszentrum Neuherberg [München], 20./21. 1. 1983.
Hommel, Günter: *Handbuch der gefährlichen Güter.* 2 Bde., Berlin/Heidelberg/New York 1979, 1983.
Hoppenbrouwers, Toke/Mary Calub/Kazuko Arakawa/Joan E. Hodgeman: *Seasonal Relationship of Sudden Infant Death Syndrome and Environmental Pollutants.* In: *American Journal of Epidemiology* 113, S. 623–635, 1981.
Illich, Ivan: *Selbstbegrenzung. Eine politische Kritik der Technik.* Hamburg 1975.
Indoor Air. 5 Bde., Swedish Council for Building Research, Stockholm 1984.
Infas (Institut für angewandte Sozialwissenschaft, Bad Godesberg): *Wahrneh-*

mung von Allergien und allergischen Reaktionen und die Bereitschaft der Bundesbürger, sich Selbsthilfegruppen anzuschließen. Bad Godesberg [4]1985.

Jacobson, Joseph L. u. a.: *Prenatal Exposure to an Environmental Toxin. A Test of the Multiple Effects Model.* In: *American Journal of Public Health* (im Druck).

Jacobson, Joseph L.: *Transfer of PCBs and PBBs across the Placenta and into Human Milk.* In: *American Journal of Public Health* (im Druck).

Jahn, Andreas/Helene Palamides: *Kurzfristige Auswirkungen der Luftverschmutzung auf die Mortalität in Berlin (West) 1976–1982.* In: *Statistik,* Jg. 37, Nr. 5, S. 114ff., 1983.

Jessberger, H. L.: *Altlasten und kontaminierte Standorte, Erkundung und Sanierung.* Einführungsvortrag Seminar Ruhr-Universität Bochum am 10. 4. 1985.

Kaatsch P./J. Michaelis: *Jahresbericht 1984 über die kooperative Dokumentation von Malignomen im Kindesalter.* In: *IMSD – Technischer Bericht* 1/85, Institut für Medizinische Statistik und Dokumentation der Universität Mainz, Projektgruppe Pädiatrische Onkologie, Mai 1985.

Kaberlah, Fritz/Thomas Martinelli: *Berufsleiden Allergie.* In: Ch. Grefe: *Allergien,* Hamburg 1985.

Kall, Klaus: *Die ganz legale Korruption.* Moers 1984 (Manuskript).

Karweina, Günter: *Der Stromstaat.* Hamburg 1984.

King, E.: *Lead Poisoning.* In: *Public Health Reviews,* Vol. X, No. 10, S. 49 bis 76, 1982.

Kloke, Adolf: *Die Belastung der gärtnerischen und landwirtschaftlichen Produktion und Erntegüter durch Immissionen.* In: *Laufende Seminarbeiträge: Immissionsbelastungen ländlicher Ökosysteme,* Akademie für Naturschutz Nr. 2, S. 45–53, 1982.

– *Schlammbehandlung und Reststoffbeseitigung.* Niederschrift zum ATV-Fortbildungskurs für Wassergütewirtschaft vom 11.–13. 10. 1983.

Knauer, Sebastian: *Das giftige Erbe.* In: *stern,* 2. 2. 1984.

Knecht, U./H. J. Woitowitz: *Felduntersuchungen zur Belastung der Raumluft durch Formaldehyd in Kliniken und Instituten.* In: *Öffentliches Gesundheitswesen,* S. 715–723, Stuttgart 1979.

Koch, Egmont R.: *Krebswelt.* Köln 1981.

– *Im Kopf ein Paradies.* München 1984.

Krebsatlas der Bundesrepublik Deutschland (N. Becker, R. Frentzel-Beyme, G. Wagner). Berlin, Heidelberg, New York, Tokio 1984.

Krebssterblichkeit in der Bundesrepublik Deutschland 1970–1978, bearb. vom Institut für Unfallforschung des TÜV Rheinland, Köln 1983.

Krems, Burkhardt/Bettina Krems-Hemesath: *Dokumentation über die Verfassungsbeschwerde zur Rettung des Waldes . . .* Neunkirchen-Seelscheid 1984.

Krems-Hemesath, Bettina (Aktion Eltern gegen Umweltgifte): *Forderungskatalog zum Bereich Gesundheitsschäden durch Umweltgifte, insbesondere Luftschadstoffe*. Neunkirchen-Seelscheid 1984.

Külske, Siegfried/Hans-Ulrich Pfeffer: *Smoglage vom 16.–20. Januar an Rhein und Ruhr. Staub – Reinhaltung der Luft,* (im Druck).

Kunkel G./R. Rudolph/R. Muckelmann: *Innenraumluft und allergische Erkrankungen*. In: *Luftqualität in Innenräumen,* S. 75–89, Stuttgart–New York 1982.

Lahl, Uwe/Barbara Zeschmar: *Formaldehyd – Porträt einer Chemikalie*. Freiburg 1984.

– *Wenn Wände schwitzen, tränen Kinderaugen. Formaldehyd – Gefährdungen und Gegenmaßnahmen*. In: *der gemeinderat,* Nr. 2, Seite 1–7, 1985.

Leichtweiß-Institut für Wasserbau, TU Braunschweig: *Schlammdeponie Brake*. Bericht 5722, April 1984.

Lersner, Heinrich v.: Eröffnungsrede zur Pressekonferenz »Wasser, Berlin 1985«, 19. 4. 1985, Umweltbundesamt Berlin 1985.

Liebling, Tina/Kenneth D. Rosemann u. a.: *Cancer Mortality Among Workers Exposed to Formaldehyd*. In: *American Journal of Industrial Medicine,* No. 5, S. 423–428, 1984.

Liste der in der Bundesrepublik gemeldeten Altstoffe. Umweltbundesamt Berlin 1985.

Mader, Hans-Joachim: *Kritische Bilanz eines Insektizid-Einsatzes auf einem Bohnenfeld – oder: 51 000 tote Marienkäfer*. In: *Natur und Landschaft,* Jg. 59, Heft 2, S. 484–486, 1984.

Mayer-Tasch, Peter Cornelius: *Ökologie und Widerstand*. In: *»natur«* 3, 1984.

Meadows, Dennis: *Die Grenzen des Wachstums. Bericht des Club of Rome zur Lage der Menschheit*. Stuttgart 1972.

Meister, Rolf: *Regionale Häufigkeit bronchialer Symptome in der BRD – Korrelation zu den Waldschäden*. Medizinische Universitätsklinik Münster, 1984.

Miller, R. W.: *Environmental Causes of Cancer Childhood* (Epidemiology Branch, National Cancer Institute, Bethesda, Maryland). In: *Advertising Pediatrics,* Nr. 25, S. 97–119, 1978.

Moll, Walter L. H.: *Taschenbuch für Umweltschutz*. 3. Bd., München–Basel 1982.

Mühling, Peter/J. Bory/Harald Haupt: *Effekt der Luftbelastung auf Atemwegserkrankungen des Kleinkindes*. In: *Fortschritte der Medizin,* Jg. 102, Nr. 34, S. 23–26, 1984.

Needleman, H. L. u. a.: *Deficits in Psychological and Classroom Performance of Children with Elevated Dentine Lead Levels*. In: *New England Journal of Medicine,* Nr. 300, S. 689–695, 1979.

Nieding, G. v./H. M. Wagner: *Wirkungen von Photooxidantien auf Mensch und Tier.* In: *Luftqualitätskriterien für photochemische Oxidantien,* Berichte des Umweltbundesamtes 5, 1983.

Nordman, H. u. a.: *Asthma Caused by Formaldehyd.* In: *Indoor Air,* Bd. 3, S. 217, Swedish Council for Building Research, Stockholm 1984.

Obert, Monika: *Hautnah – Was juckt mich Neurodermatitis?* In Ch. Grefe: *Allergien,* Hamburg 1985.

OTA (Office of Technology Assessment): *The Regional Implications of Transported Air Pollutants. An Assessment of Acid Deposition and Ozone.* Interim Draft, Washington, Juli 1982.

Pott, Friedrich/Hans-Werner Schlipköter: *Zusammenhänge zwischen Lungenkrebs und Luftverunreinigungen.* In: *Rheinisch-Westfälischer TÜV Schriftenreihe,* S. 32–41, 28. 5. 1980.

Pott, Friedrich: *Antworten der Sachverständigen des Medizinischen Institutes für Umwelthygiene an der Universität Düsseldorf zum Thema »Auswirkungen der Luftverschmutzung auf die menschliche Gesundheit«,* hier: *Schriftliche Stellungnahme.* Drucksatz 10/33 – 1, 1984.

– *Zur Frage der Grenzwertbemessung für krebserzeugende Stoffe.* In *Staub – Reinhaltung der Luft* 44, Nr. 3, S. 123–128, 1984.

Priebe, Hermann: *Die subventionierte Unvernunft.* Berlin 1985.

Prinz, Bernd: *Probleme der Aufstellung von Maximalen Immissionswerten.* In: *Staub – Reinhaltung der Luft* 44, Nr. 3, S. 116–118, 1984.

Pröstler, Leo: Zusammenfassung der Vortrags- und Diskussionsbeiträge anläßlich der Tagung *»Rückstandsbelastung in der Muttermilch«,* 27.–28. 9. 1982 in Lohmar.

Rea, W. J./M. J. Mitchell: *Chemical Sensitivity and the Environment.* In *Immunology and Allergy Practice,* Sept./Okt. 1982.

»Rettet den Boden«, ein *stern-Report* (Rolf Winter, Peter Mayer, Michael Seufert). Hamburg 1985.

Riegel, Klaus: *Plötzlicher Kindstod – Medizinisches Rätsel.* In: *Medizinisch-Klinische Praxis* 78, Nr. 3, S. 24–27, 1983.

Roederer, Gerhard: *Die Benzinbleiproblematik. Wirkungsmechanismus von Triäthylblei.* In: *Biologie in unserer Zeit,* 1985.

Roessel, Ulrich: *Die Bedeutung des plötzlichen Säuglingstods für die Säuglingssterblichkeit in Berlin (West) in den Jahren 1972–1981.* 1984 (Manuskript).

Roth, L.: *Krebserregende Stoffe.* Stuttgart 1983.

Rudnik, J. u. a.: *Long-Term-Effects on Health of Air Pollution in Children.* In: *Zeitschrift für Erkrankung der Atmungsorgane,* 161, S. 177–194, 1983.

Rüden, H.: *Medizinisch-hygienische Bewertungen von Luftschadstoffen im Wohnbereich.* In: *Luftqualität in Innenräumen,* S. 403–413, Stuttgart–New York 1982.

RWE – ein Riese mit Ausstrahlung. AG (Arbeitsgemeinschaft Atomindustrie) u. Arbeitskreis Chemische Industrie, Köln 1984.

Ryn, Jacqueline E. u. a.: *Dietary Intake of Lead and Blood Lead Concentration in Early Infancy.* In: *Am. J. Dis. Child,* Vol. 137, S. 887–891, Sept. 1983.

Satish, J.: *Bedeutung und Messung von Sulfaten im Schwebstaub.* In *Sozial- und Präventivmedizin,* 25, S. 201–202, 1980.

Šarić, Marko u. a.: *Effects of Urban Air Pollution on School Age Children.* In: *Archives of Environmental Health,* Vol. 36, No. 3, S. 101–109, 1984.

Schladot, J. D.: *Atmosphärische Belastung durch toxische Metalle in der Bundesrepublik Deutschland.* Bericht der Kernforschungsanlage Jülich, Nr. 1776, Jülich 1982.

Schlipköter, Hans-Werner: *Lufthygienische Probleme der Großstadtluft.* Vortrag, München, 29. 4. 1983.

– Friedrich Pott/Erich Wichmann/Michael Csicsaky sowie das Institut für Toxikologie der Universität Düsseldorf, Friedrich-Karl Ohnesorge: *Antworten der Sachverständigen des Medizinischen Instituts für Umwelthygiene an der Universität Düsseldorf zum Thema »Auswirkungen der Luftverschmutzung auf die Gesundheit« 1. Schriftliche Antworten. 2. Anhörung.* Ausschuß für Jugend, Familie und Gesundheit, Bonn, 22. 2. 1984.

Seemayer, N./N. Manojlovic: *Cytotoxic Effects of Air Pollutants on Mammalian Cells in Vitro.* In: *Toxicology* 17, S. 177–182, 1980.

– R. Tomingas: *Die Wirkungen von kanzerogenen Stoffen, insbesondere von atmosphärischen Feinstaubextrakten im Zelltransformationstest.* In: *VDI-Berichte* Nr. 358, S. 285–292, 1980.

Seifert, Bernd: *Vergleich der innerhalb und außerhalb von geschlossenen Räumen auftretenden Konzentrationen anorganischer und organischer Verbindungen.* In: *Luftqualität in Innenräumen,* Stuttgart–New York 1982.

– *Luftverunreinigungen in Wohnungen und anderen Innenräumen.* In: *Staub – Reinhaltung der Luft,* 44, Nr. 9, S. 377–382, 1984.

Seitz, R/R. Zimmermann: *Erfassung der Geruchsimmissionen im Stadtgebiet Mannheim.* September 1981.

Sheehan, Patricia M. E./Irene B. Hillary: *An unusual cluster of babies with Dow's Syndrome born to former pupils of an Irish boarding school.* In: *British Medical Journal,* Vol. 287, S. 1428–29, 12. 11. 1983.

Steffen, Joachim: *Strukturelle Revolution. Von der Wertlosigkeit der Sachen.* Hamburg 1976.

Steiger, Helmut: *Mensch und Umwelt. Zur Frage der Einführung eines Umweltgrundrechts. Beiträge zur Umweltgestaltung,* Heft A 32, Berlin 1975.

Teufel, Dieter: *Anhörung zum Thema »Die Auswirkungen der Luftverschmutzung auf die menschliche Gesundheit«,* Protokoll des Ausschusses für Jugend, Familie und Gesundheit, 22. 2. 1984.

TA Luft (Technische Anleitung zur Reinhaltung der Luft), Bonn, 23. 2. 1983.

Türck, Rainer: *TA Luft und karzinogene Stoffe.* In: *Staub – Reinhaltung der Luft,* Nr. 3, S. 132–134, 1984.

Umweltbundesamt: *Bleizusätze im Vergaserkraftstoff.* II 4.4 – 52313/0, Berlin, 30. 5. 1983.
– *Daten zur Umwelt 1984,* Berlin 1985.
Umweltprobleme der Landwirtschaft. Kurzfassung eines Sondergutachtens des Rates von Sachverständigen für Umweltfragen. Bundesministerium für Landwirtschaft und Forsten, Bonn, Mai 1985.
VDI-Richtlinien 2310: Maximale Imissionswerte. In: *VDI-Handbuch Reinhaltung der Luft,* Sept. 1974.
VDI-Richtlinien 2310 Blatt 11, Entwurf 1982. In: *VDI Handbuch zur Reinhaltung der Luft,* Bd. 1, Juli 1982.
VDI-Richtlinien 2310 Blatt 12. In: *VDI-Handbuch der Reinhaltung der Luft,* Bd. 1, 1984.
Vogel, F.: *Wirkungen der Luftverunreinigungen auf den Menschen.* In: *Fortschritte der Medizin,* Jg. 102, Nr. 13, S. 365–268, 1984.
Voltz, Andreas: *Studie über die Auswirkung von Kohlendioxidemissionen auf das Klima.* Bericht der Kernforschungsanlage Jülich Nr. 1877, Jülich, Nov. 1983.
Walrath, J. u. a.: *Cancer and other Causes of Death among Embalmers.* NCI, Bethesda, Maryland, 1984.
Walsh, Michael P.: *Die Vorteile der Verwendung von bleifreiem Benzin und Katalysatoren zur Kontrolle der Abgase von Fahrzeugen.* Umweltbundesamt, 1. 10. 1983.
Wanner, H. U.: *Luftqualität in Innenräumen.* In: *Forum Städte-Hygiene* 34, S. 102–105, 1983.
Wassermann, Otmar: *Stellungnahme zum Katalog der Einzelfragen zu den »Auswirkungen der Luftverschmutzung auf die menschliche Gesundheit«.* Bonn, 22. 2. 1984.
– *Gefährdung der Bevölkerung durch Umweltchemikalien.* Vortrag, gehalten in Berlin anläßlich des 35. Wissenschaftlichen Kongresses des Bundesverbandes der Ärzte des öffentlichen Gesundheitsdienstes, 20.–24. 5. 1985.
Wegner, Jürgen/Gert Schlüter/Edith Seebar: *Formaldehyd in Inkubatoren und Maßnahmen zur Verminderung.* Seminar FGU, Fortbildungszentrum Gesundheits- und Umweltschutz, Berlin, 4. März 1985 (Manuskript).
Weidenbach, Thomas/Imre Kerner/Dagny Rudek: *Dioxin – die chemische Zeitbombe.* Köln 1984.
Weidenbach, Helmut/Shigeto Tsuru: *Ein Modell für uns: Die Erfolge japanischer Umweltpolitik.* Köln 1985.
Weinzierl, Hubert: *Passiert ist gar nichts.* München 1985.
Wemmer, Ulrich, *Krupp-Syndrom und Umwelteinflüsse.* Vortrag beim Kongreß Pseudo-Krupp in Siegen, 7. 5. 1983.
– *Krupp-Syndrom und Schadstoffe in der Atemluft.* In: *Fortschritte der Medizin,* Jg. 102, Nr. 34, S. 29–31, 1984.

Wichmann, Erich: *Schriftliche Stellungnahme zu »Auswirkungen der Luftverschmutzung auf die menschliche Gesundheit«.* Bonn, 22, 2. 1984.
– *Gesundheitliche Gefahren durch Luftverschmutzung.* Referat auf dem Umwelttag der Arbeitsgemeinschaft Allergiekrankes Kind, Mai 1984.
Windorfer A./W. Schulz: *Umweltverschmutzung und »plötzlicher und unerwarteter Kindestod«.* In: *Niedersächsisches Ärzteblatt,* 10, S. 18–36, 1984.
Winneke, Gerhard u. a.: *Neuropsychological Effects of Lead in Children: Interactions with Social Background Variables.* In: *Neuropsychobiology* II, S. 195–202, 1984.
– *Studie zur Erfassung subklinischer Bleiwirkungen auf das Nervensystem bei Kindern mit bekannter pränataler Exposition in Nordenham.* In: *BGA-Berichte,* 1985 (im Druck).
Witek, Theodore J. u. a.: *Characterization of Irritative Effects From Low-Dose-SO_2-Exposure.* In: *Indoor Air,* Bd. 3, S. 211–215, Swedish Council for Building Research, Stockholm 1984.
ZEBS-Hefte 1, 84: Arsen, Blei, Cadmium und Quecksilber in und auf Lebensmitteln. Bundesgesundheitsamt Berlin 1984.
Zoettl, H. W.: *Mechanismen der Wirkung von Immissionen auf Waldkökosysteme.* Vortrag beim Workshop *»SO_2 und die Folgen«.* Gesellschaft für Strahlen- und Umweltforschung mbH (GSF), Forschungszentrum Neuherberg [München], 20./21. 1. 1983.

Tabellen und Abbildungen

Kontaktadressen

Adressen von Elterninitiativen und Arbeitskreisen: »Eltern gegen Umweltgifte«, »Kranke Umwelt – Kranke Kinder«, »Elterninitiativen Pseudokrupp« (PK), »Aktionsgemeinschaft Allergiekrankes Kind« (AK), »Aktion Muttermilch ein Menschenrecht« (M) und andere.

1000 Berlin 19, Steifensandstr. 6, Bärbel Ziegfeld 030/3214924 (PK)
1000 Berlin 19, Eichenallee 17, T. Schernbeck (PK)
1000 Berlin 30, Rauchstr. 20, Cornelia Hoffmann, Verband asthmakranker Kinder und Jugendlicher e. V. 030/2625394
1000 Berlin 44, Karl-Marx-Str. 193, Felicitas Rhody 030/6871323
1000 Berlin 47, Sollmanweg 9, Gisela Nickel 030/6051167 (AK)
1000 Berlin 61, Blücherstr. 65c, Peter Haushalter 030/6935613 (Interessengemeinschaft für gesunde Luft Berlin e. V.)
1000 Berlin 62, Eisenacher Str. 480, Ellen Holtmann-Wick, Gesellschaft zur Erforschung des Plötzlichen Kindestodes 030/7823205

2000 Hamburg 20, Woldsenweg 12, Monika Luther 040/465803 (AK)
2000 Hamburg 65, Kortenland 42, Ingrid Bendig 040/6048532 (AK/PK)
2000 Hamburg 62, Tangstedter Landstr. 186, Monika Fanicko 040/5200531
2000 Hamburg 73, Hermann-Balk-Str. 173; Beate Wessel, Elternvereinigung asthmakranker Kinder und Jugendlicher e. V. Bundesgeschäftsstelle 040/6443456
2061 Westerau, Schulstr. 2, Renate Hoffmann 040/5200531 (PK)
2070 Arendsburg, Ratzaustr. 2c, Angelika Hirschbach (PK)
2084 Rellingen 1, Hempbergstr. 32, Annette Lüdemann 04101/31576 (AK)
2093 Stelle, Deependahl 31, Monika Bandemer (M/PK)
2120 Lüneburg, Jakob-Kaiser-Str. 4a, Gisela Wagner 04131/52707 (AK)
2121 Reppenstedt, Im Westerfelde 6b, Renate Backhaus (PK)
2210 Itzehoe, Bornkamp 1, Andreas Anders 048211/85630 (AK)
2242 Hedwigenkoog, Purrnurr 6, Gisela Arend 04833/2668 (AK)
2300 Kiel, Hospitalstr. 4–6, Uni-Klinik, Dr. C. Alsen 0431/5971 (PK)
2350 Neumünster, Schulstr. 106, Inge und Peter Hauptmann 04321/32737 (PK)

2362 Wahlstedt, Bierringbrostr. 22, Birgit Lehmann 04554/3976 (PK)
2370 Osterroemfeld, Im Auredden 29, Ursula Lippert, Elternv. asthmakr. Kind 04331/89519
2380 Schleswig, Klosterhoferstr. 33, Christiane von Hehn 04621/26899 (AK)
2400 Lübeck, Mecklenburger Str. 32, Iris Wagner 0451/690816 (AK)
2420 Eutin, Blessenberg 23, Karin Thun 04521/5983 (AK)
2800 Bremen, Humboldtstr. 12, Ela v. Düszelen 0421/73504 (PK)
2800 Bremen 1, Uhlandstraße 49, K. u. H. Sühwold 0421/3499390 (AK)
2800 Bremen 1, Fürther Str. 51, H. J. Weck (PK)
2800 Bremen 1, Fehrfeld 60, Arbeitskreis gegen Gift in Muttermilch 0421/70220 (M)
2815 Langenwedel – Dav., Urnenfeld 6, G. u. M. H. Ganghofer 04232/1288 (AK)
2830 Bassum 1, Auf dem Lochhorn 29, Gabriele Hünecke 04241/1656 (PK)
2850 Bremerhaven, Mecklenburger Weg 14, Christiane Sundermayer 0471/65715 (PK)
2851 Nordseebad Wremen, Lange Str. 41, Viola Dahl 04705/252 (AK)
2876 Berne 1, Ranzenbütteler Str. 1, Inge R. Klingauf 04406/6196 (AK)
2890 Nordenham, Altenser Feld 13, Theda Egermann 04731/80502 (AK)
2900 Oldenburg, Ahlkenweg 166a, Sabine Heinrichs 0441/505353 (AK)
2907 Großenkneten-Ahlh., Ginsterweg 23, Dorothea Honefeld 04435/2660 (AK)
2960 Aurich 1, Goethestr. 3, G. u. H. H. Backe 04941/3545 (AK)
2970 Emden, Barkweg 12, Katrin Romahn 04921/65111 (AK)
2980 Norden 1, Am Sandwall 19, Karin Glotz 0 4931/16086 (AK)

3000 Hannover 51, Kapellenbrink 4, Hildegard Schulz-Grastorf 0511/6463055 (AK)
3000 Hannover 51, Pappelbrink 1, Eva Drewen 0511/652479 (AK)
3006 Burgwedel 6, Hannoverscher Weg 333, Sigrid Nelleßen 05139/88457 (M/AK)
3050 Wunstdorf 2, Große Bleich 8, Cordula Billerbach 05033/8367 (PK)
3160 Lehrte, Sedanplatz 14, W. u. H. Wessel 05132/1635 (PK)
3180 Wolfsburg, Heinrich Heine Str. 7, Renate Schmitt 05361/21447 (PK)
3300 Braunschweig, Gutenbergstr. 1, Annette Behrens 0531/892134 (PK)
3300 Braunschweig, Harnackstr. 10, Monika Meier 0531/515045 (AK)
3331 Süpplingenburg, Am Sandteich 21, Helga Drews 05355/8495 (AK)
3340 Wolfenbüttel, Dorfplatz 7, Margrit Voges 05331/5211 (AK)
3400 Göttingen, Elmenweg 14, Margrit Kliem 0551/781275 (AK)
3400 Göttingen, In der Bleiche 18, Helga Kirsch 0551/794328 (PK)
3405 Rosdorf 1, Siedlungsweg 27, Regina Abatzis 0551/781275 (AK)
3440 Eschwege, Schlehenweg 10, Dietmar Wille 05651/21998 (AK)

3450 Holzminden, Sachsenring 1, Dr. M. Aschoff-Wernz 0 55 31/7001 20 (AK)
3500 Kassel, Heinrich-Schütz-Allee 264, Gabriele Lenhart 05 61/40 34 85 (PK)
3508 Melsungen, Waldstr. 37, B. Opitz-Schiffner 0 56 61/48 71 (AK)
3550 Marburg, Ernst-Lemmer-Str. 10, Andrea Heinje 0 64 21/8 18 65 (AK)
3560 Breidenstein, zum Ruttert 3, Brigitte Reichel 0 64 61/8 97 93 (AKB)

4000 Düsseldorf 11, Alt-Heerdt 88, Harriet-Angelika Rink 02 11/50 32 95 (PK)
4000 Düsseldorf 13, Gänsestr. 4, Luise Kaewert 02 11/18 75 19 (AK)
4020 Mettmann, Oberschwarzbach 32, Nedim Sengun (PK)
4040 Neuß 1, Wilh.-Leuchner-Str. 17, Jutta Junk-Broich 0 21 01/47 06 53 (PK)
4040 Neuß, Frankenstr. 79, Herbert Grünach, Elternv. asthmakr. Kind 0 21 01/53 00 19
4044 Kaarst 2, Großer Mühlenweg 8, Hedi Grupe (PK)
4060 Viersen 1, Junkershütte 22A, Brigitte Hüsken (PK)
4100 Duisburg 1, Siegstraße 15, Elke Braun 02 03/34 19 06 (PK)
4130 Moers, Essenbergerstr. 100, Initiativhaus Bürgerinitiative Saurer Regen
4150 Krefeld, Grundend 42A, Anne-Marie Fortmeier (PK)
4150 Krefeld, Kölner Str. 562, Hiltrut Schroers 0 21 51/30 30 87 (M/PK)
4155 Grefrath, Auf dem Feldchen 17 I, Ingrid Stadtmeister (PK)
4170 Geldern, Fröbelstr. 15a, Karla Giavarra 0 28 31/8 80 39 (AK)
4220 Dinslaken, Im Bremerkamp 4, Claudia Dehm 0 21 34/5 67 98 (PK)
4220 Dinslaken, Wilmastr. 45, Beate Pantke (PK)
4220 Dinslaken, Wiesenstr. 89, Birgit Vengels-Heinser (PK)
4230 Wesel, Baustr. 33b, S. u. W. Brunswick 02 81/2 60 67 (AK)
4250 Bottrop, Vienken 53, Hermann Michels 0 20 41/9 31 50 (PK)
4300 Essen 11, Levinstr. 27, Ralf Dickel 02 01/66 04 40 (PK)
4300 Essen 11, Josef-Hoeren-Str. 259, Christa Kunkel 02 01/35 19 57 (PK)
4300 Essen 11, Neustr. 127, Ursula Boese (PK)
4300 Essen 16, Honnschaftenstr. 13, M. u. J. Keysselitz 02 01/40 50 58 (AK)
4330 Mühlheim, Duisburger Str. 327, Roswitha Fleischer 02 08/5 72 46 (AK)
4350 Recklinghausen, Hochstr. 183a, Eva Lüddecke (PK)
4358 Haltern, Haltwicker Str. 83, M. Terwort (PK)
4358 Haltern, Joh.-Grüter-Str. 73, Alfred Kawallik (PK)
4370 Marl, Heyerhoffstr. 17a, Vera Hermann-Stang (PK)
4390 Gladbeck, Kirchhellener Str. 44, Georg Laacks (PK)
4390 Gladbeck, Kösheide 57, Petra Schmidt (PK)
4400 Münster, Potstiege 31, Ch. Kalhoff de Lagos 02 51/86 29 11 (AK)
4405 Nottuln 2, Bahnhofstr. 49, Doris Pröpsting-Rath 0 25 09/85 61 (PK)
4430 Steinfurt 1, Karl-Wagenfeld-Str. 1, Marlis Busch 0 25 51/50 60 (AK)
4504 Kloster Oesede, Hohe Linde 3, Dorothea Honefeld 0 54 01/4 47 54 (AK)
4506 Hagen a. Tw., Mühlenweg 17, M. u. H. Schwarberg, 0 54 01/9 05 18

4600 Dortmund, Begonienstr. 34, A. u. G. Malkowski 0231/403582 (PK)
4620 Castrop-Rauxel, Im Beerenbruch 32, Ingrid Luczak 02305/85462 (PK)
4630 Bochum, Industriestr. 31, Heiko Sattler 0234/295343 (PK)
4630 Bochum, Jorkstr. 16, Brigitte Wagner-Meister (PK)
4630 Bochum, Rotteland 22, H. u. N. Bornemann 0234/793233 (AK)
4650 Gelsenkirchen, Virchowstr. 112, Klaus Nordmann (PK)
4690 Herne, Josefinenstr. 90, Gisela Kopecz (PK)
4690 Herne, Granitstr. 38, Adelheid Lüder (PK)
4700 Hamm 5, Moosweg 5, F. Rauchbach 02381/64165 (PK)
4712 Werne, Fürstenhof 2, Mechthild Collatz 02389/3883 (PK)
4787 Geseke 1, Windmühlenweg 21, Monika Kolle (PK)
4790 Paderborn-Marienloh, Ostpreußenweg 14, Wilfried Buddensiek 05252/4944 (AK)
4790 Paderborn-Elsen, Antoniusstr. 32, Karin Riegelmann 05254/69965 (AK)
4800 Bielefeld, Schlayenstr. 44d, Kristina Neuhaus (PK)
4800 Bielefeld II, Hirschweg 47, Karin Dreyer (PK)
4830 Gütersloh, Magdeburger Str. 2, Birgit Becker 05241/75455 (M/PK)
4902 Bad Salzuflen, Bielefelder Str. 1, E. Bröker-Müller (PK)
4950 Minden, Oberdamm 33, Luise Timmermann 0571/52498 (AK)
4980 Bünde, Strotweg 5, Peter Beckmann 05223/15870 (AK)

5000 Köln 60, Yorkstr. 24, Marita Wittenmeier (AK)
5000 Köln 90, Lütticher Str. 44, Anne Schneider 02203/38828 (AK)
5000 Köln 60, Eugen-Sänger-Str. 18, Bernhard Boden 0221/741847 (PK)
5014 Kerpen, Löwenerstr. 17, Susanne von Wickeren 02237/3349 (AK)
5020 Frechen, Adolf-Kolping-Str. 13A, Günter Quantius (PK)
5060 Bergisch Gladbach 1, Waldgürtel 5, Susanne Voigt 02204/68865 (PK)
5068 Odenthal, Im Schnittergarten 11, Maria Gawenda 02202/78842 (PK)
5100 Aachen-Brand, Georgstr. 9, Irmi Müller (PK)
5100 Aachen, Thomashofstr. 15, Cr. u. J. Agternkamp 0241/153692 (PK)
5108 Monschau, Zum Vennblick 13, Felix Neuß 02472/5061 (AK)
5170 Jülich-Welldorf, Hubertusstr. 36, Barbara Kelstenberg (PK/AK)
5190 Stolberg, Haumühle, Dorothee Verhees (PK)
5205 St. Augustin, Ankerstr. 13, Roswitha Kiefer 02241/314508 (AK)
5206 Neunkirchen 1, Höfferscheid 12, Bettina Krems-Hemesath 02247/38485 (Aktion Juristen gegen Waldsterben/Eltern gegen Umweltgifte)
5242 Kirchen, Am Schwedengraben 9, Margit Höfling 02741/61155 (AK)
5300 Bonn, Thomas-Mann-Str. 40, Deutsche Krebshilfe e. V. 0228/657081
5300 Bonn 1, Estermannstr. 130, Beate Steiger, M. Walger 0228/675746 (PK)
5300 Bonn 1, Buschstr. 6, Annelen Friedrich 0228/220243 (M)
5350 Euskirchen, Borgmannstr. 8, Ursula Hotze 02251/71776 (PK)

5400 Koblenz-Kesselheim, Schöffengasse 1, Hildegard Ahrens 0261/85801 (AK)

5410 Höhr-Granzhausen, Emsestr. 38, N. u. R. Weiler 02624/4790 (AK)

5414 Vallendar, Auf der Rheinhöhe 90, Brigitte Köhler 0261/68447 (AK)

5450 Neuwied 22, Engersgaustr. 87a, W. u. E. Nink 02622/80889 (PK)

5465 Erpel, Kölner Str. 38, Elisabeth Baumann 02644/7356 (AK)

5470 Andernach, Friedlandstr. 1a, Friedel Spieka 02632/44255 (PK)

5483 Ramersbach, Neuer Weg 11, Regina Krause 02646/718 (AK)

5540 Prüm, Teichstr. 5, Daniela Tomio 06551/2317 (AK)

5600 Wuppertal 1, Neue Nordstr. 31, Veronika Wolf 0202/456122 (PK)

5620 Velbert, Auf der Egge 57, Ursula Esse 02052/80935 (PK)

5628 Heiligenhaus, Galper Weg 31, Beate Schiffer 02056/6606 (M)

5630 Remscheid, Am Sieper Park 9, Elisabeth Buchholz (PK)

5630 Remscheid, Blumentalstr. 22, Annelie Kesting 02191/33434 (AK)

5660 Solingen 1, Rolandstr. 6, Karin Kammann 02122/538339 (PK)

5800 Hagen 8, Zum hohen Hof 6a, Marlis Welzbacher 02337/2224 (PK)

5810 Witten, Galenstr. 43, Walter Renner (PK)

5880 Lüdenscheid, Haydnstr. 36, Renate Boer 02351/61428 (AK)

5900 Siegen 1, Reuschstr. 4, F. Klaas (PK)

6000 Frankfurt 60, Reinganumstr. 4, Beate v. Devivere 0611/433194 (PK)

6000 Frankfurt, Varrentrappstr. 71, Heidemarie Riemenschneider 069/702881 (AK)

6070 Langen, Friedrichstr. 1, Ingrid Schmidt 06103/28245 (AK)

6072 Dreieich 1, Kurt-Schumacher-Ring 25, Monika Dorweiler 06103/31447 (PK)

6082 Mörfelden/Walldorf, Pfarrer-Papon-Str. 12, Ingeborg Venske-Diener 06105/41275 (PK)

6087 Büttelborn, Ludwigstr. 17, Uli Barth 06152/59811 (PK)

6100 Darmstadt, Schwarzer Weg 3, Susanne Neumeyer-Seekatz 06151/718443 (PK)

6100 Darmstadt, Kaupstr. 43, Doris Dinter, 06151/715401 (M)

6204 Taunusstein 2, Rhönstr. 4, Sigrid Kahlefeld 06128/43818 (AK)

6200 Wiesbaden, Lothringer Str. 34, Gesche Hauptrock (PK)

6200 Wiesbaden, Scharnhorststr. 26, Hede Beck-Johne 06121/400598 (M)

6228 Eltville 4/Martinsthal, Wiesenstr. 8, Sabine Herwig 06123/73618 (PK)

6229 Schlangenbad, Am Wolsborn 4, Dr. A. Haaser (PK)

6238 Hofheim 3, Hintergasse 22, Ilse Adrian 06192/3548 (AK)

6238 Hofheim 3, Hintergasse 22, Ilse Adrian 06192/3548 (AK)

6270 Idstein, In der Eisenbank 50, Ursula Altmann (PK)

6297 Bad Rappenau-Bonfeld, Treschklinger Str. 63, Monika Glasmacher 07066/8995 (AK)

6300 Gießen, Rodtgärten 2, Ingrid Kristinius 0641/38468 (M)

6302 Lich-Muschenheim, Gartenstr. 26, Kornelia Wagner 06404/2112 (AK)
6307 Linden-Leihgestern, Rathausstr. 37 06403/62613 (AK)
6342 Haiger 7, Am Eichhölzchen 12, Kornelia Sattler 02773/3558 (AK)
6348 Herborn, Hauptstraße 29, Bundesgeschäftsstelle Arbeitsgemeinschaft Allergiekrankes Kind 02773/3585
6363 Echzell 1, Ringstraße 28, Ingrid Tschirner 06008/7302 (M)
6380 Bad Homburg, Hinterm Hain 5, Ramona Hemesath 06172/44552 (AK)
6450 Hanau 9, Uhlandstr. 15, Sylvia Andres 06181/53043 (AK)
6452 Hainburg 2, Königsberger Str. 157, Volker Jaekel, Elternvereinigung asthmakranker Kinder und Jugendlicher 06182/69533
6453 Seeligstadt, Spessartstr. 83, Volker Gierens (PK)
6550 Bad Kreuznach, Planiger Str. 37, Elisabeth Rode (PK)
6551 Waldböckelheim, Kirchstr. 2, Ursula Becker 06758/437 (AK)
6581 Niederwörresbach, Am Graben 1, Anne Brunn 06785/7306 (AK)
6581 Veitsrodt, Blumenstr. 29, Gaby Pauly 06781/3418 (AK)
6600 Saarbrücken, Augustinerstr. 8, Gaby Klee 0681/851198 (M/PK)
6620 Völklingen, Am Kirschenwäldchen 12, Dr. Beatrice v. Engelhardt 06898/26230 (AK)
6626 Baus/Saar, Weilandstr. 3a, Inge Weiland (PK)
6630 Saarlouis 2, Rathstr. 53, Rita Mezzavilla (PK)
6700 Ludwigshafen, Goethestr. 20, Ute Zimmermann (PK)
6700 Ludwigshafen, Lindenberger Str. 56, Ingrid Zercher 0621/543220 (M)
6700 Ludwigshafen 23, Hilgundstr. 36, Margit Schulz 0621/542202 (Elterninitiative gegen Umweltbelastung Ludwigshafen)
6707 Schifferstadt, Robert-Schumann-Str. 7, Ruth Koronauer 06235/5081 (AK)
6728 Germersheim, Jägerstr. 6, Gisela Deubig 07274/3360 (AK)
6741 Billigheim-Ingenheim, Zwerggasse 2, Elisabeth Hirsch (AK)
6800 Mannheim 23, Grillenbergerstr. 20, Bärbel Völlmecke 0621/817509 (AK)
6800 Mannheim 23, August-Bebel-Str. 23, Barbara Straube 0621/817728 (PK)
6800 Mannheim 81, Im Wirbel 61, Bürgeraktion Saubere Luft, Christel Wahl 0611/871824
6900 Heidelberg, Bienenstr. 3, Anke Heim 06221/13418 (M)
6901 Wilhelmsfeld, Waldhornstr. 8, Hanne Zuber (PK)
6901 Dossenheim, Bahnhofstr. 17, Angela Bassemir 06221/861584 (PK)
6905 Schriesheim, Heinrich-v.-Kleist-Str. 50, Gabriele Merck, 06203/62732 (PK)
6906 Leimen, Riedwiesenweg 10, Elke Claussen 06224/734993 (PK)
6908 Wiesloch, Scheffelstr. 1, Johanna Ritter 06222/81157 (AK)
6927 Bad Rappenau-Bonfeld, Treschklinger Str. 63, Monika Glasmacher 07066/8995 (AK)

6930 Eberbach, Am Linkbrunnen 17, Angelika Frey 06271/6191 (PK)
6935 Waldbrunn, Rohlederstr. 4, Ulrike Baufeld (PK)
6940 Weinheim, Hammerweg 21b, Gisela Flues-Namgalies 06201/54071 (PK)
6940 Weinheim, Mozartstr. 21, Rosemarie Schmitt 06201/62920 (PK)
6950 Mosbach, Sonnenhald 32, Christine Wurz 06261/62865 (M)
6951 Schwarzach, Hauptstr. 43, Angelika Wolf 06262/2992 (PK)
6955 Aglasterhausen, Hohenweg 34, Suse Clatot 06262/6191 (PK)

7000 Stuttgart 1, Alexanderstr. 124, Margret Schmidt 0711/643722 (M)
7000 Stuttgart, Lenaustr. 13, Angela v. Bock 0711/651447 (PK)
7000 Stuttgart 61, Postfach 610149, Dieter Jüppner, Gesellschaft zur Erforschung des Plötzlichen Kindestodes 0711/353617
7012 Fellbach, Albrecht-Dürer-Str. 18, Christa Hermann (PK)
7031 Ehingen, Wilhelmstr. 21, Irene Malisi 07034/5378 (AK)
7100 Heilbronn, Siegfried-Gumbel-Str. 6, Irene Seeburger 07131/71532 (AK)
7100 Heilbronn, Hundsbergstr. 13, Erika Gauch 07131/161671 (PK)
7101 Obergruppenbach, Steinfelder Weg 16, Rita Klump (PK)
7107 Bad Wimpfen, Landgraben 11, Rosemarie Höffner 07063/8637 (AK)
7120 Bietigheim-Biss., Fr.-Silcher-Str. 11, M. Weinmann 07142/64562 (AK)
7121 Pleidelsheim, Stufenstr. 41, Christine Potrzebski-Jost 07144/25757 (AK)
7140 Ludwigsburg, Abelstr. 55, F. Widmann (PK)
7140 Ludwigsburg, Belschnerstr. 18, Gaby Haußmann 07141/29193 (M)
7147 Eberdingen, Hesselstr. 49, Marianne Arnold 07042/77550 (AK)
7260 Calw-Wimberg, Schubartweg 8, Dorothea Ulrich-Sutner 07051/58588
7300 Eßlingen, Sulzgrieser Steige 23/3, Brigitta Kirchner-Höllner (PK)
7300 Eßlingen, Hirschlandstr. 97, Städt. Kinderklinik, Dr. K. E. Schick (PK)
7400 Tübingen, Käsenbachstr. 9, Christian Hohn 0707/52319 (PK)
7403 Reusten, Jesinger Str. 8, Doris Feucht 07073/3542 (M/PK)
7407 Rottenburg, St. Meinradweg 7, S. u. H. Ulmer 07472/3723 (AK)
7410 Reutlingen 1, Bellinostr. 66, Monika Angerbauer 07121/230655 (AK)
7410 Reutlingen, In Scherrengärten 6, Gaby Schattmeier-Gampe 07121/685045 (PK)
7500 Karlsruhe 1, Bahnhofstr. 16, Eva Kormann (PK)
7500 Karlsruhe 31, Lietholsheimer Ring 17a, Uta Kruk (PK)
7513 Stutensee, Buchenring 27, Friedrich und Brigitte Menacher 0721/685045 (PK)
7551 Elechesheim-Illingen, Lauterburgstr. 1 07245/3545 (AK)
7560 Gaggenau, Schulstr. 35, Brigitte Dinper, Elternvereinigung asthmakranker Kinder und Jugendlicher e. V. 07225/4484

7614 Gengenbach, Wingerbach 10a, Gabriele Friedel 07803/5792 (AK)
7640 Kehl-Leutesheim, Rheinwaldstr. 30, Ute Droll 07853/1681 (M/PK)
7800 Freiburg, Reichsgrafenstr. 4, Margit Fiedler, Koordinationsstelle »Aktion Muttermilch ein Menschenrecht« 0761/77478
7800 Freiburg, Kirchstr. 11, Wilfried Sühl-Strohmenger (PK)
7800 Freiburg, Richard-Wagner-Str. 20, Jutta Blumberg 0761/553535 (AK)
7800 Freiburg, Reiterstr. 20, G. u. St. Sigrist 0761/406573 (AK)
7890 Waldshut-Tiengen 1, Schützenmattweg 8, Gaby Roscher-Thomée 07751/3276 (PK)
7900 Ulm, Im Grund 4, Wolfgang Reißner (PK)
7900 Ulm, Johann-Miller-Str. 33, Monika Glasmacher, 0731/64775 (AK)
7920 Baiersbronn 6, Beckenbergsweg 4 (PK)
7960 Aulendorf, Rosenstr. 8, E. u. Chr. Neff 07525/1519 (AK)
7987 Weingarten, Laurastr. 19, Fam. Widemann 0751/59853 (PK)

8000 München 2, Maistr. 10, Gunhild Preuß-Bayer 089/533271 (M/PK)
8000 München 40, Krumbacher Str. 8, Margit Sperlich (PK)
8000 München 50, Riesengebirgsstr. 5, Jutta Scheckatz 089/141284 (PK)
8000 München 40, Victoriastr. 23, Gundi Maier-Kneschaurek 089/3004233 (PK)
8000 München 70, Postfach 700729, Werner Baeßler, Gesellschaft zur Erforschung des Plötzlichen Kindestodes 089/7555588
8000 München 82, Mönchbergstr. 19a, Brigitte Schultheis 089/423305
8015 Markt Schwaben, Adalbert-Stifter-Weg 17, Ernst Zimmermann 08121/2470
8034 Germering, Goethestr. 13, Marlene Hoffmann, Elternvereinigung asthmakranker Kinder und Jugendlicher e. V. 089/848896
8120 Weilheim, Murnauer Str. 3, Ingo Stadler 0881/49445 (PK)
8122 Penzberg, Freiheit 108, Klaus Adler 08856/57565 (PK)
8396 Wegscheid, Marktstr. 23, Erhard Goetz 08592/1406 (PK)
8401 Alteglofheim, Amselweg 5, Helga Gramm 09453/625 (PK/AK)
8500 Nürnberg 10, Wurzelbauerstr. 29, Kulturladen-Nord 0911/553387 (PK)
8500 Nürnberg 10, Tuchergartenstr. 10, Kristin Mühlenhardt-Jentz 0911/537502
8500 Nürnberg, Äußere Sulzbacher Str. 20, E. Kucharzewski 0911/536119 (PK)
8500 Nürnberg, Brückenstr. 23, Peter Hoffmann (PK)
8500 Nürnberg 60, Wolfram-Eschenbach-Str. 87, Barbara Knechtel 8911/536119 (PK)
8500 Nürnberg 60, Lausitzer Str. 4a, Dr. E. Ziemer 0911/638768 (AK)
8500 Nürnberg 80, Zum Irrliacker 22, Martina Steiner 0911/329181 (PK)
8510 Fürth, Wiesenstr. 6, Helga Krause 0911/796806 (PK)
8520 Erlangen, Heckenweg 25A, Wolfgang Ruhl 09131/993270 (PK)

8526 Bubenreuth, Dompfaffstr. 26, Regina Barth (PK)
8540 Schwabach, Badstr. 8, H. Ziemer 09122/13393 (AK/PK)
8540 Schwabach, Postf. 1340, Fam. Grashaußer 09122/74308
8561 Engelthal, Sendelbach 14, Evelin Kittl 09158/573 (PK)
8592 Wunsiedel, Dr.-Herold-Weg 5, Annemie Schöffel 09323/3097 (PK)
8641 Weißenbrunn, Am Geiersberg 10, Frisina Helmreich 09261/92934 (M/PK)
8644 Pressig, Andreas-Bauer-Str. 4, Annette Fischer 09265/5190 (PK)
8652 Stadtsteinach, Kellerweg 7, Gerd Rodewald (AK/PK)
8660 Münchberg/Hof, Am Schödelein 22, Fritz Ruppert 09251/3616 (PK)
8670 Hof, Königstr. 51, Walter Näher (PK)
8671 Regnitzlosau, Raitschin 5, Nanne Wienands 09294/1679 (PK)
8671 Schauenstein/Hof, Heinr.-Seifert-Str. 8
8673 Rehau, Goethestr. 1, Gerd Löffler (PK)
8672 Selb, Jahnstr. 60, Karin Lippert (PK)
8700 Würzburg, St.-Benedikt-Str. 20, Bernd Langenfeld (AK)
8700 Würzburg/Lengfeld, Lengfelder Str. 57, Charlotte Rothnagel 0931/282774 (PK)
8711 Albertshofen, Fr.-Hiller-Str. 20, Beate Herrmann-Smits 09321/33143 (M)
8720 Schweinfurt, Niederwerrner Str. 66, Marianne Pinta 09721/81532 (AK)
8730 Bad Kissingen-Arnsheim, Hardweg 17, Siglinde Unbehaun 0971/62194 (AK)
8740 Bad Neustadt, Am Solzbach 36, R. Hartmann 09771/8561 (AK/PK)
8750 Aschaffenburg, Pappelweg 17, Peter Lösinger 06021/88949 (PK)
8751 Stockstadt/Main, Hessenstr. 9, Ekkehard Sudanek 06027/7279 (PK)
8850 Donauwörth, Dr.-Löffelad-Str. 86, Elke Rehder 0906/1859 (PK)
8753 Obernburg, Römerstr. 47, Ruth Weitz (PK)
8870 Günzburg, Mörikestr. 20a, G. u. K. Feldmann 08221/1027 (AK)
8808 Herrien/Ansbach, Nürnberger Str. 23, Helmut Jechnerer (PK)
8890 Schrobenhausen, Konrad-Kuhn-Str. 26, Helga Ehrmann (AK)
8898 Schrobenhausen, Zöllnerstr. 14, 08252/5995 (AK)
8900 Augsburg, Leharstr. 73d, Irma Geyer (PK)
8920 Schongau, Haldenbergerstr. 21, Fritz Weinberger 08861/7449 (PK)
8922 Peiting, Am Steg 15, Klaus Hiefner 08861/66611 (PK)
8960 Kempten, Immenstädter Str. 52, Peter Zehentbauer 0831/22140 (PK)
8960 Kempten, Lindauer Str. 15, Gundula Meyer 0831/14234 (AK)
8972 Sonthofen, Bergstr. 11, B. u. W. D. Moser 08321/83786 (AK/PK)